2011—2012

园 艺 学

学科发展报告

REPORT ON ADVANCES IN HORTICULTURAL SCIENCE

中国科学技术协会 主编
中国园艺学会 编著

中国科学技术出版社
·北 京·

图书在版编目(CIP)数据

2011—2012园艺学学科发展报告/中国科学技术协会主编；中国园艺学会编著. —北京：中国科学技术出版社，2012.4

(中国科协学科发展研究系列报告)

ISBN 978-7-5046-6031-2

Ⅰ.①2… Ⅱ.①中… ②中… Ⅲ.①园艺-技术发展-研究报告-中国-2011—2012 Ⅳ.①S6-12

中国版本图书馆CIP数据核字(2012)第042597号

选题策划 许 英
责任编辑 赵 晖 左常辰
封面设计 中文天地
责任校对 刘洪岩
责任印制 王 沛

出　　版 中国科学技术出版社
发　　行 科学普及出版社发行部
地　　址 北京市海淀区中关村南大街16号
邮　　编 100081
发行电话 010-62173865
传　　真 010-62179148
网　　址 http://www.cspbooks.com.cn

开　　本 787mm×1092mm 1/16
字　　数 252千字
印　　张 10.5
印　　数 1—2500册
版　　次 2012年4月第1版
印　　次 2012年4月第1次印刷
印　　刷 北京凯鑫彩色印刷有限公司

书　　号 ISBN 978-7-5046-6031-2/S·553
定　　价 32.00元

2011－2012
园艺学学科发展报告
REPORT ON ADVANCES IN HORTICULTURAL SCIENCE

首席科学家　方智远

专　家　组

组　长　杜永臣

副组长　（按姓氏笔画排序）

孙日飞　张启翔　韩振海

成　员　（按姓氏笔画排序）

于贤昌　王　忆　王晓武　王海平　王跃进
包满珠　吕英民　刘广树　刘凤之　刘孟军
孙日飞　李天红　李宝聚　李雯琪　许　勇
张启翔　张学杰　张　彦　张新忠　陈昆松
林顺权　周志钦　赵梁军　祝　旅　高东升
高俊平　郭文武　葛　红　董　丽　韩振海
潘东明　潘会堂

学术秘书　张　彦

序

科学技术作为人类智慧的结晶，不仅推动经济社会发展，而且不断丰富和发展科学文化，形成了以科学精神为精髓的人类社会的共同信念、价值标准和行为规范。学科的构建、调整和发展，也与其内在的学科文化的形成、整合、体制化过程密切相关。优秀的学科文化是学科成熟的标志，影响着学科发展的趋势和学科前沿的演进，是学科核心竞争力的重要内容。中国科协自2006年以来，坚持持续推进学科建设，力求在总结学科发展成果、研究学科发展规律、预测学科发展趋势的基础上，探究学科发展的文化特征，以此强化推动新兴学科萌芽、促进优势学科发展的内在动力，推进学科交叉、融合与渗透，培育学科新的生长点，提升原始创新能力。

截至2010年，有87个全国学会参与了学科发展系列研究，编写出版了学科发展系列报告131卷，并且每年定期发布。各相关学科的研究成果、趋势分析及其中蕴涵的鲜明学术风格、学科文化，越来越显现出重要的社会影响力和学术价值，受到科技界、学术团体和政府部门的高度重视以及国外主要学术机构和团体的关注，并成为科技政策和规划制定学术研究课题立项、技术创新与应用以及跨学科研究的重要参考资料和国内外知名图书馆的馆藏资料。

2011年，中国科协继续组织中国空间科学学会等23个全国学会分别对空间科学、地理学(人文-经济地理学)、昆虫学、生态学、环境科学技术、资源科学、仪器科学与技术、标准化科学技术、计算机科学与技术、测绘科学与技术、有色金属冶金工程技术、材料腐蚀、水产学、园艺学、作物学、中医药学、生物医学工程、针灸学、公共卫生与预防医学、技术经济学、图书馆学、色彩学、国土经济学等学科进行学科发展研究，完成23卷学科发展系列报告以及1卷学科发展综合报告，共计近800万字。

参与本次研究发布的，既有历史长久的基础学科，也有新兴的交叉学科和紧密结合经济社会建设的应用技术学科。学科发展系列报告的内容既有学术理论探索创新的最新总结，也有产学研结合的突出成果；既有基础领域的研究进展，也有应用领域的开发进展，内容丰富，分析透彻，研究深入，成果显著。

参与本次学科发展研究和报告编写的诸多专家学者，在完成繁重的科研项目、教学任务的同时，投入大量精力，汇集资料，潜心研究，群策群力，精雕细琢，体现出高度的使命感、责任感和无私奉献的精神。在本次学科发展报告付梓之际，我衷心地感谢所有为学科发展研究和报告编写奉献智慧的专家学者及工作人员，正是你们辛勤的工作才有呈现给读者的丰硕研究成果。同时我也期待，随着时间的久远，这些研究成果愈来愈能够显露出时代的价值，成为我国科技发展和学科建设中的重要参考依据。

2012年3月

前　言

园艺作物包含果树、蔬菜、观赏植物三大类经济作物群。发展园艺作物生产，在我国国民经济建设和农业产业结构调整中作用巨大，不但是发展农村经济、富裕农民的有效途径，而且在改善民生和美化环境、保护生态平衡，即在精神文明建设方面发挥着不可或缺的作用。我国是世界水果、蔬菜、花卉第一生产大国。虽然我国园艺作物的栽培面积比粮食、棉花、油料等大田作物少得多，但蔬菜作物的产值却仅次于粮食居第二位，加上水果、花卉等，园艺产品的产值已超过了粮食作物，而且我国园艺产品和其他农产品相比，在国际市场上有着较明显的竞争优势。

本报告是在《2007—2008 园艺学学科发展报告》的基础上，根据果树学、蔬菜学、观赏园艺学三个分支学科近两年在遗传资源、遗传育种、优质高产栽培技术以及产后处理等方面取得的新进展和新成果，编写而成。中国园艺学会根据中国科学技术协会相关文件的要求，于 2011 年 5 月 30 日成立“园艺学科发展研究课题组”，由中国工程院方智远院士任首席科学家，同时成立专家组。会议讨论和确定了《园艺学科发展报告》的框架，落实了果树、蔬菜、观赏园艺三个分支学科发展报告撰写工作的牵头人，并明确了报告撰写的进度要求。此后，各分支学科随即开始收集国内外相关资料，进行分支学科的专题研究，着手撰写分支学科的专题研究报告。2011 年 12 月，中国园艺学会组织召开专家研讨会，对《2011—2012 园艺学学科发展报告》初稿进行了充分的讨论，提出修改意见，据此，确定了《2011—2012 园艺学学科发展报告》的最后文稿。

本报告面向社会公众和管理部门的读者，分综合报告和专题报告两部分，论述了近两年来国内外园艺学研究的发展动态，中国园艺学研究取得的新进展和新成果，今后园艺学研究发展方向和关键技术，提出了学科发展趋势，便于读者概要了解中国园艺学在促进经济发展、社会稳定和丰富人民物质和文化生活等方面的重要作用。现代园艺学是一门具有广泛应用功能和强大生命力的学科，扩大园艺学科在学术界及社会中的影响力，更有利于增强从事园艺学研究科技人员的历史和社会责任感，促进园艺学更好、更快地发展。

本报告是在中国科学技术协会的指导下，经过众多专家、学者参与调研和撰写，既有分工，又有合作，经集思广益后最终完成的。在此衷心感谢中国科学技术协会领导的关心和支持，感谢中国园艺学会常务理事会以及所有参与调研和撰写的专家、学者，感谢中国园艺学会办公室的工作人员所付出的辛勤劳动！

尽管课题组同志作出了很大努力，但由于时间紧，任务重，同时亦受篇幅以及搜集、占有资料和工作人员水平所限，对一些重大问题的研究、探讨的深度和广度有待进一步提高。对本报告中的不足之处，敬请读者不吝指正。

中国园艺学会

2012 年 1 月

目 录

综合报告

专题报告

ABSTRACTS IN ENGLISH

Comprehensive Report

Reports on Special Topics

综合报告

园艺学学科近年研究现状与发展趋势

一、引言

园艺作物包含果树、蔬菜、观赏植物三大类经济作物群。园艺学属于应用基础和应用性研究学科，是以农业生物学为理论基础，研究园艺作物生长发育和遗传规律的一门学科，也是研究园艺作物起源与分类、种质资源、遗传育种、栽培、病虫害防治及采后处理、贮藏加工等应用技术与原理的综合性学科。

我国是世界园艺大国，蔬菜、果树和花卉的种植面积和产量均居世界首位。2010 年蔬菜播种面积、果园面积、花卉种植面积合计 5 亿亩(1 亩＝667 公顷，下同)。全国市场园艺产品数量充足，种类多样，品质提高。园艺产业整体水平不断提升，为农民增收，提高人民生活水平，发挥了越来越重要的作用。

近两年来，我国园艺学研究更加受到国家和各级政府的重视。园艺作物应用基础研究和应用型研究列入“973”项目、“863”项目等国家支撑项目，10 个园艺作物列入现代农业产业体系。为确保蔬菜等园艺产品质量安全，提高产业素质和效率，继 2009 年农业部开始启动园艺作物标准园建设项目以来，2011 年农业部又建设了 600 个园艺作物标准园，其中，果树 75 个、蔬菜 500 个[包括食用菌和西(甜)瓜]；新批准了 13 个与园艺作物相关的农业部重点实验室和 20 个野外科学工作站。国家新近实施的以上这些重大举措，为加速园艺学研究和产业开发，提供了广阔的平台。

虽然我国园艺产业和园艺学研究有了长足的发展，但依然存在不少问题，主要表现在：园艺产品数量充足但质量和单位面积产量还需提高；小生产方式不能适应大生产、大市场发展的需要；园艺学研究课题分散，原始创新不足等问题。特别在新品种培育和推广方面，部分主要花卉、果树生产的新品种质量，国外品种占有优势。我国园艺作物种植业面临与跨国公司的激烈竞争。在今后一段时期内，我国园艺学研究的主要目标是“加强园艺科技创新，提升园艺产业化水平”。

2009—2011 年园艺学科有 7 项园艺科技成果获国家科技进步奖二等奖。

二、国内外研究现状与主要进展

(一)果树学

近年来，随着国家对各项科研工作投入的增加以及在资源、人才及成果等方面的不断积累，我国果树学科从种质资源、遗传育种、栽培生理、品质发育、生物与非生物逆境、生物技术等方面取得了显著进展。2010 年，果树学有两项科技成果获得国家科技成果奖二等奖：①“枣林高效生态调控关键技术的研究与示范”；②“枇杷系列品种选育与区域化栽培关键技术研究应用”。15 个果树新品种通过审定，大大丰富了我国果树栽培品种，提高了果实的品质，从而满足国内外市场对水果种类和品质的需求。

1. 果树种质资源

人们对各种种质资源，尤其是一些野生的植物种质资源越来越重视，在进行种质资源调查、收集与保存的同时，人们也开始利用关系数据库构建技术、ASP 软件开发技术和 WEB 信息发布技术，实现了基于网络的各种植物种质资源数据的数字化存储和网络化查询与发布，建立了新疆植物种质资源数据库系统，实现新疆及周边国家包括农作物、林木、药用植物及野生植物等植物种质资源的数字化整理、存储和查询，对于新疆植物种质资源的保护与研究具有十分重要的意义。

桃树：到 2008 年年底，中国在南京、北京、郑州三座城市中共保存桃树种质资源 1300 余份，涉及桃树的 6 个种质，对保存的桃树种质资源性状进行了系统的观察与鉴定，建立了性状评价数据库，并从形态学、孢粉学、同工酶和 DNA 标记等方面研究了桃亚属种间、桃种群间和桃品种群间的亲缘关系。

葡萄：按照《中国葡萄志》描述的原产于中国的 38 个葡萄野生种和 1 个栽培种，按照葡萄种质资源描述谱记载及评价标准的要求，对 18 个形态性状进行描述分级，用代码进行数量化，采用 SPSS 10.0 统计软件中的 Hierarchical Cluster Analysis 性状进行聚类分析，根据形态特征的相似程度，将我国葡萄野生种和欧亚种划分为 8 个组，其中组 3 内又分为 5 个亚组。不同研究者的分组结果差异较大，与没有使用规范的描述标准有关。研究最后建议尽快制定适宜中国野生葡萄的描述标准，并在收集保存的基础上，对中国野生葡萄进行规范描述，以便进行合理分组。

对起源于中国的野葡萄 12 个种 23 个株系、欧美杂种 6 个品种、河岸葡萄 3 份、15 个欧洲葡萄品种共 47 份材料，采用 RAPD 技术对葡萄属植物种质资源遗传多样性进行研究。结果表明，供试材料可分为 6 类，欧洲葡萄、欧美葡萄杂种、河岸葡萄与中国野葡萄亲缘关系较远，在中国野葡萄中，山葡萄与其他种亲缘关系较远，刺葡萄次之。

草莓：全世界草莓属植物约 20 个种，中国约有 11 个。研究认为：染色体数目、花器官特征、匍匐茎分枝类型、小叶数目、叶柄、花序和匍匐茎上绒毛的着生方式均可作为重要的分类鉴定性状。

枇杷：国家果树种质福州枇杷圃收集了丰富的枇杷种质资源，应用 Q 型聚类分析方法对 199 份普通枇杷种质资源进行分类，并对 86 个性状进行 R 型聚类分析和主成分分析。对保存在国家果树种质福州枇杷圃不同来源地的 172 份枇杷种质资源进行了果实内在品质和种子性状鉴定评价，结果枇杷的剥皮难易、果肉颜色、心皮质地、种子形状、种皮颜色、种皮开裂、种子斑点、种子基套大小、果肉化渣程度、果肉石细胞、果肉质地、汁液、风味等 13 个性状均存在丰富的多样性；果肉颜色与果肉化渣程度和汁液呈显著负相关，与心皮质地、种皮开裂、种皮颜色呈正相关；果肉化渣程度与风味、汁液呈显著正相关，与果肉质地呈显著负相关，与果肉石细胞呈负相关，不同来源地果实性状存在较大差异。

2. 果树遗传育种

苹果：苹果砧木的育种是一个重要研究领域，对苹果的生产与果园管理起到重要的作用。辽宁省果树研究所选育出的苹果矮化砧木77-34，矮化性能与M7相近，属于半矮化砧木。与品种嫁接，有很好的亲和力。77-34有较好的生根性能，比M26有更强的抗旱能力，适应性良好(杨世增，2009)。

桃树：近年我国桃育种研究成绩显著，选育出桃和油桃新品种8个，分别为‘锦霞’、‘美锦’、‘金辉’、‘沪油桃004’、‘满天红’、‘仙岛明珠’、‘锦园’、‘艳霞’。此外，中泰合作开展桃浅休眠育种，设计杂交组合68个，已筛选出一批优良株苗。

李树：我国在开展李育种方面起步较晚，不过也取得了一定的成绩。新疆奎屯农科所通过实生选种选出‘新李1号’，吉林省果树所选出‘长春彩叶李’，黑龙江省农科院选育的‘牡红甜李’和‘牡丰李’，以及西北农林科技大学的‘秦红李’和‘红喜梅’等栽培品种。

猕猴桃：猕猴桃‘金铃’，是经过大籽猕猴桃 *Actinidia macrosperma* 群体实生驯化选育，选育出的遗传性状稳定、观赏效果极佳的新品种。其特点是果实浑圆美观、色泽橘黄艳丽，以观果为主，集观果、观花、观叶为一体的新品种，该品种丰产性强、抗逆性和适应性较广。

3. 果树良种繁育

近年来，嫁接与组培结合创立了微嫁接技术，已被广泛应用于柑橘、苹果、葡萄、龙眼等多种果树的研究与生产中。朱大洪(2009)采用微体嫁接技术培育核桃，成活率达90%，比大苗砧嫁接方法高1倍，苗木健壮，长势很好。

采用塑料大棚、覆盖地膜升温及激素处理，促进枣树硬枝插穗愈伤组织形成和生根，成活率高。利用幼嫩新梢扦插，能在短时间内培育大量优质苗木，繁育速度快，成活率高，容易操作，是解决生产大量急需优质苗木的一条新途径。张道辉等(2011)研制了半日光间歇弥雾果树育苗系统，用于甜樱桃矮化砧木吉塞拉6号嫩梢扦插育苗，生根率93.66%以上。小金海棠是一种优良的苹果矮化砧木，王甲威(2011)以其实生苗新梢为材料，进行嫩枝扦插试验，通过自动弥雾，遮阳网控制育苗大棚的湿度及温度，取得了较好的生根效果。蓝莓的硬枝扦插宜在2月份剪取硬度大、成熟良好的1年生营养枝条为插条，长3～5个节，垂直插入浇透水的基质中，露1个顶芽。基质以腐苔藓最佳，以草炭与河沙或珍珠岩1∶1混合基质效果较好。插后定期浇水保持湿润，当顶部叶片转绿时，说明插条已生根。绿枝扦插在果实刚进入成熟期、二次枝侧芽尚未萌发时剪取插条，长4～6片叶。用ABT2号生根粉500～1000mg/L速蘸处理后垂直插入腐苔藓基质中，然后喷600倍多菌灵杀菌，遮阳和保持温、湿度，两个月后插条即可生根(李丽敏，2010)。该方法将组织培养方法和日光温室微型扦插相结合，扩繁成本低、速度快、成活率高、幼苗健壮，是可以实现工厂化快繁的技术方法。

马冬菁等(2009)以红肉苹果的茎尖和带腋芽的茎段为外植体，通过组织培养试验筛选出最佳的灭菌时间、基础培养基、增殖培养基和生根培养基，建立红肉苹果的高效植株再生体系，为红肉苹果的快速离体扩繁和工厂化育苗奠定了良好的基础。苏娟(2010)通过对酿酒葡萄“爱格丽”快繁体系建立、组培苗初代培养中出现的褐变现象和继代培养中的玻璃化问题、组培苗移栽驯化等问题的研究，探索了工厂化育苗的流程，初步建立了工厂化育苗的流程和葡萄组织培养炼苗、移栽和定植技术路线流程图。孙国利等(2009)通过添加不同浓度的6-苄基氨基腺嘌呤、3-吲哚丁酸、赤霉素(GA3)进行杂种樱桃组织培养和快速繁殖技术的研究。杨柳等(2010)以香蕉茎尖诱导的组培苗为材料，利用间歇浸没式生物反应器(TIBS)进行组培快繁可使香蕉组织培养一代增殖14倍以上，比传统方法提高2～3倍。

4. 果树营养与发育

童期长是导致果树定向育种周期过长的一个关键因素，通过对早实枳成花调控的研究印证了前人关于CiFT和CsTFL功能的研究结果，同时还发现了PtFLC的选择性剪切可能跟枳壳阶段性发育有关。

氮素是一切植物生长必需的大量营养元素之一，在柑橘及苹果上的研究也表明施氮能增加每树果数及每树的产量。葡萄产量则主要决定于花期土壤中氮的有效性。苹果与梨的产量与叶片中氮的含量密切相关，在叶片全氮为1.70%～2.75%范围内产量与叶片氮成正相关，果实中的可溶性固形物与叶片氮的浓度负相关，施氮可延迟苹果果实着色。

在燕山山区，采集了20个苹果园的富士和国光两个品种共计120份叶样，对叶片中的矿质元素含量进行了分析。结果除Mg外，不同果园苹果叶片中其他营养元素含量差异较大。与国内外标准相比，燕山山区矿质元素含量标准值表现出N水平高，P、K、Mg和Zn水平低的特点，Ca、Fe、Mn和Cu含量标准值与国内外其他标准基本一致。刘坤等以'红灯'和'拉宾斯'甜樱桃品种为试材，研究日光温室甜樱桃采后叶片矿质营养变化。结果表明：不同品种叶片的矿质营养，除镁、锰等元素在叶片老化过程中变化不一致以外，其他元素含量的变化趋势基本一致，钙、锰、锌含量的升高及钾、镁、铁含量的下降是导致叶片老化的原因之一。

通过对北京昌平区34个成龄苹果园土壤养分、pH值和果实矿质元素含量的调查和多元统计分析，土壤有机质与土壤各种养分均呈正相关，土壤养分与果实矿质元素含量的相关性非常弱，单因子相关分析不能揭示土壤养分与果实矿质元素间的关系；典型相关分析表明土壤有机质和pH值对果实矿质元素含量具有重要影响。提高果园土壤有效钾含量、调节pH值是土壤管理的关键技术。

土层温度、土壤质地和结构、土壤的理化性质等对果树有多方面的影响(王芳，2011)。苹果树全生育期施用沼肥，能有效提高树体营养水平，促进苹果树提前萌芽、开花结果，产量增加显著，果实可溶性固形物、硬度、商品果率和苹果全红果率明显提高，品质大幅度改善。同时也可显著提高树体抗性，防治和减轻病虫为害，增加优质果率。对苹果、梨、枣、葡萄等叶面喷施微肥可增产20%以上，一、二级果可提高40%左右(于洪伟，2011)。

5. 果品采后生理

刘晓辉等(2010)对23种果品采后生理指标和主要营养成分进行了测定分析得到，呼吸跃变型果实中浆果类呼吸强度高、生理变化快而仁果类和核果类处于中间状态，瓜果类的呼吸强度中等，生理变化缓慢，非跃变型果实中浆果类呼吸强度高，而仁果和瓜果反之。邢震等(2009)研究表明钙处理能够不同程度的抑制桃果实的呼吸强度、减缓乙烯释放速率，减少可溶性固形物和可滴定酸含量的下降，从而延缓了桃果实品质的下降。陆福军等(2009)对臭氧在果品保鲜中的应用进行了研究，得到臭氧处理能抑制果实储藏期间呼吸强度，延缓淀粉和糖的变化，延长储藏时间。刘战丽等(2009)研究表明高氧(21%～

100%)处理能有效抑制果实无氧呼吸代谢、组织酶促褐变以及风味损失。李玉梅等(2009)研究发现对新红星苹果进行涂膜处理可以有效延缓贮藏期间果实内水分的散失、果肉硬度和可溶性固形物的下降,较好的保持果实的口感与风味。钱龙等(2010)研究发现在常温下经过乙烯脱除剂处理的杏果实贮藏前期的呼吸作用、乙烯释放速率、维生素C含量的下降速率明显降低。冯志宏等(2010)研究了温度和包装对青脆李保鲜效果的影响,得到采用0.03mm厚的PE薄膜包装在0～1℃条件下贮藏70天,果实完好、翠绿、新鲜、风味浓郁。

6. 果品功能营养成分

近年来,我国科研工作者进行了一些研究,闫国华等(2008)研究表明樱桃中的花色苷有使动脉松弛的效应,可能减少心血管疾病的发生,同时还有降低血脂的功能。赵晓(2009)对枣的功能性成分进行了研究,枣中具有特色的功能成分cAMP具有舒张平滑肌、扩张血管、改善肝功能、激活蛋白等功能,对心肌梗死、冠心病等疾病具有显著疗效。

7. 果品加工工艺

马立志等(2009)改进了木瓜果汁饮料的生产工艺提高了果汁饮料的口感,并延长了货架期。田晓菊等(2011)优化了沙枣果酒的加工工艺,得到沙枣果酒的主发酵最佳工艺条件为:SO_2 添加量为80mg/L,主发酵温度在22.5℃,初始糖度18%,酵母接种量为0.25%。

8. 果树逆境与抗病抗逆

干旱胁迫阻止苹果对氮和磷的吸收和并致使苹果叶片相对含水量下降,造成光合作用和蒸腾作用下降,最终表现为生长减缓(张杰等,2010)。随着胁迫进程的加剧,山梨醇和葡萄糖浓度提高,并保持在较高的水平。干旱胁迫引起苹果砧木叶片的脯氨酸、可溶性糖和淀粉等渗透调节物质含量均呈上升趋势(徐启贺等,2010)。随着胁迫程度的增加,葡萄叶片相对含水量和叶绿素含量都明显下降。徐彦等(2010)以苗龄为3个月的新源1号新疆野苹果水培苗为材料,应用PEG溶液处理模拟干旱胁迫,利用抑制性差减杂交(SSH)的方法构建了新疆野苹果根组织干旱胁迫诱导表达差减文库(正库)和抑制表达差减文库(反库)。

猕猴桃乙烯信号转导途径不仅参与调控果实后熟软化进程,还参与果实对采后非生物逆境胁迫的应答机制。殷学仁(2009)以猕猴桃(Actinidia)果实为试材,研究乙烯信号转导途径相关编码基因在猕猴桃果实生长发育和后熟软化进程中的表达模式,以及对乙烯(100μl/L)、1-MCP(0.5μl/L)、低温(0℃)、高温(35℃)、高 CO_2(5%)和快速失水等采后处理的应答模式,结果表明低温可显著延缓猕猴桃果实后熟软化,且可诱导大部分乙烯信号转导基因的表达。这些乙烯信号转导元件对于低温的应答模式,与果实后熟软化无直接联系,更可能是相关基因的逆境应答。其中,AdEILs可能是调控果实低温应答的关键之一AdETR3、AdERF1/3/4/11/12/14可能是猕猴桃AdETRs和AdERFs参与采后逆境应答的重要成员。

低温胁迫抑制谷胱甘肽(GSH)过氧化物酶(GPX)、谷胱甘肽-S-转移酶(GST)的和谷胱甘肽还原酶(GR)活性,并降低GSH活性和叶绿体膜流动性。低温胁迫的加剧使得细胞膜脂质过氧化，破坏细胞的抗氧化系统。平邑甜茶幼苗根系中的精氨酸酶、ODC 和 ADC 活性、腐胺含量以及一氧化氮生成速率逐渐升高（张龙，2009）。

适当浓度的 SNP 能显著缓解高温胁迫对蓝莓植株的伤害。0.5 mmol·L^{-1} SNP 的缓解效果最好（魏海蓉等，2010）。外源一氧化氮（NO）减缓了高温胁迫对蓝莓光合系统Ⅱ（PSⅡ）的抑制，蓝莓 PSⅡ最大光化学效率（Fv/Fm）、实际光化学效率（ΦPSⅡ）、光化学猝灭系数（qp）和非光化学猝灭系数（NPQ）下降缓慢，使光合机构免受高温胁迫的伤害。叶片质膜透性和丙二醛含量降低，而超氧化物歧化酶和过氧化氢酶活性升高，从而促进了脯氨酸的积累。

盐胁迫和重金属胁迫下，平邑甜茶幼苗根系精氨酸酶、鸟氨酸脱羧酶（ODC）及精氨酸脱羧酶（ADC）活性都提高，随着处理浓度的升高 ODC 和 ADC 活性也逐渐升高，腐胺含量、一氧化氮生成速率和一氧化氮合酶活性也逐渐升高。多胺处理可以降低非盐胁迫下的 MDA 含量，同时抑制盐胁迫引起的 MDA 含量的升高，从而缓解盐胁迫引起的脂质过氧化。其中精胺的缓解脂质过氧化的效果最好（张龙，2009）。盐胁迫和镉胁迫引起的膜质过氧化的缓解效应，利用这些信号分子可能提高树体对逆境的忍耐力（张龙，2009；Fan，2011）。

利用苹果（邢东兴，2009）在红蜘蛛虫害、黄叶病害胁迫下的反射光谱特征对果树受害程度进行定量化测评，建立对红蜘蛛虫害、黄叶病害级别进行测评的数学模型，这就可以及时、全面、准确地获取果区内苹果的生长态势与病虫害信息（即苹果是否发生了病虫害、病虫害发生的种类与发展的程度及其空间分布差异等信息），这种数据库建模既是保障对果树病虫害进行适时、有效、环保防治的一个前提条件，又是保障区域果业优质、高效生产与可持续发展的一个重要环节。

9. 果树分子生物学

（1）果树基因组、转录组学、蛋白组学

2010 年 9 月中国农业科学院郑州果树所与深圳华大基因研究院签订合作协议，为桃分子的育种平台构建打下基础。

对半矮生型桃‘SD9238’新梢生长跃变期前后 4 个生长阶段差异表达基因进行 cDNA-AFLP 差显技术分析，选取其中 11 个差异条带生物信息学分析，结果表明，转录衍生片段（transtript derived fragment，TDF）的主要功能涉及木质素生物合成、蛋白质水解、转录调控及生长调节等，还有一些是未知功能基因（李钰婷等，2011）。在龙眼中，采用 cDNA-AFLP 技术对其正常和败育的种子进行了差异表达分析，在 11 条差异片段中有 3 个 TDFs 分别与 Ca^{2+}-ATP 酶、纤维素酶、质体 ATP/ADP 转运蛋白具有较高的相似性，其中 TDF2 和 TDF7 下调表达，TDF5 上调表达，这可能影响了龙眼种子发育过程中的许多重要代谢途径，从而引起龙眼种子败育（唐晰等，2011）。为了探讨番木瓜果实成熟机理，利用 cDNA-AFLP 技术对破色期和半黄期的番木瓜果实进行基因差异表达分析，获得了 50 个与果实成熟相关的差异基因片段，其中 28 个与 GenBank 数据库中的功能基因同源，分别参与了果实成熟过程中基因表达调控，DNA 与蛋白质合成及运输，蛋白质降解，能量代谢，营养物质代谢和逆境胁迫反应等过程。在差异片段序列基础上设计特异引物，采用 cDNA 末端快速扩增（RACE）技术成功克隆了 4 条差异基因 cDNA 全长，分别命名为 CpGMP、CpPAA1、CpPOD 和 CpMYB。半定量 RT-PCR 分析结果表明，随着果实的成熟衰老，4 个基因的表达量相应变化，说明其可能参与果实的成熟过程（申艳红等，2011）。为分离和鉴定新疆野苹果（*Malus sieversii* Roem.）根组织干旱胁迫条件下差异表达的基因，利用抑制性差减杂交（SSH）的方法构建了新疆野苹果根组织干旱胁迫诱导表达差减文库（正库）和抑制表达差减文库（反库）。测序鉴定后共得到 268 个有效 Uni-ESTs（徐彦等，2010）。

双向荧光差异凝胶电泳技术（Two - Dimensional Fluorescence Differential Gel）对荔枝胚胎蛋白进行分离，发现一些特异性表达的蛋白，随着果皮的成熟蛋白点数总体表现出先上升后下降的变化（李开拓等，2011）。不同发育时期鸭梨的花柱间蛋白表达存在明显差异，与鸭梨异花授粉花柱相比，自花授粉 3 天的花柱出现了 4 条新的蛋白带，发现 3 个与自亲不亲和性相关的蛋白点（岳雷等，2009）。以"大久保"桃盛花后 56 天的果实分析了解中果皮和内果皮蛋白质组表达的差异点，表明桃果实发育硬核期中果皮与内果皮的蛋白质组存在一定差异，这些差异可能会为进一步解释中果皮与内果皮在代谢的方向上不同而提供理论依据（杨爱珍等，2010）。进行龙眼体细胞胚发生中期的同步化调控，采用双向电泳和质谱对龙眼体细胞胚发生中期的蛋白质组变化进行分析。随着体细胞胚的发育，细胞不断分化，体细胞胚中表达的蛋白种类减少。氧化胁迫相关蛋白、RAN2 和 GTPase、ObgE 与龙眼体细胞胚发生的调控有关（方智振等，2011）。

（2）果树分子标记研究

利用 SSR 标记对系谱关系明确的 22 个巨峰系葡萄品种进行聚类分析，结果说明 SSR 适合巨峰系葡萄的系谱分析和种质遗传多样性研究（冷翔鹏等，2011）。以美国黑核桃、核桃楸、青林核桃实生子代及部分普通品种共 86 份种质资源为试验材料的研究结果同样表明：利用 SSR 引物能够进行遗传多样性分析及聚类分析（高玉娜等，2011）。基于 Ty1 - copia 组反转录转座子的苹果 S - SAP 标记体系，筛选出了 6 个适宜苹果品种分析的 S - SAP 引物，利用 LTRP1/Mtcc 引物组合成功区分了元帅芽变（赵桂玲等，2010）。IRAP 分子标记检测体系同样能够区分遗传背景高度相似的种质间的微小变异，可在果树芽变鉴定中应用（贾怀志等，2009；杜晓云等，2011；沈玉英等，2011）。以高抗黑星病的黄冠杂交高感黑星病的鸭梨及其 139 株 F1 代单株为试材，通过对 64 对荧光 AFLP 分子标记引物的筛选得到一条与抗黑星病性状基因相连锁的标记：D3 - 360，与抗黑星病基因位点的遗传距离为 140.9 厘米（董星光，2009）。

（3）果树遗传图谱

以冬枣杂交临猗梨枣 F1 代的 150 株个体为作图群体，对已有的枣遗传连锁图谱进行了加密，得到的图谱包含了 388 个 AFLP 标记和 35 个 RAPD 标记，覆盖基因组总长度 1309.4 厘米，标记间平均距离 3.1 厘米。并得到了控制枣树干直径的 6 个 QTL 位点，分布在 5 个连锁群上（齐靖等，2009）。利用崇化大梨杂交新世纪梨的 94 株 F1 代实生苗为作图群体，构建了一张包括 19 个 SSR 标记、315 个 SRAP 标记，合计 334 个标记分属于 18 个连锁群的遗传图谱，图谱总长度为 1300 厘米，平均图距为 3.9 厘米。同时，采用区间作图法获得了与果实发育期、果形指数两个果实性状相连锁的 7 个 QTL 位点，其中，主效的 QTL 位点 2 个（LCD≥3.5），分别位于 LG2 和 LG17 连锁群（王龙等，2011）。

(4)果树基因定位

在果实品质方面，利用八月红梨和砀山酥梨杂交得到的 F1 代实生苗作图分析得到，控制果皮红色的基因 RFS 位于 LG3 连锁群上，与标记 MES93 - 264p 的遗传距离为 9 厘米。控制果锈的基因 FR 位于 LG16 连锁群上。同时得到了与果实可溶性固形物含量、单果质量、横径和纵径等性状连锁的 QTL 位点 21 个(LOD≥2.5)，其中主效 QTL 位点 6 个(LOD≥3.5)，位点多集中在 LG7 和 LG11 连锁群上(韩明丽等，2010)。用 24 个苹果品种以及来自 3 个不同杂交组合的 60 个 F1 代结果单株为试材，通过 BSA 法在苹果 LG9 连锁群上，筛选到了一个 SSR 标记 CN444542 - 156，该标记在红色表型上表现为隐性，在非红色表型上表现为显性(何晓薇等，2009)。

(5)果树细胞工程

尚霄丽等(2009)以桃、杏、李等李属果树 10 个品种为亲本共 15 个组合进行远缘杂交，对杂种胚进行了胚培养，并对部分杂种进行了分子鉴定。张悦等(2011)以引进核果类砧木“Viken”成熟胚为试材，研究基本培养基类型、激素种类与浓度和种皮处理等因子对成熟胚萌发率的影响，发现剥去部分种皮要好于其他种皮处理方式。有学者在种皮处理上进行了改进，采用种皮刻伤的方式(万春雁等，2009)。牛瑜菲(2010)以酸枣、赞皇大枣、苹果枣和骏枣的花药为试材，对影响花药培养的适宜时期、预处理、蔗糖浓度以及植物生长调节剂进行研究，获得花药的再生植株。牛瑜菲(2010)以酸枣花粉和悬浮细胞系为材料分离原生质体，找到适宜的酶解组合、酶解时间以及甘露醇浓度。薛伟等(2010)以桃褐腐病菌为供试菌株，研究了影响原生质体制备及再生的因素。

(6)果树基因工程

樊连梅等(2011)发现其构建的红富士苹果 SSH - cDNA 文库中，浓红型芽变苹果 MdFjMT2 可能在果实着色过程中参与了某些生理生化过程和分子水平的基因表达调控。臧建磊等(2011)克隆出野生种笃斯越橘的 CBF 基因片段。张玉刚等(2011)将小金海棠 *MxNas1* 基因正义转化了番茄突变体‘Chloronerva’，初步证明了 MxNas1 基因在植物铁代谢中的作用。刘丽丽等(2009)从小金海棠克隆到 *MxYSL* 基因。游向荣等(2009)克隆了龙眼花芽中转醛醇酶的基因。张雪梅等(2009)认为自交亲和的早红香苹果 2 条花柱 s 基因没有发生变异。龙慎山等(2010)从苹果(*Malus domestica*)品种达尔文和金沙依拉姆中克隆得到了两个新 *S - RNase* 基因 *S53 - RNase* 和 *S54 - RNase*。乌云塔娜等(2011)确定了 7 个李、1 个杏品种的 S 基因型。谭洪花等(2011)对“金丝小枣”幼果苯丙氨酸解氨酶(PAI)基因进行了克隆。王萌等(2011)从‘久香’草莓的茎尖中分离得到一个新基因 *FaCDPK2*。

孟颢光等(2011)采用两步生根法，使‘砀山酥梨’转基因试管苗在附加 80 mg/L PG 和 20 mg/L IBA 的 ASH 基本培养基上暗培养 7 天后转入附加 80 mg/L PG 的 ASH 培养基上进行光照培养，生根率达到 91.7%。Gao 等(2010)以胚状体为受体得到的转基因梅植株。在植物组织培养过程中，培养材料继代时间越长遗传变异率越高。周瑞金等(2011)评价转豇豆胰蛋白酶抑制剂(CpTI)基因苹果(*Malus domestica* Borkh.)60 个株系组培苗应用卡那霉素筛选、PCR 扩增及 RT - PCR 扩增对其外源基因的稳定性。

10. 果树机械化、信息化

彭波等(2010)利用鸟害行为声防数字化技术，设计一种智能语音驱鸟系统。该系统无需人工值守，可以设定多种工作模式，具有抗干扰、抗适应性、声音加密、高保真声音输出和方便升级语音资料等优点。

斯钧浪(2010)以栖霞市为例，分县级、乡镇级和果园三个层次收集并整理苹果生产管理的相关信息，并依托地理信息系统在果树产业信息化管理方面的优势，研究建立基于ArcGIS Engine的栖霞市苹果空间管理信息系统，结合GIS空间分析功能和数学分析模型，完成了土地利用现状数据、地形数据、土壤数据和气候模拟数据的多种数据源的融合及数据库建设，为苹果园的合理布局和管理提供科学依据。潘锦山和潘东明(2010)基于3G混合网络和WIFI无线技术的研究，实现琯溪蜜柚果园移动视频监控系统。该系统充分利用3种不同3G网络资源优势，在3G移动终端上实现了"任何时间、任何地点、任何终端"无缝式的无线监控系统，有效地弥补了传统网络视频监控的弱势，可为果园管理提供更高效、系统的解决方案，提高了农业生产效率和管理水平。为充分掌握土壤水分、环境温度、环境湿度与光照情况，实现适时、适地、适量灌溉，施肥与远程管理。杨爱洁等(2011)基于无线传感器网络技术，结合GPS定位技术设计出一个果园数字信息采集与管理系统，实现了果园数字化管理的可视化、便利化。王大鹏(2009)以SPOT-5遥感影像为数据源，利用CART(分类回归树)方法，结合目标地物的光谱特征、纹理特征、地形坡度信息等专家知识，进行果园信息提取实验，取得了86.72%的分类精度，说明用CART方法进行果园信息提取是可行的。

(二)蔬菜学

从总体上看，目前，我国蔬菜学应用技术研究水平基本与发达国家相当，但原创性研究成果不多，细胞工程、分子育种等的应用研究起步较晚。在日光温室等保护地和我国特有的珍惜蔬菜的研究方面有自己的特色。在应用技术研究中，更重视蔬菜生产和国内外市场的需求，在重视经济效益的同时，重视生态效益和社会效益。基础性研究逐步得到加强，关注蔬菜学科和产业的可持续发展。

2009—2011年度，蔬菜学学科获国家级科技成果奖4项，其中国家科技进步奖二等奖4项，包括：①北方抗旱系列马铃薯新品种选育及繁育体系建设与应用；②南方蔬菜生产清洁化关键技术研究与应用；③都市型设施园艺栽培模式创新及关键技术研究与示范推广；④辣(甜)椒雄性不育转育及三系配套育种研究。

1. 蔬菜种质资源的收集、保存与创新研究

到2010年年底，我国国家农作物种质资源库(圃)收集保存各类蔬菜种质资源37000多份，共214种。在所有资源中，有性繁殖蔬菜种质资源132种(含变种)、36000多份，水生蔬菜12种、1500多份，无性繁殖和多年生蔬菜种质资源112种、807份。中国农业科学院蔬菜花卉研究所联合全国有研究基础的省(市)级科研单位，采取考察收集和征集相结合的办法，对濒临消失的无性繁殖蔬菜种质资源进行了抢救性收集。保存了807份濒临消失的名、特、优无性繁殖蔬菜地方品种和野生资源，分属32科、61属、112种。其中，葱

蒜类种质 333 份，薯芋类种质 116 份，多年生种质 102 份，野生蔬菜种质 256 份，建立起占地约 30 亩的无性繁殖蔬菜种质资源圃。

为了促进种质资源的利用，通过对 18 种蔬菜 45204 份次种质资源进行抗病虫、抗逆鉴定和品质分析，获得了 2596 份优异种质。其中，筛选出抗病虫种质 1981 份、品质优良的种质 402 份、抗逆种质 194 份。初步建立了蔬菜种质资源共享平台。

进一步完善了大蒜、生姜的离体保存技术，建立了我国第一个蔬菜低温离体保存种质库和超低温种质保存装置，并成功地应用于种质保存实践；建立了大蒜和百合的低温离体保存技术以及生姜的常温离体保存技术。这些研究成果为相关蔬菜种质资源的安全保存和有效分发利用提供了技术支撑。

研究了蔬菜作物种质资源分子身份证的构建技术，构建了我国特有和优异的 247 份大白菜、101 份小白菜、75 份萝卜、36 份黄瓜资源的“分子身份证”，基本阐明了其遗传多样性和特异性，为建立我国特有和优异蔬菜资源保护的可操作性技术打下了基础。

种质创新技术有了一定突破。生姜、大蒜原生质体培养和体细胞杂交获得重要突破。这些技术克服了有性繁殖种间和无性繁殖品种间的基因交流障碍，为种质创新工作和进一步发展提供了技术保障。

国家蔬菜作物种质资源中期库完成了 32 种主要蔬菜作物种质资源描述规范和数据标准的制定。在此基础上，完成 16000 份蔬菜资源的整理，向国家农作物种质资源数据库提供 6000 份蔬菜种质资源共性和特性描述数据库及图像数据库，实现了部分资源的信息共享。

建立了无性繁殖蔬菜种质资源数据库，促进了种质资源的共享和利用。通过多年观测鉴定，获得了保存种质的 3 万多个基本农艺性状数据，建立了农艺性状数据库，筛选出大蒜等优异种质 40 多份，并已纳入国家自然科技资源共享平台。

蔬菜作物种质资源保存基础设施得到了进一步的改造和完善，种质资源保存、更新、鉴定评价、种质创新和优异基因源挖掘等相关技术研究得到了前所未有的发展。至此以国家农作物种质资源长期库、国家蔬菜种质资源中期库、国家西甜瓜种质资源中期库、国家种质武汉水生蔬菜资源圃、中国农业科学院无性繁殖蔬菜种质资源圃为支撑的国家蔬菜种质资源安全保护体系已基本形成，蔬菜种质资源的信息和实物共享平台初步建立。

2. 蔬菜基因组学与生物技术研究

从各种主要蔬菜作物筛选获得一大批重要性状的紧密连锁分子标记。例如，白菜抗抽薹关键基因 *FLC*1、*FLC*2 和 *FLC*5 等基因，硫甙含量基因，胡萝卜素含量基因，TuMV 抗性基因，抗根肿病基因等；甘蓝雄性不育基因、抗枯萎病基因；番茄抗病毒病、叶霉病、灰霉病、根结线虫病、疮痂病等抗病基因、高番茄红素基因等；黄瓜营养体和果实苦味基因，抗霜霉病、黑星病基因等；西瓜抗枯萎病基因，可溶性固形物的主效 QTL 位点等。上述研究为开展蔬菜作物的分子育种奠定了良好的基础。

中国农业科学院蔬菜花卉研究所与深圳华大基因组研究院合作，率先利用第二代基因组测序技术，完成黄瓜基因组测序，这是世界上第一个利用第二代基因组测序技术完成的植物基因组序列测定与组装的范例。此后，我国科学家又完成了白菜、甘蓝、马铃薯等作物全基因组测序，绘制了这些作物的全基因组精细图谱，并将全基因组编码基因定位在染色体上，这给重要经济性状基因的克隆带来了极大的便利，多篇学术论文已经在《自然·遗传学》(*Nature Genetics*)杂志上发表。

国际黄瓜基因组计划由中国农业科学院蔬菜花卉研究所于2007年年初发起并组织，由深圳华大基因研究院承担基因组测序和组装等技术工作。黄瓜基因组共有约3.5亿个碱基对。项目采用了新一代测序技术，自主开发了一套全新的序列拼接软件，成功地以较低的成本绘制了黄瓜基因组的精细图。这一套测序策略已经成为了其他植物基因组测序的模板。

在黄瓜基因组中共发现了26682个基因。项目创建了包含1800个分子标记的高密度遗传图谱，把基因组的20000多个基因定位在染色体上，这给重要经济性状基因的克隆带来了极大的便利。目前，已经发现了与黄瓜产量、品质、抗病性等重要农艺性状相关的候选基因300多个，已经克隆了与产量相关的性别决定基因(和上海交通大学合作)、苦味基因和抗黑星病基因，为这些重要性状的分子育种提供了快捷、准确的工具。

"马铃薯全基因组序列图和生物学分析"研究成果，是由14个国家29个单位的97名研究人员组成的"马铃薯基因组测序国际协作组"经过6年艰苦的努力共同完成的。由中国农业科学院蔬菜花卉研究所、深圳华大基因研究院等组成的我国马铃薯基因组项目团队在此项成果中发挥了重要作用。

在成立初期，协作组遇到了二倍体马铃薯基因组高度杂合、物理图谱质量不高、测序成本高等难以克服的困难。在这种情况下，中方团队另辟蹊径，提出了以单倍体马铃薯为材料来降低基因组分析的复杂度，并采用快捷的全基因组鸟枪法策略和低成本的新一代的DNA测序技术。这一策略的改变大大加快了整个项目的进程，中方团队于2009年完成了单倍体马铃薯基因组的测序、拼接和注释工作。在这种形势下，国际协作组放弃了原有二倍体基因组测序的技术路线，把绝大部分资源聚集在中方主导的单倍体基因组测序项目上，并于2009年宣布了全基因组序列图的完成。

白菜全基因组研究(The genome of the mesopolyploid crop species Brassica rapa)成果是在中国农业科学院蔬菜花卉研究所和油料作物研究所、深圳华大基因研究院主导下，由中国、英国、韩国、加拿大、美国、法国、澳大利亚等国家组成的"白菜基因组测序国际协作组"共同完成的。

2008年，中国农业科学院蔬菜花卉研究所在利用第二代基因组测序技术进行黄瓜基因组测序取得重大进展的基础上，联合油料所和深圳华大基因研究院，启动了使用新一代技术进行白菜基因组测序的研究。2009年9月，鉴于我国开展的白菜基因组测序取得重大进展，BrGSP协作组正式决定终止原有的所有测序活动，以我国测定的白菜基因组序列为A基因组参考序列。

在完成白菜基因组组装的基础上，我国科学家联合国际同行进一步开展了白菜基因组注释、比较基因组学、基因组进化和各种相关的生物学分析。分析结果表明，白菜基因组大小为约485Mb，共包含约42000个基因；白菜的祖先种与模式物种拟南芥非常相似，它们大约在1300万～1700万年前发生了分化，两者依然维持着良好的基因之间的线性对应关系。由于白菜基因与拟南芥基因存在高度的相似性，因此，白菜基因组的测定为利用丰富的拟南芥基因的功能信息架起了桥梁，这为利用模式物种信息进行栽培作物的改良奠定了良好的基础，将极大地促进白菜类作物和其他芸薹属作物的遗传改良。

北京市农林科学院蔬菜研究中心联合中国农科院、华大基因研究院以及国际种苗公司于2008年启动了国际西瓜基因组计划（IWGI），开展西瓜全基因组测序工作，并在此基础上开展了西瓜抗病机制和果实发育的基因表达谱研究。采用Solexa高通量测序技术，完成了的蔗糖积累型西瓜品种97103的全基因组测序组装和注释，组装基因组大小353Mb，覆盖了西瓜全基因组的83.2%。同时完成了97103果实发育4个时期的转录组测序工作（Guo et al.，2011）。综合上述研究结果，提出了西瓜果实发育过程中的糖代谢途径，共发现了60个糖代谢相关基因，编码13类糖代谢酶和1个蔗糖转运蛋白。西瓜全基因组序列信息已向全球释放。

在20世纪90年代的研究基础上，蔬菜作物基因工程技术研究近年又获得新进展，虽绝大多数研究成果尚未在育种实践中得到利用，但为将来的发展提供了技术贮备。在抗病基因工程中，抗病毒基因工程发展较快，在通过导入病毒外壳蛋白基因获得抗病毒的转基因植株方面，将TMV和CMV外壳蛋白基因导入到甜椒中，获得了抗病毒能力增强的转基因甜椒植株。分离、人工合成并扩增核内蛋白酶a(*NIa*)基因，利用真空渗入原位转基因技术获得抗芜菁花叶病毒（TuMV）植株。

3. 蔬菜作物遗传育种研究

在甘蓝类蔬菜上研究并明确了影响结球甘蓝小孢子出胚率的主要因子；明确影响胚成苗（胚再生成植株）的关键因素；育成优良的DH系多个。通过回交转育鉴定获得性状优良的显性雄性不育材料，育成新的优良甘蓝胞质不育系。育成优良的甘蓝自交不亲和系，花期自交亲和指数小于1，蕾期自交亲和指数大于10，配合力好。初步建立了甘蓝耐裂球性的鉴定方法和标准，甘蓝耐热性、耐寒性的鉴定方法研究。

在番茄上建立并完善了番茄主要病害叶霉病、枯萎病、黄萎病、晚疫病、根结线虫病、青枯病等病害抗性基因分子标记辅助选择技术体系。完善了番茄根结线虫病、黄萎病、叶霉病苗期多抗性鉴定方法。明确了江苏及周边地区番茄晚疫病菌生理小种，并进行了番茄晚疫病遗传规律的研究及交配型鉴定。首次完成了高色素基因*hp*1和*hp*2及其对应的野生型Hp1和Hp2分子标记的筛选。

在辣椒上首次进行了原生质体培养的研究，获得高产、高活力原生质体的培养方法。以不同基因型的甜、辣椒为供试材料，对包括小孢子发育时期、预处理方法、内源激素含量、培养基类型、不同添加成分对胚状体或愈伤诱导的影响，以及小孢子植株倍性鉴定方法、移栽技术等进行了较为系统的研究，部分基因型获得了DH群体。利用分子生物学技术开发了对辣椒根结线虫、疫病、疮痂等病害的抗性鉴定的分子标记等。

在黄瓜上建立了雌性系材料高效诱雄技术体系，雌性基因的分子标记检测技术，以及雌性性状的转育技术，创制出一批优良的雌性系黄瓜育种材料。优化了黄瓜未受精子房离体培养技术，从诱导培养基优化和困难基因型改造两个途径，使困难基因型材料胚胎发生频率由原来的2%提高到30%。通过单倍体技术获得DH系近3000份，其中优异材料开始应用于黄瓜育种。建立了黄瓜枯萎病、白粉病和霜霉病3种病害苗期多抗性鉴定等方法。

育成白菜、甘蓝、番茄、甜辣椒、黄瓜、西甜瓜等蔬菜新品种200余个，并且这些新品种在生产上已经或正在推广应用。这些品种的育成与推广实现了早、中、晚不同熟期，不同栽培方式（露地、日光温室、大棚栽培）、不同季节栽培的品种配套，实现了品种专用化。如适合日光温室长季节栽培番茄专用新品种，‘中杂108’、‘东农系列品种’等；适于春播晚抽薹大白菜新品种‘京春黄’、‘京春娃2号’、‘天正橘红62’等；‘仙客5号’和‘仙客6号’两个番茄品种的育成与推广有效地解决了设施番茄生产中根结线虫防控的难题，并累计示范推广面积达5300余hm^2。

4. 蔬菜作物生长发育与栽培技术研究

日光温室是我国设施蔬菜生产的主要设施。近年来，通过多学科产学研联合攻关，研发出了工厂化育苗专用日光温室和专用连栋温室，与加温的普通连栋温室育苗相比，节能56%以上。东北新型多连栋节能日光温室的土地利用率提高到80%～90%。东北新型落地装配式全钢架结构日光温室，比传统的日光温室在施工速度、用钢量和采光量方面都有了显著提高。研究明确了日光温室浅层土壤水媒蓄放热增温效果，为日光温室的保温设计提供了依据。

针对日光温室环境数据信息监控特点，基于ZigBee协议的传感器节点技术，组装现场监控无线传感器网络，实现数据远程传输至指定数据库服务器，并提出了基于遮阳网、天窗等机械运动图像处理新方法的温室视频监控技术。将嵌入式远程视频采集技术应用到温室监测中，获取温室作物的生长状况、肥水需求情况以及病虫草害动态等信息的反应载体作物的生长图像。建立了基于无线传感器网络的温室植物生长光照强度和温室环境监控系统。提出的一种基于BP神经网络的专家系统并用于温室控制，解决了传统专家系统知识获取的推理能力差、智能化低的缺点，实现了神经网络和专家系统功能上的互补。在温室环境控制装置研发方面，研制了一种温室环境控制装置，可根据白天和夜间温室环境控制的不同特点实现温室环境白天和夜间两种控制模式，更加精确和高效地实现对环境参数的自动控制，提高设备的使用效率、降低能耗。

针对我国设施蔬菜生产中资源利用率低的实际问题，近年来提高土地、光能、水分和养分利用率的研究较多，并取得了可喜的进展。甘肃、宁夏等地利用充足的光能资源和土地资源，通过发展以农作物秸秆和沙地等为栽培基质，配以有机和无机肥料来进行主要瓜果蔬菜的生产，实现了非耕地的有效利用。

蔬菜育苗逐步从传统的家庭育苗走向集约化工厂化育苗，工厂化育苗在山东等地已经达到了约20%的水平。

蔬菜生产中经常遭遇低温和高温、弱光和强光、干旱和涝害、高盐和重金属等非生物胁迫与病虫等生物胁迫，这些胁迫对蔬菜生长发育、光合作用、抗氧化系统和养分吸收的影响以及调控是近年来的研究热点，其中光合效率分析、抗氧化系统分析和RT-PCR分析成为近年来利用最多的方法手段。如利用基因芯片技术研究干旱胁迫下番茄转录水平的变化，耐盐野生番茄和盐敏感栽培番茄盐胁迫下的转录本的水平的变化，盐胁迫下黄瓜根系的蛋白组变化，这些工作为深入研究抗逆机制和分子育种奠定了基础。

5. 蔬菜作物病虫害综合防治研究

我国地域辽阔，跨越多个气候带，生态环境条件复杂多样，蔬菜病虫害的发生也呈现种类多样性、为害复杂性、防治困难性等特点。近两年来，在进行全国范围内病虫害调查的基础上，逐步收集、整理和建立了蔬菜病虫害病菌资源库和标本库。

目前，我国已经成立了多个微生物菌种资源保藏中心，并建立了多个微生物资源库，除了我国第一个统一数据结构的国家级菌种保藏数据库——我国微生物菌种目录数据库外，从事蔬菜病害专业研究的单位也建立了病菌资源库。在蔬菜病原菌方面，目前已经收集整理了包含 60 多种蔬菜的 500 多种病原菌的 10000 多个菌株。同时，建立了我国蔬菜病虫害样本信息共享数据库，与微生物病菌资源库共享基础数据，搭建了我国蔬菜病害病菌资源研究与数据共享平台。

蔬菜病虫害标本库可为病虫害的研究和防控提供最真实、可靠的数据基础。目前，已保存了蔬菜作物病害标本资源库和农业害虫标本资源库，包括了 200 多种蔬菜的 4000 多种病害标本和 2000 多种害虫标本。

6. 蔬菜产品的采后处理及贮藏加工研究

我国近年来在蔬菜采后处理及贮藏加工研究取得一定的进展，在非热加工、高效提取分离技术、干燥技术、保鲜技术与装备研究等方面取得较好的成绩。

在高效利用太阳能或光能与风能的干制技术系统和节能型组合干燥技术方面，开发新型高效的太阳能晾（晒）房干制系统和节能高效的多热（能）源组合干燥技术与装备，为干制蔬菜等工业化生产提供技术支撑。研究开发了分段变温的节能高效干燥技术以及干燥过程中的质量控制技术，研制开发换热器内置的新型带式干燥设备，形成适用于多种蔬菜干燥增值加工的成套技术设备。

通过对高密度二氧化碳、高压脉冲电场和高频脉冲磁场等冷杀菌灭酶效果以及对相关营养物质、风味、色泽和生物活性物质等产品品质影响因素进行系统研究，重点开发出高密度二氧化碳、高频脉冲磁场和高压脉冲电场等食品冷加工工艺技术和设备样机。通过对超声波（UAE）、微波（MAE）和强电场（PEFAE）等现代高效辅助萃取技术的传质动力学及分离工艺的应用研究，重点开发超声波、微波、强电场等高效辅助萃取工艺技术，为提高分离效果和开发高附加值产品等提供新的技术途径。

研究出高效乙烯脱除剂和脱除装置与缓释性防腐保鲜垫；开发出蔬菜流通过程中臭氧处理保鲜技术，通过臭氧保鲜处理方式、使用剂量和处理时间、微环境条件参数研究，实现物流过程中蔬菜生理和病理双控；开展了二氧化碳高传导性膜的开发研究；开发适应大流通量的变压气调、低褐变臭氧处理等蔬菜保鲜新技术。

（三）观赏园艺学

我国观赏园艺学科在 2009—2011 年在观赏植物资源及遗传育种领域、观赏植物栽培与繁殖和园林生态与观赏植物应用研究三大领域都取得了重要的进展。其具体表现在：①挖掘新花卉资源的研究日益得到重视，对野生花卉资源的调查、收集、评价研究取得最新进展；②培育具有我国自主知识产权花卉新品种的能力明显加强；③花卉种、苗、球繁育能力明显提高，逐步摆脱依赖进口的局面，重要盆花和切花生产能力也明显提高；④有害生物防治能力得到提高；⑤采后处理技术得到广泛应用；⑥观赏园艺不同领域的标准化程度不断提高；⑦形成了健全的观赏园艺人才培养体系。

影响我国花卉产业发展的瓶颈问题，主要表现在缺少具有我国自主知识产权的商品花卉品种和适应我国具体条件的配套的标准化生产技术两方面。我国花卉商品生产中使用的花卉品种大部分来自国外，商品花卉生产技术不规范等问题严重制约了我国花卉产业的自主可持续发展。

1. 花卉资源研究

我国具有极其丰富的观赏植物资源。原产我国的观赏植物种类约有7000种。在我国原产地观赏植物中，有很多花卉是我国特产的优良种类，如全世界200种蔷薇中，我国原产82种；全世界900余种杜鹃花中，我国原产的有530种；我国还是百合种质资源的分布中心，种质资源占全世界的一半以上；我国的牡丹、丁香、翠菊、紫薇、榆叶梅、乌头等很多野生花卉对世界花卉业的发展也起到了重要作用。

对观赏植物资源进行了调查和整理、研究。在野生花卉资源的研究方面，对我国四川峨眉山、乐山，太白山区，岭南地区，秦淮地区，青海，贵州等地的野生花卉作了初步调查研究，对一些常见的野生花卉资源有了一定了解，特别在桂花、茶花、海棠、杜鹃资源的研究方面有突破性进展。

峨眉山生物资源实验站及国家花卉工程技术研究中心（成都）通过对峨眉山中高海拔的野生观赏植物资源的调查，发现峨眉山野生观赏植物种类丰富、大部分保存完好，部分具有较高观赏价值的种类尚未开发利用。如峨眉拟单性木兰、峨眉含笑、峨眉蜡瓣花、峨眉银叶杜鹃、峨眉半蒴苣苔、峨眉瘤足蕨等。

杜鹃：西北农林科技大学通过对位于秦岭山脉中段的太白山国家森林公园的野生杜鹃资源的实地调查分析，对杜鹃（*Rhododendron* L.）野生资源的分布种类、形态特征、群落学特点、分布式样和开发利用状况等有了进一步的了解。秦岭野生杜鹃的单种蕴藏量大，抗寒性极强，观赏价值和药用价值高的种类较多，优势明显，因而成为这一地区最具开发潜力的野生植物资源之一。

牡丹：建立了牡丹种质资源圃和育种基地。在国内搜集牡丹高代杂种共计800多份，结合种质资源的评价分类，在北京、洛阳与甘肃建立牡丹种质资源圃和育种基地，基本形成了较为完善的种质保存系统，为牡丹创新育种奠定了良好基础。

梅：梅是我国特产传统名花（梅花）、佳果。为了保护和保存野梅种质资源和促进梅花栽种北移工作，历时6年完成了川、滇、藏、黔部分地区野生梅种质资源调查研究和梅花抗寒品种区域试验工作，提出川、滇、藏、黔交界的横断山区（含贵州赫章、威宁）是野生梅的分布中心，扩大了野梅分布中心的范围，新发现1个梅的新变种——曲梗常绿梅。运用荧光AFLP分子标记技术，首次建立了65个野梅样品AFLP－DNA指纹图谱，研究了主要野梅的亲缘关系。

海棠：西北农林科技大学通过对秦岭苹果属海棠和木瓜属海棠资源的调查，共发现苹果属海棠11种和1个变型、木瓜属海棠3种。苹果属野生种有较强的抗性，如陇东海棠抗旱、湖北海棠抗涝、楸子抗寒，可利用生物技术手段把这些优良的抗性基因找出，导入观赏性好的品种中，可得到抗性强且观赏性高的新品种。

萱草：全世界萱草属植物现有14种。其中，中国约有11种。在较为系统收集萱草种质资源的基础上，从形态学、细胞学和分子水平对萱草属9个种和1个变种、24个品种合计 52 份种质资源的亲缘关系、遗传多样性进行了评价，并利用其中部分种质资源进行了种质创新和新种植的选择。

百合：百合属多年生球根草本花卉，为世界五大鲜切花之一。通过对东北地区野生百合资源进行调查和收集，以及采用形态学、孢粉学、细胞学和 RAPD 标记对收集的百合资源进行亲缘关系和遗传多样性研究，为东北地区野生百合资源的收集、保存、保护、分类、评价、利用等奠定基础。目前，共收集野生百合 119 份，分属 6 种 3 变种。其中，斑百合和卷丹在东北地区分布范围最广、分布数量最多，尤其在铁岭、本溪等地分布较多。

利用百合种质资源收集、保存、分析与快速繁殖技术，对收集到的种质资源进行了整理和细胞学、染色体 C 带分带的系统研究。构建了各种野生百合的染色体 C 带带型模式图。建立了以室内细胞工程为主，野外田间保存为辅的野生种质资源的长期保存体系；建立了部分商品种的工厂化产业化快繁体系。

紫薇：紫薇(*Lagerstroemia indica*)是我国夏季重要的小乔木类观赏花。在对山东省紫薇品种进行详细调查的基础上，利用形态学、孢粉学对紫薇进行了科学系统的分类，并利用灰色评价系统，对紫薇观赏性状进行了评价，筛选出了优良的观赏品种，其中山东省 5 个新品种。另外，调查中还发现一个香花品种“白密香”。提出将紫薇亲本来源作为品种分类的第一级标准，株型作为品种分类的第二级标准，花色作为品种分类的第三级标准，花径作为品种分类的第四级标准的新的分类原则，完成了 24 个紫薇品种的孢粉学研究。

蝴蝶兰：蝴蝶兰是当今世界上最受欢迎的兰花品种之一。通过对现有蝴蝶兰种质资源的鉴定，了解其遗传多样性和亲缘关系，为今后的育种提供参考依据。从形态学、SRAP 分子标记两个方面进行亲缘关系分析，参照《蝴蝶兰种质资源描述规范》对蝴蝶兰属 58 份资源的 49 个性状进行了观测，发现资源间各数量性状均存在较大差异，资源间具有丰富的遗传多样性，并通过实验建立了适合蝴蝶兰基因组的 SRAP 反应体系及扩增程序。

石斛兰：从植物学性状、农艺学性状、细胞学性状和分子生物学方面对石斛兰种质资源进行鉴定评价，为进一步利用石斛兰种质打下基础。通过对模板 DNA、dNTP、引物含量、Mg^{2+} 浓度、Taq 酶 5 个因素的优化，建立了适合石斛兰 SRAP 扩增的反应体系。通过聚类分析发现，在值为 0.618 时，可将 40 份石斛兰种质划分为三大类群。第Ⅰ类迷你小花型，第Ⅱ类为蝴蝶石斛型，第Ⅲ类为羚羊角石斛型。研究发现，石斛兰种质的聚类与其遗传背景有很大的关系。

石竹：南京林业大学对新疆野生石竹种质资源进行了全面调查和收集，并从形态学、植物细胞学、孢粉学及分子生物学 4 个层面，系统地研究了新疆野生石竹当前的资源状况。对位于新疆天山山脉和阿尔泰山山脉两个野生石竹自然分布区进行的实地调查，共采集野生石竹标本 160 份和 26 个群体 528 个株系的种子，并对其形态特征进行了系统调查和分析。编制了新疆野生石竹分种检索表，并对发现的两个新类群进行了命名。采用 PCR 产物直接测序方法对新疆野生石竹的 10 个种进行了 ITS 区序列测定，并对新疆野生石竹种间的亲缘关系进行了分析。

茶花：四川省乐山师范学院峨眉山生物多样性保护与利用研究所通过对四川乐山地

区的茶花品种资源进行的系统调查，从叶形、花型、花色、花径、花期及分布等方面鉴定出24个品种。

微型月季：利用形态学、孢粉学和分子生物学方法研究微型月季的亲缘关系。利用光学显微镜和扫描电子显微镜观察了10个微型月季品种花粉形态特征。结果表明，微型月季花粉具3个萌发孔，极面观为三裂圆形，花粉外壁纹饰为瘤状雕纹、网眼、条纹。

月季：国家花卉工程技术研究中心进行了广泛的资源搜集和育种工作，培育5个切花月季品种，生产的切花90%以上出口，实现了中国培育的具有自主知识产权的月季品种切花出口零的突破。建立了切花月季无土高产栽培技术体系，收集了抗性强、观赏价值高的中国野生蔷薇属植物、中国传统月季及切花月季品种资源3000余份，建立了月季育种种质基因库。

三角梅：三角梅(*Bongainvillea brasiliensis* Raeusch)是常绿攀援状灌木。它的众多品种的遗传背景复杂，国内外迄今有关三角梅品种间亲缘关系的研究资料甚少。为进行三角梅品种选育、分类和进一步为生物学研究提供理论基础，运用ISSR分子标记对68份三角梅种质进行研究，分析了其遗传多样性和亲缘关系。研究表明改良的CTAB mini法提取的三角梅DNA，无论是从浓度和纯度上都可以满足ISSR分析的要求。对三角梅ISSR反应体系进行了优化，建立了适合三角梅ISSR扩增的体系和程序。

桂花：华中农业大学通过对湖北省咸宁地区的桂花品种资源的调查，发现咸宁现有桂花品种62个(其中引种品种26个)，木犀属桂花近缘种3个以及咸宁特有的栽培品种咸宁山桂(俗称铁桂或木桂)。通过2010年的调查统计，目前共整理出丹寨、三都两县的野生观赏植物109科295属429种(含变种、变型)。

2. 花卉育种研究

杂交育种是种质创新的一条重要途径。近年来，选出具有自主知识产权的报春花新品种3个、地被菊新品种30个；建立报春花制种基地1个，繁殖推广报春花3000万株。

紫薇：紫薇远缘杂交及多倍体育种技术体系日渐完善，以香花、早花、大花等为育种目标，利用大花紫薇、尾叶紫薇、散沫花、福建紫薇、屋久岛紫薇等与紫薇品种进行远缘杂交。研究了亲本的开花生物学特性，花粉生活力及花粉管萌发观察情况。对紫薇多倍体诱导及鉴定技术开展了系统的研究。在多倍体鉴定方面，筛选出一套紫薇染色体制片的技术体系及一套流式细胞术对紫薇倍性的鉴定体系；通过形态学、气孔、染色体及流式细胞术等鉴定技术对变异植株进行鉴定，得到一批多倍体植株；在有性加倍方面，通过花粉大小的间接指标鉴定得出紫薇2n配子。

报春花：开展了报春花远缘杂交育种研究。育种目标为选育耐热、株型紧凑、开花均匀、花葶粗壮不易倒伏、大花、高度适中的报春花品种。利用孢粉学、细胞学及分子生物学等手段，研究报春花种间亲缘关系，结合育种目标，进行亲本选配。通过远缘杂交，结合胚拯救、细胞融合、多倍体诱导技术克服杂交不亲和性，进行报春种质创新。

利用秋水仙素诱导小报春(*Primula forbesii*)获得四倍体，并通过形态学及细胞学染色体等方法进行倍性早期鉴定。该诱导方法成功率较高，效果最佳，同时，四倍体小报春F1代植株可以保持其种性稳定遗传；与二倍体小报春比较，小报春四倍体变异植株表现出花朵增大、香味浓、花葶粗壮等优良性状特征，提高了观赏价值，实现了利用秋水仙素诱导小报春多倍体的方法,创造了新种质。“小报春诱变四倍体的方法及倍性早期鉴定技术”成果已经申请发明专利。

菊花:在收集了菊花品种的基础上,建立了叶片半致死温度法的抗寒性评价方法和菊花种质资源的耐涝性的抗性评价体系,对45份种质的耐涝性进行了评价,筛选出岩菊、紫花野菊、小滨菊等5份种质为高度耐涝材料。对35个品种的抗蚜虫性进行了评价。同时开展了菊属植物的生殖生物学研究,阐明了菊属相关植物的生殖生物学特性、杂交过程中生殖障碍类型及发生阶段,杂交障碍类型的确定方法,针对不同的杂交障碍类型的技术克服措施,采用幼胚拯救辅助措施,大大提高远缘结实率。

地被菊:地被菊是一类新型露地应用菊花品种群,具有植株低矮,抗逆性强,花色丰富,花期早,花期长,开花繁密等特征。国家花卉工程技术研究中心在进行广泛的资源搜集的菊属近缘种属植物的基础上,以花香及花期育种为主要方向,筛选出4个花期早、浓香型地被菊新品种已获新品种权,获国家发明专利3项。建立了地被菊育种技术体系。采用远缘杂交、电(质)子束辐射、离体培养早期筛选结合层次分析评价分级等方法培育出59个具有花多而密、花期长、植株低矮或匍匐状、适应性强的地被菊新品种。新品种比传统地被菊品种的主要香气成分释放量明显增加,如α-蒎烯提高了1.5倍,莰烯提高11.4倍,龙脑提高8.9倍,增加了传统地被菊品种中少有的香气成分乙酸龙脑酯。

进行了地被菊品种的抗旱性评价。对经过初选的17个抗旱性较强的地被菊品种的光合特性、生理生化及形态特征指标进行测定,采用隶属函数法对各个品种进行综合评价的基础上筛选出7个抗旱性强且综合性状优良的品种。这些品种均表现出良好的适应性和观赏性,生长健壮、整齐,枝繁叶茂,花朵繁密、遮掩枝叶,抗病虫害及耐粗放管理,适应当地的自然条件开花结实良好,花期提前而且延长。

首次培育出3个浓香地被菊新品种,已与其他5个早花期新品种申请新品种保护。申报专利两项:利用幼胚拯救获得菊属远缘杂种的方法,利用神农香菊培育浓香型地被菊新品种的方法。

菊花:菊花诱变育种技术研究取得新进展。该技术利用平阳霉素和电子束辐射诱导菊花突变育种。将组织培养与化学、物理诱变育种相结合,提高了体细胞无性系变异的发生频率,促进了突变育种的成功。与传统菊花杂交育种相比,育种周期短,工作量小;与转基因、原生质融合等生物技术相比,设备要求简单,操作简便、安全性高。该技术处理得到的菊花株高显著降低,此未处理菊花株高77.5%~88.3%;变异率也可达到5%~7%。申请专利两项:平阳霉素诱导菊花矮化育种的方法,以及利用电子束辐射结合组织培养培育地被菊新品种的方法。

百合:利用我国优良的野生百合种质资源,与现有的商业百合品种进行杂交,选育出了一批适合我国不同地区气候特点的优质、高产、抗逆性、生长周期短、采后寿命长的百合切花新品种。

建立了6个野生百合种质资源圃,综合采用常规杂交、切割柱头、混合花粉、离体授精和离体胚拯救等技术集成,获得了一批杂交子代,并通过表型、染色体以及DNA分子标记等手段鉴定筛选杂交子代的真实性,选育了6个百合抗病性强、耐盐碱新品种和9个优株。完成了品种间和东方系与OT系间,商业品种与野生种间,铁炮系与亚洲系间、亚洲系与东方系间杂交组合 860 多个，并对 454 个组合进行了胚培养。

构建了百合病毒检测及脱毒种球生产技术、新品种种球快速繁殖技术体系和生产栽培管理技术体系，建立组培快繁中试线 1 个，生产规模 200 万个/年，繁育新品种种球 510 万个。对已申报的两个新品种，正在进行区域内新品种示范推广和产业化研究。

研究以东方百合、亚洲百合、麝香系列和 OT 系列的百合品种以及野生百合为亲本进行常规杂交实验，并通过胚拯救的方法以克服杂交后的障碍，获得杂交种，为进一步开展百合育种提供依据。

牡丹：通过科学的亲本组合以及胚培养技术、激素辅助和促成与强化栽培等综合技术的集成应用，克服牡丹杂交育种过程中花期不遇、杂交不亲和、杂种败育以及幼苗生长缓慢等一系列主要的技术难题，培育出花色纯正、花型美观、花香浓郁、花枝直立、花叶协调、花量大、长势强、适应性广、具有很高观赏价值的易养护栽培或适宜切花与盆花生产的优质抗逆牡丹新品种，构筑我国特色的牡丹杂交育种技术体系；建立以抗逆性与适应性为主的品质评价技术，以及优良品种产业化以生产为主的繁殖技术，培育牡丹新品种，并进行新品种申报和示范推广。

对牡丹杂交不亲和与杂种不育进行了初步探讨：认为不同种间结种率高低受母本育性的影响较大，受亲和性的影响较小，组内（亚组间）远缘杂交的平均结种率较低，为 0.85 粒/朵，母本育性和亲本亲和性共同影响其结种率；组间远缘杂交的结种率高低的主要受亲本亲和性大小的影响；组内近缘杂交种子的出苗率高低主要与母本自身的成苗力有关。

建立了完善的牡丹杂交育种技术体系。通过杂交亲本材料的选配技术，花粉采集贮藏与萌发检测、杂交配合及药剂处理、杂种萌发催芽与幼苗管理等配套技术的综合应用，得到了一批远缘杂种苗，实现了我国在牡丹、芍药远缘杂交领域零的突破。有效改进克服了花期不遇、杂交不亲和、杂种败育等关键技术难题。培育出两个牡丹切花专用品种，填补了国内外空白，将促进我国牡丹商品生产真正步入产业化生产时代；获得 1 个特色品种和 8 个优良无性系，育出 1 个二次开花新品种，有广阔的市场前景。获植物新品种权 4 项、国家技术发明专利 4 项。

兰花：中国兰主要指兰科兰属植物中一部分地生种，如春兰、蕙兰、建兰、墨兰和寒兰等。大花蕙兰是以兰属（*Cymbidium*）部分大花型附生种类多代杂交选育出来的优良品种群，是世界五大重要兰花商品盆花和切花之一。以 15 个大花蕙兰品种和 5 个国产墨兰品种为亲本进行杂交，对亲本生物学特征、人工杂交授粉特性、杂种胚的发育过程、无菌播种技术以及杂种后代的初步鉴定等方面进行研究认为国产 5 个墨兰品种均为二倍体，染色体数目均为 40，15 个大花蕙兰品种具有多样的倍性，包括二倍体、三倍体和四倍体。

兜兰：对 4 种兜兰属植物进行 AA 式完全双列杂交试验，发现 4 个兜兰品种的自交结实率均表现出相对较低现象，与前人研究结果差异较大。在自交过程中，还出现同花授粉的结实率较低，而异花授粉的结实率较高的现象。4 种兜兰作为父本的平均杂交结实率从高到低排列顺序为：带叶兜兰，硬叶兜兰，同色兜兰，杏黄兜兰；作为母本的平均杂交结实率从高到低排列顺序为：杏黄兜兰，同色兜兰，带叶兜兰，硬叶兜兰。因此，从本试验看，杏黄兜兰、同色兜兰做母本较好，带叶兜兰、硬叶兜兰做父本较好，这将为兜兰杂交育种提供参考。

月季：利用中国特有蔷薇属植物资源的高抗病性、抗寒性、抗旱性基因资源和现代切花月季品种进行杂交育种，整合远缘杂交、芽变选择、胚培养、组织培养及杂种后代早期鉴定等技术，培育出一系列切花月季新品种，并获得国家新品种保护，培育的切花月季品种生产的切花全部达到国家一级切花标准，达到国际先进水平，90%以上出口。利用中国原产的刺玫类蔷薇属植物与现代月季品种远缘杂交，培育出10个品种在内的抗病、抗旱、抗寒性强的“刺玫月季”品种群（庭院月季）。

梅花：北京林业大学李庆卫在前人抗寒梅花品种区域试验基础上，新增大庆、乌鲁木齐、公主岭3个梅花抗寒品种区域试验点，通过多年多点对比试验，在大庆实现了‘燕杏’梅、‘送春’梅、‘淡丰后’梅、‘美人’梅4个梅花品种露地栽培开花，公主岭有‘淡丰后’、‘公主木兰’、‘燕杏’‘美人’梅4个品种能露地栽培开花，在乌鲁木齐有‘燕杏’、‘丰后’2个品种露地栽培开花，使梅花北移超过2000千米。

草花：培育出万寿菊雄性不育系17个，自交系13个，F1代品种4个；培育出百日草雄性不育系两个，自交系4个，F1代品种两个；培育出矮牵牛新优品种4个，花量增大，抗性增强，植株更紧凑；培育出5个三色堇新优品种，在花径大小、开花整齐性和植株抗性方面具有明显优势；培育出5个矮型一串红品种，两个中高型品种，这些品种具有国外品种无法比拟的抗热性强等优点；培育出4个花径大、花色鲜艳的孔雀草品种；培育出两个鸡冠花新品种；培育出翠菊新品种7个，其中有6个矮生品种。

3. 花卉分子育种研究

针对我国花卉业发展对优良花卉品种的迫切需求和我国花卉品种改良基础研究落后的现实局面，根据国际上对花卉品质性状基础理论研究的最新进展，以我国特有的具有特殊优良观赏性状的花卉资源和我国原产名花为研究对象，在分子水平上深入研究主要观赏性状的遗传基础，筛选、分离具有我国自主知识产权的控制花型、花香、开花期、重瓣性、采后寿命、雄性不育、花色和抗性等特殊优良性状的相关基因，对其功能进行深入研究，系统探索优良性状的形成规律及其分子机制，为花卉优良观赏性状的分子改良奠定理论基础，在此基础上进行转基因表达，建立我国重要花卉的分子改良体系，并进行重要性状改良应用，最终培育具有自主知识产权的花卉品种，打破花卉发达国家对我国商品花卉品种的垄断。花卉育种和良种改良工作一直是花卉业的主题，是花卉创新的主要方向。广泛开展花卉转基因育种技术研究，以抗逆性、花期调控、花色改良、芳香育种、提高采后寿命等为主要育种目标，定向培育和改良具有我国自主知识产权的转基因花卉新品种。

为了加快兰花的育种步伐，西南林业大学对建兰亚属兰花种质资源的形态及叶绿素含量进行比较分析，并利用RAPD、ERPAD、PCR－RFLP、ISSR、SRAP分子标记技术对建兰亚属植物资源进行分子分类及亲缘关系研究：①对建兰亚属21个兰花品种的形态特征的观察和分析可以看出，不同品种间的一级与二级脉随品种也不相同，所有品种在形态上具一定的分化，反映出不同品种间的相似性和差异性；②应用SPAD－502叶绿素计和常规方法对21个建兰亚属兰花品种的叶绿素含量进行了比较分析。结果表明：大多数兰花在种间或种内的叶绿素含量以及SPAD值均有所不同，但它们之间表现出优异的差异性；③应用ERPAD（延长随机引物扩增DNA）标记对54个寒兰品种进行分析和鉴定。

对桂花种质资源的遗传多样性、亲缘关系、品种分类鉴定等问题进行了研究和探讨。建立并优化了桂花的SRAP扩增体系。利用SRAP和ISSR分子标记研究了桂花种质资源的遗传多样性和亲缘关系。依据形态特征编制了88个桂花品种的分类检索表，分别运用SRAP和ISSR分子标记构建了桂花的DNA指纹图谱，旨在为桂花品种的鉴定、培育和开发利用，提供形态和分子依据。

新疆农业大学将透明颤菌血红蛋白基因转化薰衣草，通过PCR等筛选将阳性植株移栽。待其长到一定大小时，进行水淹试验，并对转基因薰衣草和非转基因薰衣草进行过氧化物酶、叶绿素含量、脯氨酸含量、可溶性糖、可溶性蛋白生理生化指标的比较。结果表明：转基因薰衣草均高于非转因薰衣草。水淹处理3天转基因植株生长良好，未转基因植株表现叶片萎蔫。将基因透明颤菌血红蛋白基因转到银腺杂种杨中，筛选转化子后，在温室生长两年后，转基因植物和对照在形态上无明显差异，证明了淹水胁迫下透明颤菌血红蛋白基因的表达增强了银腺杂种杨叶绿素含量的积累，进而促进了转基因植株的生长，提高了转基因株系对淹水的忍受能力。

4. 花卉良种繁育

百合等球根花卉是经济价值最高的花卉种类之一，在我国有巨大的发展空间，仅云南百合的种植面积就达1600hm^2，每年的种球需求量在2.6亿粒以上，并且需求量以10%的速度增加，市场需求量很大。

重点研究了百合、彩色马蹄莲等种球国产化技术和生产标准，完成制定国家及行业标准14项，企业标准32项。百合培育2.5年成球率大于87.6%、马蹄莲和唐菖蒲培育2年成球率达到82.2%和85.7%，田间带毒率小于5.4%。经对照检测，自育种球质量与进口球相当，但价格仅为进口种的60%，种球国产化率从10%提高到40%以上，基本摆脱了我国花卉种球主要依赖进口的不利局面，切花产品在国内外市场上有明显的竞争优势。

研制了球根采后处理系统。该项目实施过程中共申请了25项目专利，其中19项获得国内发明专利，特别是在球根专用冷库、分级机、计数器、灭菌机等设备的研究应用领域获得多项专利授权，并在生产实践中得到了应用，大幅提高生产效率，实现了我国自主球根生产配套装备的新突破。

(1)种苗生产

建立了地被菊栽培繁殖技术体系。在新品种选育的同时，对地被菊扦插与组培繁殖技术进行了研究，繁殖成活率分别达到100%和96%，总结出一套合理密植、定时追肥、适时摘心、自然成型的地被菊花露地栽培管理技术体系，大大促进了地被菊的推广种植。

从筛选优质砧木入手，建立了牡丹多圃配套的种苗优质标准化生产技术并推广用。利用激素与冷藏技术相结合，建立优质高效促成栽培技术，在生产实践中得到广泛应用。通过以常规繁殖与生物快速繁殖的合理应用，结合切花配套栽培技术和切花的无土栽培技术的应用，实现现代牡丹切花生产模式的建立。

(2)花卉制种

目前，我国草花种子市场的竞争主要体现在进口种子和国内自繁种子之间。国产草花与进口草花展开竞争，表现出的特点是常规品种优中选优，新优品种避其锋芒。进口草花种子由于进入市场比较早，因此在矮牵牛、海棠、凤仙、三色堇等常规工程用花方面占有绝对优势，为此，国产草花育种企业转而重点培育一些本土的、关注度原本不高的品种。上海市大芳园艺有限公司培育的花毛茛、瓜叶菊在国际花展上大放异彩，不仅引起了国内同行的关注，也引起了日本等国客商的注意。甘肃酒泉金秋园艺的金鸡菊、二月兰、青岛美田园艺的石竹都在国内处于领先地位。除了培育本土品种外，国内许多企业也开始注重老品种的筛选，如春禾园艺现在每年也就只增加三四个新品种，但着重将一串红、孔雀草等老品种进一步选育，有效地遏制了品种退化的势头。国内草花育种企业不仅在花毛茛、瓜叶菊等非常规品种上取得重大突破，而且在矮牵牛、三色堇等原本进口草花种子的强势领域也取得进展，如青岛美田的矮牵牛‘旗袍’，以及三色堇‘红双喜’、‘红旗’表现非常出色，国产草花种子与进口草花种子的市场影响力差距也进一步减小。

5. 现代化栽培技术与产业化研究

(1)大花蕙兰商品化生产关键技术研发与推广

根据我国的具体条件，针对国内大花蕙兰成花率低、生产周期长的问题，研发出适合我国国情的大花蕙兰的高效、低成本组培快繁技术、无土栽培技术、花期调控技术和盆花产后处理及品质评价和保持技术，经组装、集成、熟化，形成了适合我国国情的大花蕙兰商品化生产技术体系。制定了《大花蕙兰盆花质量等级标准》(国家标准)，获“大花蕙兰花期综合调控方法”、“一种大花蕙兰营养液”等国家发明专利。通过质量等级标准和相关生产技术规程的制定，促进了大花蕙兰盆花标准化生产方式的普及，提高大花蕙兰生产企业的产品质量，近四年来生产大花蕙兰 80 万盆，累计产值 1.2 亿元，提升了我国大花蕙兰生产的总体水平和国际竞争力，减少了我国大花蕙兰的进口，提高企业的出口率，整体推进了大花蕙兰从进口型向出口型的转变。

(2)帝王花等热带木本切花配套生产技术

帝王花(*Protea cynaroides*)、班克木(*Banksia* spp.)等原产澳大利亚和南非的山龙眼科、桃金娘科特色切花是目前世界新兴的高档热带木本切花种类，成为花卉产业新的经济增长点，具有很高的经济价值和广阔的消费市场。

在实地调查和研究的基础上，选择云南元江干热河谷地区地区进行帝王花、班克木等露地切花生产技术研究和规模化生产，一方面有利于云南元江干热河谷地区农民的增收致富和荒山绿化，另一方面我国与原产地的季节更替相反，供切花的时间与传统产区相错开，为这类新兴木本切花的出口提供了巨大优势。

通过项目实施，从澳大利亚和南非引进帝王花、银树等新型木本切花 5 属 124 个种(品种)，在国家花卉工程技术研究中心的合作单位昆明杨月季园艺有限公司的元江基地，筛选出适合云南干热气候的、适于规模化商品生产的切花种或品种 46 个；研制出帝王花、银树、澳蜡花等 5 类新型切花适宜的生产技术，形成了适合我国气候特点的种苗繁殖、切花生产和切花采后贮运、保鲜技术体系；制定出《澳蜡花综合标准》、《新型木本切花生产灌溉工作指南》等企业标准 4 项，建立了新型热带木本切花生产示范基地 700 亩，繁殖帝王花、澳蜡花等优良种苗 12 万株，生产各类切花 100 万枝。

(3)月季切花高产栽培技术研究与推广应用

建立了切花月季的氮、磷、钾肥料效益方程及营养诊断技术体系。通过叶片营养检测分析结合基质的养分检测，指导切花月季施肥管理。建立了日光温室切花月季适宜光合作用的光照强度、温度和 CO_2 浓度环境因子模型，计算出冬季晴天的条件下，月季白天的最佳生长温度为 22.4℃，提出了缩短 CO_2 施肥时间的方法，建立了切花月季生产根际加温技术，确定了不同品种的最佳根际温度。具体实施该项技术后，使不同品种月季花分别增产 46%～104%。选择适宜的日光温室专用覆盖材料、遮光材料以及硫黄熏蒸系统，提高了切花生产环境控制水平。研究成果在月季生产企业的日光温室和现代化连栋温室进行了产业化推广，使切花产量提高 20%，产品全部达到出口标准，90%进入欧、美、日及东南亚市场。

(4)抗寒梅花栽培推广

建立了抗寒梅花的繁殖和栽培技术体系。采用激素处理使梅花嫩枝扦插成活率从 30%提高到 70%，进行了梅花扦插生根机理研究及最佳基质筛选试验，选择出珍珠岩＋泥炭＋椰糠和蛭石＋泥炭的梅花良种扦插混配基质，解决了北方梅花扦插繁殖的疑难问题。利用抗寒性强的山杏作为砧木进行高接，进一步提高梅花品种的抗寒性。建立砧木当年播种、插穗当年嫁接的梅花快速成型技术，并通过修剪、土肥水管理和生长调节剂的使用等栽培养护管理技术措施，形成完整的抗性栽培技术体系，保证梅花在北方的种植成活。

在北京鹫峰建立国际梅园 80 亩，展览温室 $2000m^2$，形成以集品种收集保存、新品种培育、品种展示、梅花欣赏、科普教育和梅文化传播于一体的多维梅花研发模式。加大梅花在北方的繁育和推广，进一步提升北方绿化景观的审美层次和文化品位，对构建生态良性循环、人与自然协调发展的生态园林，具有重要的生态意义和社会意义。

针对云南梅产业发展过程中急需解决的技术问题，在丽江建成了花果兼用梅种质资源库，开展良种繁育、种植栽培、低产梅园品种改良等技术环节的研究，培育花果兼用梅新品种 3 个，形成花果兼用梅育种技术体系和繁殖栽培技术体系；对丽江照水梅果梅良种进行繁育推广和配套栽培技术的示范，实现了花果兼用梅新品种规模化苗木生产。编写了《花果兼用梅栽培技术规程》(行业标准)。

(5)牡丹花促成栽培与标准化生产

建立了牡丹促成栽培技术与标准化生产技术。借鉴并整合中、日技术，通过改善营养条件，优化栽培环境等方法，解决了产品优质化与生产高效化问题，在北京、上海等地推广应用，产品行销长三角地区，取得了显著经济和社会效益。

建立牡丹“技术—生产—市场”三位一体的合作模式。在洛阳市土桥花木公司重点推广标准化砧木培养与多圃配套的成套技术，实现了牡丹种苗工厂化生产与繁殖，建立标准化基地 $13.3hm^2$，产品行销全国，远销美、法、荷兰等世界各地，经济社会效益明显。甘肃奥凯牡丹公司等在兰州建成 80 亩生产基地，实现专用切花品种与优质抗逆紫斑牡丹新品种的商品化生产。上海浦东牡丹公司应用优质高效促成栽培技术，盆花产量与质量逐年增加，新增产值 400 万元以上，其产品占领上海及周围苏、杭等地的市场，表现出持续增长势头。

6. 国家级观赏园艺研发平台“国家花卉工程技术研究中心”建设

国家花卉工程技术研究中心研究开发的目标是：建成中国花卉工程技术创新和产业化的重要基地；建成花卉高科技成果转化的国家级孵化器；建成我国花卉技术国际交流的

主要窗口和信息交流的重要平台。

通过三年的运行，中心已具备以下能力：①具有较强的研究开发能力，能够承担花卉方面的重大基础研究和生产示范推广项目，解决我国花卉产业发展过程中的重大关键性、基础性和共性技术问题；②具备较强的吸收消化国内外先进花卉科技成果和技术的能力，能够将技术和成果进行组装配套、二次开发和集成创新，实现产业化生产；③具有较强的技术辐射推广能力，推广应用一批实用的技术和品种；④根据不同区域特点，建立花卉标准化生产技术体系和相关国家或行业标准。

三、国内外研究进展比较

(一)果树学

1. 种质资源与遗传育种

与发达国家相比，目前，我国果树种质资源基础作的相对薄弱，对可能受到威胁的野生种质资源、地方品种，应该及早予以收集，以免造成资源流失。对新选育的品种或创造的优异中间材料及时、永久的保存，尚未实现制度化。种质资源的鉴定评价和遗传方面的研究还需深入。对果树种质资源的鉴定主要侧重于对植物学形态特征和生物学特性等表现型性状的观察描述与评价，了解泛泛而欠系统深入，亟待深入了解控制性状的基因及其遗传变异规律。大多材料仅仅是处于收集和保存层面，谈不上发掘新基因和育种应用。

各国在果树育种方面，总的育种目标除了要培育出丰产、美观、耐贮、大小适度、营养丰富、口感风味俱佳等优良品质外，也有一定的地区差异。一般寒带还要考虑品种的抗寒和早熟性状，而热带会考虑果品的耐贮性和果树的低需冷量的品种。以李子为例，我国主要以选育大果、优质、丰产、抗寒、早熟等目标为主。泰国的李子育种工作，目标是选育味美、硬肉、耐贮、低需冷量的品种。欧洲一些国家开展李子育种也都以抗寒性和抗病等性状为目标，选育出一批非常抗寒的李品种。意大利还期待选育出大果、味美、抗病、树体矮化并且自花能结实、晚花的李子品种。法国由于李子病害比较高发，因此育种还有考虑抗李痘病毒（*PPV*）和抗黄花卷叶病（ESFY）的能力。此外，英国开展了晚花、不同果皮颜色的品种选育工作。法国、意大利、德国、瑞士等国家针对成熟期开展了早熟品种或晚熟品种的育种工作，瑞典、斯洛伐克、俄罗斯等国家开展了欧洲李矮化育种工作。

早在20世纪50年代，一些发达国家就开始工厂化育苗研究，到60年代，美国、法国、荷兰、澳大利亚和日本等国工厂化育苗已经形成一定的规模。我国从20世纪70年代才开始发展工厂化育苗，并且研究和推广缓慢。目前，我国良种繁育主要还是通过嫁接和扦插，由于组织培养成本高、要求一定的技术及设施不够完善等，良种繁育还未真正实现工厂化生产。

与美国、日本、巴西等相比，我国果园机械化水平低，信息化刚起步，果园标准化极不完善。选址不当、规划不科学、科研与生产脱节、观念落后、管理不善、体制不全、经济发展不平衡等严重制约着我国果园机械化、信息化、标准化的建设。

2. 果树生物技术研究

进入 21 世纪，生物科学技术国际竞争也日趋激烈，尽管存在国际贸易、社会宗教、转基因植物的安全性争议等方面的问题，但应用前景依旧广阔。至于在果树生物科技领域，各国都在利用生物技术，特别是转基因技术的创新和新品种的培育。

基因组全序列蕴含了大量的信息，虽然许多果树基因组测序工作已经完成，但是国内的一些研究仍是基于单个基因或几个基因功能的研究，而且国内对所测果树基因组高通量数据的分析方面比较欠缺。果树作物中多种果树的基因组测序工作已经完成，然而承担基因组测序的工作人员几乎没有中国研究人员。

近年来，国内在转录组学和蛋白质组学方面的研究在果树品种及相关问题上要多于国外，是因为国内果树学科偏着重于从生物分子水平解决一系列问题，国外的果树学科着重从生产实践解决果树问题。

国内外在分子标记领域的研究存在区别。如苹果抗病性研究，国外学者主要集中在抗黑星病的研究，起步早，技术体系完善，研究更为深入，而在我国苹果轮纹病和腐烂病发病较为严重，我国研究者们在这方面投入的精力更多。

国内外果树生物学研究主要集中在抗病、抗虫、改良栽培性状以及调节果实成熟等方向。抗病育种则是国内外果树基因工程研究的最主要方向，国外已经克隆了多种抗病基因，遗传转化的受体物种也涉及 10 种以上的果树树种，而中国克隆的抗病基因和培育的抗病果树树种相对较少。至于抗虫育种方面，Bt 基因是国内外抗虫育种中广泛采用的基因，中国利用 Bt 基因转化获得了苹果、柑橘、橙等 10 余种转基因新材料，而国外的研究主要集中在草莓等果树上，而且国外更注重抗虫新基因的开发。

3. 果树逆境生理

逆境胁迫下，果树常会引起一系列含氮化合物的积累，国内在脯氨酸、可溶性糖和淀粉等渗透调节物质(张杰等，2010；Gao，2009)方面研究较多。国外也有相关研究(Ben et al.，2010)，但国外对多胺的关注更多一些(Farooq et al.，2009；LIU，2011 ；Aghaleh et al.，2009)。另外，国内外对一氧化氮、多胺能缓解逆境胁迫下膜质过氧化等方面的研究都较为关注(张龙，2009；Macarisin et al.，2009)。

逆境胁迫研究最多的激素是 ABA。近两年国外的研究在 ABA 的调控模式及应答研究方面不多，但有果树逆境胁迫的品种响应相关方面的研究(Macarisin，et al.，2009)。国内对果树乙烯信号转导元件(殷学仁，2009)、ROP 基因(Jin，2009)参与果实对采后逆境胁迫的应答进行了研究。由于科研技术及条件的限制，国内在激素对逆境胁迫的影响作用方面研究较多，例如 BR 处理能促进果树抗旱(韩刚，2011)。

我国开展了较多的害虫预测预报系统(Zhengwei et al.，2011；邢东兴，2009)研究以帮助果农进行害虫的提前积极防治，而国外已经开展虫害综合管理决策系统(Vincent et al.，2010)，后者的长期使用能降低和避免病虫害的抗药性现象的发生(John Wise，2009)。

4. 果树栽培与管理

尽管我国的果树栽培技术近年来有了长足的进步，但与其他农业发达国家相比，在果树生产专业化、栽培管理模式标准化程度上仍有一些差距。例如，日本果树生产大力推行标准化模式栽培，在树冠整形、修剪，留果量控制、施肥种类、数量、次数、除草、果实套袋、防护林、棚架设施、喷滴灌设施等方面都按预先确定的统一栽培模式开展实施。日本近20年来在桃、梨、李等落叶果树树冠整型方面一致推广丫型二主枝模式整形，取得了很好的效果。

世界各国在20世纪初就开始了苹果矮化砧木的选育研究，主要有英国东茂林试验站的M系、MM系，美国的MARK和CG系、苏联的B系、波兰的P系、加拿大O系、瑞典A系以及日本的JM系、德国的J系、捷克的YP系等。其中，英国东茂林试验站选育的M、MM系砧木，已被世界各国广泛引种应用于苹果的生产。各国对苹果砧木的选育各有侧重。英国的选育目标集中于丰产性及控制树体大小，同时强调对土壤的适应性及抗虫性；加拿大、瑞典、芬兰、德国、波兰、捷克、罗马尼亚以及苏联则侧重培育抗寒、易繁殖及使树体矮化的砧木；美国选育砧木的目标包括其园艺学属性，以及对各种生物和物理的限制性及环境因子的适应性。

我国主要是利用丰富的野生种质资源，例如，河南海棠、崂山柰子、山定子等，选育出了S系、SH系、CX系和SX系等矮化砧和具有矮化潜力的苹果砧木。研究方向主要趋向于抗寒、抗旱、矮化等指标，而且大部分是利用国内资源与国外矮化砧木（如M9）杂交。在我国苹果矮化密植栽培中，开始是以M系自根砧的形式在生产中应用。但是M系自根砧根系浅、不耐瘠薄、易倒伏，生产中必须使用支架保护树体，最终以M系自根砧矮化栽培模式在我国的失败而告终。目前，生产上主要以M26作为中间砧嫁接苹果品种的形式大面积推广，但易出现树冠不整齐（偏冠现象严重）、抽条（生理干旱）严重、果实果形指数低、果实不耐贮藏、优果率低等现象。我国自主选育的苹果矮化砧木因为生根难度大、自根砧苗木繁殖成本高以及果农对国产矮化砧木的认识程度有限，只是以中间砧的形式在生产中少数应用（续海红，2008）。

近年来，由于劳动力和土地成本不断上升，矮化密植已经成为各种果园栽培的管理趋势，而采用矮化砧木正是实现果树矮化的重要手段。因此，国内外势必都会围绕矮化砧木这一目标开展育种研究。

5. 有机果品的生产

目前，国内外都在积极发展有机农业，果树更是走在推行有机生产的前列。有机生产要求在农业生产过程中完全不使用合成化学肥料、合成化学农药以及合成化学除草剂。有机农业是一种健康、综合、环保的以及可持续发展的农业生产体系。有机农业所体现的是实现农业和生产及生态系统最大限度的自我调节。全世界几乎所有国家都不同程度地开展了有机农业活动，果品由于鲜食比例比较大，更是对受到关注。有机生产最主要的两个环节就是就是土壤管理和病虫害的防治，日本在果品的有机生产方面算是走在世界的前列，为我国的果品有机生产提供一定的指导和借鉴。

病虫害防治一直是有机栽培的重要课题之一。全日本现有900多组、2万多户热衷于有机栽培的农家在从事无农药或少农药的果树栽培，取得了和传统农业相匹敌的效果。采取的措施主要有：选择抗病品种、使用EM有机肥、合理负载、合理修剪、增强树体的自身抗逆能力。

对我国果品有机生产既要注意研发和引进现代技术，还要注意两个问题。首先，要认真总结和发掘我国传统农业的技术精华，很多传统农业技术可以直接运用到果品有机生产中，进一步利用和完善传统农业中物质循环利用技术，将生物多样性利用等可持续技术应用到有机农业建设体系中去。其次，必须充分利用生态农业已取得的成熟理论和丰富的实践经验，进一步完善和提升生态工程技术措施。

6. 果品保鲜加工

由于起步较晚，我国果品加工水平还远远落后于美、日等先进国家。企业研发能力不强，许多企业重视引进、忽视研发，重视设备、忽视技术，而且与高校科研院所联系松散，缺乏坚实的科技支撑体系。加工设备大多依赖进口，以苹果为例，浑浊型苹果汁稳定性技术、苹果汁费热力杀菌技术、无菌冷灌装技术、生产线自动测控技术等都是由国外引进的。主栽品种基本上都是鲜食品种，缺乏适宜的加工原料，鲜食与加工品种比例不协调。如我国开始蓝莓的种植和产品加工比较晚，就产量、加工、利用等方面和国际有一定的差距。蓝莓除鲜食外，目前世界各国以蓝莓果实为原料开发的加工产品种类繁多。在开发蓝莓深加工产品时，除了可以进行常规的加工处理，还可以制作具有保健作用的化合物等生理活性成分，来制作药品、保健品、食用色素和化妆品等产品，形成从蓝莓初级加工到精细深加工的完整的产业链，可以大大提高蓝莓产品的附加值，给企业带来巨大的经济效益。

（二）蔬菜学

1. 蔬菜种质资源研究

蔬菜作物种质资源的研究的总体趋势是根据蔬菜育种和生产的需要，建立重要蔬菜种质资源核心种质，利用现代生物技术与常规育种技术相结合发掘、利用、创新优异基因资源，丰富种质库基因源。

蔬菜育种越来越向高级阶段发展，遗传资源的重要性也就愈加显得突出。随着育种进程的发展，使蔬菜作物改良的遗传基础越来越狭窄。因此，品种改良中关键资源的获得已不是来自于一般的栽培品种，而野生资源和创新资源的利用将备受关注。对资源的研究和探索是为了获取优良的资源，面对种质资源的研究向基因源方向深入的新形势，我国蔬菜种质资源的研究，不仅是量的积累，更重要的是基于精益求精、严格精细工作基础上的质的跨越，向深度发掘基因资源，实现资源大国向资源强国发展的目标。

近期我国蔬菜种质资源将围绕我国作物种质资源“激活存量、优化增量、搭建平台、共享服务”总的指导方针开展相关工作，主要发展目标和任务为：继续加强国内特殊地区、特殊种质、濒危材料的收集和保护，加大对国外蔬菜种质资源的引进；对现有保存的蔬菜种质资源进行鉴定评价，摸清家底；对重要蔬菜作物构建核心种质，对育种和生产中重要的农艺性状进行精准评价；立足满足育种和生产目标，积极创新种质，丰富资源类型；构建以信息共享为先导，实物共享为目标的蔬菜种质资源共享平台。

2. 蔬菜基因组学与生物技术研究

蔬菜基因组学与生物技术研究完成主要蔬菜作物的基因组测序，通过规模化的重测序研究与分子育种技术和基因克隆技术相结合，将基因组技术应用于蔬菜作物的遗传改良。

(1)高通量分子标记辅助育种技术已成为国际上主要蔬菜作物育种的重要技术手段

近年来，自动化技术，包括自动化DNA提取技术、自动化PCR体系构建技术、自动化高通量电泳分析技术、自动化SNP检测技术等在大型育种公司的分子育种体系中得到广泛的应用。利用这些技术构建的分子标记辅助育种流水线及对其产生的数据进行整合分析的育种系统，已成为国际上许多跨国公司分子育种的重要育种平台。先正达和孟山都等跨国种业巨头已将高通量基因选择芯片用于几乎所有的育种计划中。全球首屈一指的农用优质蔬菜种子供应商荷兰Enza Zaden公司应用Fluidigm的基因工程BioMark™系统和新款96.96动态阵列(Dynamic Array)来实现超高通量标记辅助选择，一次运行可以完成9216个样本分析，极大推进了蔬菜种质创新进程。

随着基因组学研究的飞速发展，454、Solexa、SOLiD等新一代基因组测序技术相继得到大规模应用。由于测序成本的下降，许多蔬菜作物基因组被测序，一大批种质资源已经或即将被重新测序。获得覆盖全基因组的超高密度的分子标记，特别是SNP(单核苷酸多态性)标记，已不再是分子育种的障碍，有限的费用投入则可在很短时间内开发以百万计的SNP标记。基于基因组学研究取得的进展，蔬菜作物分子育种研究的方法也发生了显著的改变。原本用于人类遗传学研究，基于高密度SNP为基础的单体型分析、关联分析等方法被逐渐应用到蔬菜作物的研究。由于全基因组标记的获得已不再存在技术的障碍，基于全基因组的分子辅助选择体系，已经成为分子育种的重要方法。结合全基因组的遗传背景选择和多个目的基因的定向聚合极大地加快了育种速度。分子标记辅助育种研究呈现如下发展趋势：实用好、选择效率高的SNP和InDel等第三代分子标记逐步成为分子育种的主要标记工具；自动化、规模化、高通量、低成本的标记检测方法得到广泛应用；分子育种的目标性状从简单的质量性状向多基因聚合和数量性状位点过渡。

(2)基于全基因组的功能基因挖掘已成为高效分离基因的重要技术手段

高通量的测序技术和基于芯片SNP分析技术等可以实现对品种资源或分离群体的遗传变异进行大规模分析。基因芯片技术、SAGE技术、高通量RNA-seq技术等则可对全基因组基因进行高通量、高灵敏度的定量分析。在高精度遗传图谱基础上，结合高通量的全基因组基因表达分析，建立了基因表达QTL (expression QTL, eQTL) 作图方法，为复杂遗传现象的解析及其关键功能基因的挖掘提供了强有力的研究工具。进一步将这些信息与代谢组学数据和表型组学数据进行综合分析可以在全基因组水平系统分析全部基因相互调控、相互协作的网络关系，以及这种互作对性状产生的影响。这些研究有利于深入理解产量性状、品质性状、抗逆性状等复杂性状形成的过程，而且为实现这些性状的分子设计育种奠定了良好的基础。

在全基因组序列的基础上挖掘重要功能基因成为基因挖掘的重要手段。例如，通过分析全基因组序列，可以预测一个物种的全部抗病基因。在白菜预测出243个、甘蓝244个、黄瓜61个、西瓜55个、马铃薯408个。这些通过全基因组预测的抗病基因不仅有利于抗病基因的分离克隆，也有利于在育种过程中对这些作物抗病基因的精确分子标记辅助选择。

(3)细胞工程育种技术已规模化应用于蔬菜育种

国内外大量的育种实践证明，在杂交育种体系中辅以细胞工程选择手段，可以快速实现多基因聚合、优异基因的定向转移、有效选择和稳定遗传。特别是单倍体技术，因其快速、准确、高效地纯化育种材料，而越来越得到了育种家的重视，目前，全世界有250多个作物物种应用了单倍体育种，其中包括了10多种蔬菜作物。利用单倍体技术选育新品种是蔬菜育种的发展的趋势。孟山都、先正达、瑞克斯旺等公司已经把它作为白菜、甘蓝、黄瓜、辣椒等蔬菜作物育种的重要方法，称其为育种技术“黑马”。目前，这些跨国种业公司在DH育种方面均呈现大规模、高通量、流程化的选育模式，年获得的DH纯系数目均达到50000个以上。

3. 蔬菜作物遗传育种研究

优良品种是实现作物高产、稳产和优质的重要保证。谁掌握先进育种技术和优良品种，谁就会在市场竞争中掌握主动权。随着现代育种技术的快速发展而引发的育种科技革命，使蔬菜品种和种子的技术含量越来越高，蔬菜种子产业已经成为一个具有鲜明的高科技特征的巨大产业。面对我国巨大的蔬菜种子市场，几乎所用的国际种苗公司都在竞争我国的市场，很多公司还在我国进行本土化育种。我国蔬菜种业正面临巨大的冲击，反季节栽培白菜和长季节栽培的番茄、甜椒、茄子等几乎都被国外品种的种子统治。如果我国蔬菜育种技术和新品种选育研究不能及时跟上发展的形势，作为一个蔬菜生产大国，我国将面临着成为世界发达国家蔬菜种业“殖民地”的危险。

随着人们生活水平的提高以及蔬菜市场竞争的日益激烈，蔬菜消费在我国居民饮食中已占有重要的地位，消费者已不仅仅满足于蔬菜产品的充足数量，而是更加注重其营养品质、风味品质、外观品质、耐贮运性以及加工品质等更高层次的消费目标。培育高品质、适应性强的蔬菜品种，成为蔬菜可持续发展的重要任务。

新兴病害对当前我国蔬菜生产的危害日益增大，一些新兴病害（包括从国外新近传入的病害和过去的非主要病害）蔓延迅速，危害巨大。2009年新传入我国的番茄黄曲叶病毒病（TYLCV）在我国东部和北部大范围发生，造成大面积的减产，甚至绝收。原本是非主要病害的黄瓜褐斑病和黑斑病在北方保护地黄瓜生产上大面积发生和流行，茄子枯萎病造成部分茄子主产区绝产绝收。因缺少抗病品种，栽培中为防治这些新兴病害而频繁施用农药，已经严重影响到产品的食用安全和出口创汇的声誉，尽快培育针对这些新兴病害的抗病品种是有效控制这些病害危害的有效途径。因此，开展主要蔬菜作物杂种优势利用与新品种选育是保障我国蔬菜产业可持续发展的迫切需求。

建立高效育种技术是实现育种目标的必要手段，我国近代蔬菜育种成就举世瞩目，‘中甘’系列结球甘蓝、‘京研’品牌大白菜、‘津研’系列和‘中农’系列黄瓜、‘中蔬’番茄、‘湘研’系列辣椒和‘中椒’系列甜椒、‘京欣’与‘西农’系列西瓜等获国家优秀品种奖的育成，主要得益于一批重要种质的发现、改良，杂种优势利用，以及育种技术的创新和应用。目前，我国蔬菜栽培面积和产量不断提高，但蔬菜生产中所用品种的产品质量、生态环境适应性和综合抗病性等，还远不能适应高速发展的蔬菜市场及消费者多样化的需求。品种的优质与高产、广适与高产、抗性与品质的矛盾还没有很好解决，致使近年来我国蔬菜生产品种繁多，但主导品种少。其主要原因就是种质资源创新能力及育种方法研究滞后于育种和生产的需求。同时，我国蔬菜种业市场竞争日趋激烈，跨国种业公司先后在我国强势登陆，不断加大针对我国市场品种的研发力度，我国已成为国际蔬菜种苗业的竞争舞台,在国际竞争兵临城下的严峻形势下,我国蔬菜种苗业将不进则退。保护地长季节栽培茄果类蔬菜、北方春播白菜、胡萝卜及菠菜等栽培中,国外品种已经占得了先机,目前我国占优势的结球甘蓝、冬播大白菜、露地番茄、露地辣椒、露地茄子、南瓜、黄瓜及西(甜)瓜等同样面临着国际各大种业公司巨资投入研发针对我国市场品种的挑战。因此,进一步加强我国蔬菜育种技术创新能力,构建蔬菜高效育种技术体系,是提升我国蔬菜产业核心竞争力的迫切需要。对巩固和提高我国蔬菜育种优势,促进我国蔬菜育种科技进步具有重要意义和深远影响。

通过杂交聚合、生态筛选、抗性筛选等技术,结合单倍体育种和分子标记辅助育种技术,建立并完善主要蔬菜优质、多抗、专用新品种选育技术体系及雄性不育等杂种优势利用技术体系,使我国的蔬菜杂种优势利用育种水平得到显著的提升,进一步缩小与发达国家的差距,特别是在雄性不育利用和抗逆育种技术方面要达到世界先进水平。具体到主要蔬菜作物上表现为:

(1)十字花科蔬菜作物

研究新雄性不育源的创制技术、高效细胞核雄性不育和异源细胞质雄性不育的转育技术;研究根肿病高效抗病性鉴定技术;完善耐抽薹和耐热性鉴定技术。创制抗根肿病、耐未熟抽薹、雄性不育等白菜,耐寒、抗枯萎病、耐裂球等结球甘蓝,耐抽薹、雄性不育等萝卜育种材料;选育耐抽薹春播、秋早熟耐热等专用白菜新品种,适于春、秋季栽培结球甘蓝新品种,春季栽培的白萝卜新品种。

(2)茄果类蔬菜作物

研究耐低温弱光鉴定技术,辣椒雄性不育转育技术,茄子单性结实鉴定及番茄黄化曲叶病毒(*TYLCV*)快速检测技术。创制抗 *TYLCV*、枯萎病、根结线虫等番茄,抗病、高辣椒素、高辣椒红素、雄性不育系等辣(甜)椒,单性结实、抗枯萎病、茄子育种材料;选育适于日光温室、大棚及露地栽培专用番茄、辣(甜)椒和茄子新品种。

(3)瓜类蔬菜作物

研究黄瓜褐斑病、黑斑病、蔓枯病的抗性鉴定技术,黄瓜和西瓜耐低温鉴定技术,西瓜番茄红素快速检测技术,甜瓜根结线虫鉴定技术。创制抗褐斑病或黑斑病、耐低温弱光等黄瓜,耐低温弱光、抗病毒病和白粉病南瓜,抗枯萎病、白粉病、高番茄红素含量西瓜,抗枯萎病、白粉病、根结线虫甜瓜育种材料;选育适于保护地、露地栽培的专用及水果型黄瓜,抗病、优质南瓜,小型、高番茄红素西瓜,抗病、优质甜瓜新品种。

(4)适宜出口加工蔬菜作物

研究加工番茄、胡萝卜雄性不育利用技术,胡萝卜耐抽薹、耐热鉴定技术,菠菜抗霜霉病鉴定及雌性系性状鉴定技术。创制高可溶性固形物、高番茄红素、适合机械化采收的加工番茄,耐抽薹、雄性不育胡萝卜和洋葱,耐抽薹、耐热菠菜育种材料;选育适合机械化采收加工番茄,适合春季大棚、露地栽培胡萝卜,适于出口的黄皮洋葱及适合越夏栽培菠菜新品种。

4. 蔬菜作物生长发育与栽培技术研究

以蔬菜生产的高效、安全、节能和生态为主要目标,在积极吸收国外先进科学技术的同时,结合我国国情,加强关键栽培技术的研究,重点突破,总体跟进,提升蔬菜栽培技术体系，形成特色和优势，为实现向蔬菜强国跨越的目标奠定良好基础。

近年来，我国蔬菜产业与科学研究以前所未有的速度发展，并在一些重要领域取得了显著突破，走出了一条具有我国特色的设施蔬菜发展模式，其成就也引起了国际同行的普遍关注和好评。与此同时，我国的设施蔬菜产业发展中存在设施相对比较简陋、连作障碍严重、产品安全隐患等问题，因此，未来研究的重点有如下几个方面：一是优化日光温室结构，研发其配套的环控设备及低成本高保温轻质保温材料，进一步提高其采光和保温性能和环境控制水平，进而提高劳动生产率；二是研究提高光热、水肥、土地等资源利用效率与减少农药投入的环境友好型蔬菜安全生产模式和技术，实现资源的高效利用和蔬菜的安全生产；三是研究蔬菜作物对生物胁迫和非生物胁迫机理及调控技术，增强设施蔬菜对逆境或亚逆境的适应性，提高设施蔬菜在逆境或亚逆境下的生产能力；四是重视研究露地栽培、设施栽培、高山栽培等不同模式的配套栽培技术，为建立具有我国特色的蔬菜生产体系提供科技支撑。

5. *蔬菜作物病虫害综合防治研究*

随着近年来蔬菜种类的增加，国外引种频繁，蔬菜作物上出现了一些新病虫害，以及部分次要病虫害上升为主要病害。因此，目前蔬菜作物病虫害综合防治研究，主要研究蔬菜作物病虫害的为害新特点，造成为害的病原微生物和害虫的生物学特性、鉴别技术，病虫害的发生发展规律，以及诊断和综合防控技术。从农业生态系统的整体出发，根据病虫害与环境间的关系，充分发挥自然控制因素的作用，因地制宜地协调应用农业防治、物理与生物防治、化学药剂防治等各种措施，预防或减少病虫的发生与为害，避免农药残留，减少化学农药对环境的污染，实现蔬菜的无公害、绿色生产。

蔬菜作物病虫害防治技术的研究始终需要遵循"预防为主，综合防治"的植保方针，通过蔬菜病虫害的准确诊断，早期预警监测技术的应用，培育抗病虫栽培品种，重视次要病虫害向主要病虫害发展的趋势，努力集成关键的控制技术及推广应用；同时通过培训提供一线的农业技术人员对病虫害早期诊断、合理用药技术的能力，为良好的防控打下基础。

(1)蔬菜病虫害的早期、快速诊断技术研究

蔬菜病害的快速、准确诊断对于病害控制、指导合理用药具有重要意义。如果能在病虫害表现症状之前的潜育期对其作出早期诊断，判断病虫害发生的种类和程度，并准确定位，就可及时地对症下药，在病虫害大面积流行之前对其进行控制。近年来发展起来的光谱学诊断技术，可以根据被危害植物内部细胞的生理生化变化，在病虫害潜育期内检测出特定光谱波段反射率的变化，进而快速、准确地判断病害的发生种类和程度，具有反应灵敏、快速、特异性强、结果客观等特点，是病害早期检测的发展趋势。

(2)安全可靠的新型生物农药得到快速发展

近年来，我国对有机蔬菜、绿色蔬菜生产越来越重视，安全可靠的新型生物农药因此也得到了迅猛的发展。近年来，国内外已开发研制生产出多种利用细菌、病毒、真菌及拮抗微生物等来控制蔬菜病虫害的新型生物农药制剂，并有多种产品上市，在蔬菜病虫害得到有效控制的同时，保证了环境和人类的安全。研制和开发拥有我国自主知识产权、高效安全而又具使用价值的生物农药新品种，加速我国生物农药产业的发展已是大势所趋。

(3)提高基层农业技术人员素质

活跃在一线的农业基层技术人员是及时发现病虫害、及时提出防治技术的关键,对于这类人员的技术培训和提供专业的学习机会,可解决蔬菜生产中病虫害的防治难题。“十一五”期间,在国家科技计划及农业部现代农业产业技术体系的大力支持下,近两年开展起来的全国范围内“蔬菜病害显微镜诊断技术培训班”,先后在山东、北京、河北、辽宁、甘肃、海南等地举办了18期,培训了大批的一线农业技术人员及农资经销商,从源头帮助蔬菜生产前线的人员认识病害、“对症下药”。在蔬菜新的病虫害不断出现、外来入侵生物对蔬菜生产的危害、传统的植物保护技术研究方面必将在新的时期发挥其重要作用。

6. 蔬菜产品的采后处理及贮藏加工研究

以节能、节水、减排和安全、高效保鲜加工蔬菜为主要目标,根据我国情,加强蔬菜采后贮藏加工新技术的研究与应用。加强蔬菜产品采后处理、保鲜及冷链的建设,减少蔬菜采后损失、改善其质量与安全。加强高新技术在传统蔬菜加工及功能食品上的研究与应用,改善产品的质量与安全。加强蔬菜采后贮藏加工新装备的研究与开发,实现节能、减排、高效的产业升级。在上述基础上,制定出相应的与国际接轨的加工贮藏标准,并实现产业化应用推广。

蔬菜原料的加工特性研究:通过开展蔬菜原料的质量指标和加工特性指标的综合评价,获得制汁、制酱、脱水等蔬菜加工专用原料品种,对于品种选育、栽培及采后加工具有指导意义。

蔬菜应用技术与装备研究:通过高新加工技术、装备研究酶技术、膜技术、干燥技术、微波技术、非热加工技术、超临界流体萃取技术、生物工程技术等先进技术在蔬菜上的应用,使得相应具有智能化、高效化、连续化的装备研究进一步得到关注。

蔬菜保鲜技术与装备研究:通过开展蔬菜采后预冷、清洗、鲜切、包装、气调、涂膜保鲜、新型保鲜剂、智能化冷藏设备等研究,以进一步降低蔬菜采后损失,改善产品质量与安全。

(三)观赏园艺学

目前,我国观赏园艺学科所拥有的基础设施和人才储备、研究手段和研究方法基本达到了世界先进水平,具备了参与国际竞争、攻克前沿难题的能力,并且已经取得了一大批具有国际先进水平的研究成果,为我国的花卉产业与园林绿化事业发展作出了重要贡献。不过,由于起步较晚,我国在培育具有自主知识产权的花卉新品种研究领域的发展相对缓慢和薄弱。同时还存在研究成果转化率低、原创性成果少、资源利用率不高等问题,对于实际生产密切相关的基础问题和具体问题的研究重视程度不够。

1. 种质资源利用及新品种培育

国外特别注重花卉资源的收集和花卉新品种选育。以荷兰为例,荷兰以欧洲花园和花卉王国而闻名于世,特别重视农作物和观赏植物的品种培育,平均每年推出1000多个花卉新品种。我国也在积极开展重要商品花卉的新品种选育,截至2009年年底,国家林业局共授权花卉新品种167个。截至2010年年底,农业部共授权花卉新品种76个。

2. 花卉新品种的产业化及商品化

中国花卉产业发展迅速，但与国外相比产业化程度及新品种的商品化速度比较低。近几年，虽然国内花卉企业的平均生产规模有所提升，大中型企业比重上升，生产逐步向专业化、标准化、集约化、规模化迈进，产品结构和产业结构趋于优化，市场体系不断完善，但是，相比花卉业发达国家，我国花卉业的产业化水平仍然很低。

中国花卉产业化的途径是以花卉企业为中心，积极引进国外企业家、经营管理专家，树立企业与企业之间合作与竞争的观念，引进资本、技术，企业之间联合开发，联合营销，联合培训，将研发的花卉新品种积极推向市场。

3. 国内外设施园艺产业

设施园艺涵盖了建筑、材料、机械、自动控制、品种、栽培、管理等多门学科和多种系统，科技含量高，所以设施园艺的发达程度，往往是一个国家或地区农业现代化水平的重要标志之一。其与人民生活关系密切，已成为我国农业现代化的热点及重要内容，这为我国设施园艺工程学科的蓬勃发展提供了极好的机遇并产生巨大的推动作用。而设施园艺工程的发展与提高，也必将加速我国花卉产业化及现代化的进程。

温室园艺产品的生产完全可以按照工业生产方式进行生产和管理，不仅体现在种植过程中有其特定的生产节拍、生产周期，还体现在产品生产之后的包装、销售等方面。温室产业中广泛采用现代工业技术，包括机械技术、工程技术、电子技术、计算机管理技术、现代信息技术、生物技术等。

四、发展趋势

近两年来，我国园艺科学研究和技术发展进一步加快，并逐步与世界接轨。结合我国中长期科技发展研究规划，以下几个方面将是今后一段时期内园艺学研究的发展趋势。

（一）果树学

1. 加强种质资源研究，构建果树资源和育种共享平台

（1）加大种质资源工作的支撑力度，构建果树核心种质并建立果树种质资源共享平台

种质资源的调查、收集、保存、鉴定和评价等工作是一项基础性、公益性的工作，具有社会、经济和生态等长远效益，必须由政府作为科学基础性工作专项计划支持，以稳定科研队伍。采用分子标记技术对果树种质资源进行鉴定，研究种内的遗传多样性，最大限度地收集种内的核心材料，提出各树种种质资源的核心种质。资源共享平台的建设，可以促进资源整合、保护、共享和利用，为社会各界从事科技活动服务，建立种质资源的统一数据库，运用网络技术实现信息资源的共享，最终实现实物共享。

（2）深入鉴定评价研究，加强种质资源研究与育种创新之间的协作

加强对资源的抗性评价，从基因水平上进行评价，对保存的种质资源所具有的优异性状、控制基因、遗传背景都有充分的了解，再辅以新的育种技术和途径，实现果树育种水平的重要突破。果树种质资源研究与育种密切配合，将常规技术与现代生物育种技术相结

合地开展果树种质创新与新品种选育研究，并利用转基因技术创造带有某种优良基因的育种材料。

2. 深化果树相关基础研究

苹果基因组草图的公布是近几年苹果研究中的大事件，在以后很长一段时间内将产生重要影响。欧洲各地都在进行着实际仁果类果树的育种项目，欧洲蔷薇基因组计划(ERGI)可能是对以后的仁果基因组学和分子育种研究的一个有力工具。除基因组学之外，蛋白组学以及生物信息学在简单模式植物中的研究工作已经进行的很成熟，将加快果树遗传育种及机理研究的进度。在果树的后基因组学领域宜加强建设研究基因组功能的各种突变体库；研究建立果树高效遗传转化体系，促进基因功能的研究和基因利用。

将花药培养研究与常规育种结合起来，使花粉植株在育种实践中得以广泛利用，以缩短常规育种年限，提高常规育种的选择效率。细胞融合与外源基因的引入可以实现新基因的引入和有利基因的重新组合。

随着分子标记技术的不断发展和成熟，在今后的研究可开发新型的分子标记，如SNP、基因标签。利用高通量生物技术以及覆盖度广的新型标记构建高密度的遗传图谱，作为基因定位的有效工具，通过种间杂交、突变体筛选，定位和克隆我国果树种质资源的抗性和品质基因。

在果实贮藏技术果实贮藏设备方面，一要加强理论基础研究以探明果实采后品质变化的规律、成熟衰老的生理机制、与果实软化与衰老相关的关键因子，为果实贮藏保鲜技术的开发应用提供理论依据，同时要在此基础上进行分子生物学研究，通过反义 RNA 技术抑制与成熟相关的基因等生物学方法推迟果实成熟衰老达到贮藏保鲜。二要加强果品清洗、涂膜、分级国产化关键技术及相关设备的研制，建立果品标准化体系，使果品质量标准同国际接轨。

细胞融合与外源基因的引入可以实现新基因的引入和有利基因的重新组合。目前，转基因植株应用到生产实践中还极少，故对转基因果品及其加工品在今后果品发展中的地位以及是否影响人体健康等问题，从研究人员数量到探讨内容都很少。因此，必须运用先进有效的分子生物学手段，充分利用我国丰富的遗传资源，分离、克隆有自主知识产权、寻找重要经济价值的新基因，以增加果树资源的优良特性。

3. 加强现代产业技术的应用

采用绿色生产，实现农业的可持续发展已成为各国农业政策的优先选择。目前，有机农业生产制度、IPM 制度(病虫害综合防治制度)、IFP 水果生产制度(果实综合管理技术)等以生产绿色果品为目标的生产制度在发达国家广泛开展。发展中国家也予以高度关注，迫于贸易压力在安全生产方面制定和执行了一系列标准和操作技术规程。

当前，果树有机栽培推广的主要障碍是缺乏一整套可操作性的栽培管理技术。随着人们对健康的日益重视，安全的有机果品将是消费者的首要选择，有机水果是未来果树生产的必然趋势。

世界果品主产国的果树栽培正朝着省力、低成本的方向发展。在果园管理中，许多国家推行生草、种草、免耕的管理制度，节省劳力，需要灌溉的果园，采用滴灌或推行灌水和施肥一体化。果园信息化应充分利用自动化、计算机和互联网技术实现对果园设施和生产机械化环节的监控，以提高作业效率。

4. 强化现代果树产业技术体系建设

“十一五”期间，国家农业部先后启动了涉及柑橘、苹果、梨、葡萄、桃、香蕉、荔枝、龙眼等8大主要果树种类的7个现代农业产业技术体系。按照优势农产品区域布局规划，依托具有创新优势的中央和地方科研资源，针对每个果树树种设立一个国家产业技术研发中心，并在主产区建立若干个国家产业技术综合试验站。围绕产业发展需求，进行共性技术和关键技术研究、集成和示范。以农产品为单元，产业为主线，建设从产地到餐桌、从生产到消费、从研发到市场各个环节紧密衔接、环环相扣、服务国家目标的现代农业产业技术体系，提升农业科技创新能力，从而增强我国农业竞争力。

(二)蔬菜学

1. 蔬菜种质资源研究

蔬菜作物种质资源的研究总体趋势是根据蔬菜育种和生产的需要，建立主要蔬菜种质资源核心种质，利用现代生物技术与常规育种技术相结合发掘、利用、创新优异基因资源，丰富种质库基因源。

近期我国蔬菜种质资源将围绕我国作物种质资源“激活存量、优化增量、搭建平台、共享服务”总的指导方针开展相关工作。主要发展目标和任务为：继续加强国内特殊地区、特殊种质、濒危材料的收集和保护，加大对国外蔬菜种质资源的引进；对现有保存的蔬菜种质资源进行鉴定评价，摸清家底；对重要蔬菜作物构建核心种质，对育种和生产中重要的农艺性状进行精准评价；立足满足育种和生产目标，积极创新种质，丰富资源类型；构建以信息共享为先导，实物共享为目标的蔬菜种质资源共享平台。

2. 蔬菜基因组学与生物技术研究

蔬菜基因组学与生物技术研究的主要任务，是完成主要蔬菜作物的基因组测序，通过规模化的重测序研究与分子育种技术和基因克隆技术相结合，将基因组技术应用于蔬菜作物的遗传改良。

(1)高通量分子标记辅助育种技术已成为国际上主要蔬菜作物育种的重要技术手段

近年来，自动化技术，包括自动化DNA提取技术、自动化PCR体系构建技术、自动化高通量电泳分析技术、自动化SNP检测技术等在大型育种公司的分子育种体系中得到广泛的应用。利用这些技术构建的分子标记辅助育种流水线及对其产生的数据进行整合分析的育种系统，已成为国际上许多跨国公司分子育种的重要育种平台。

随着基因组学研究的飞速发展，454、Solexa、SOLiD等新一代基因组测序技术相继得到大规模应用。基于基因组学研究取得的进展，蔬菜作物分子育种研究的方法也发生了显著的改变。原本用于人类遗传学研究，基于高密度SNP为基础的单体型分析、关联分析等方法被逐渐应用到蔬菜作物的研究。由于全基因组标记的获得不再有技术的障碍，基于全基因组的分子辅助选择体系，已经成为分子育种的重要方法。

(2)基于全基因组的功能基因挖掘已成为高效分离基因的重要技术手段

高通量的测序技术和基于芯片SNP分析技术等可以实现对品种资源或分离群体的遗传变异进行大规模分析。基因芯片技术、SAGE技术、高通量RNA-seq技术等则可对全基因组基因进行高通量、高灵敏度的定量分析。在高精度遗传图谱基础上，结合高通量的全基因组基因表达分析，建立了基因表达QTL（expression QTL，eQTL）作图方法，为复杂遗传现象的解析及其关键功能基因的挖掘提供了强有力的研究工具。

（3）细胞工程育种技术已规模化应用于蔬菜育种

国内外大量的育种实践证明，在杂交育种体系中辅以细胞工程选择手段，可以快速实现多基因聚合、优异基因的定向转移、有效选择和稳定遗传。特别是单倍体技术，因其快速、准确、高效地纯化育种材料，而越来越得到了育种家的重视。目前，全世界有250多个作物物种应用了单倍体育种，其中包括了10多种蔬菜作物。利用单倍体技术选育新品种是蔬菜育种的发展的趋势。

3. 蔬菜作物遗传育种研究

随着现代育种技术的快速发展而引发的育种科技革命，使蔬菜品种和种子的技术含量越来越高，蔬菜种子产业已经成为一个具有鲜明的高科技特征的巨大产业。面对我国巨大的蔬菜种子市场，几乎所用的国际种苗公司都在竞争我国的市场，很多公司还在我国进行本土化育种。我国蔬菜种业正面临巨大的冲击，蔬菜育种技术和新品种选育研究面临的形势极其严峻。

我国已不仅仅满足于蔬菜产品的充足数量，而是更加注重其营养品质、风味品质、外观品质、耐贮运性、抗逆性强以及加工品质等更高层次的消费目标。培育高品质、适应性强的蔬菜品种，成为蔬菜可持续发展的重要任务。

因此，开展主要蔬菜作物杂种优势利用与新品种选育是保障我国蔬菜产业可持续发展的迫切需求。

4. 蔬菜作物生长发育与栽培技术研究

未来研究的重点有如下几个方面：优化日光温室结构；研究提高光热、水肥、土地等资源利用效率与减少农药投入的环境友好型蔬菜安全生产模式和技术；研究蔬菜作物对生物胁迫和非生物胁迫机理及调控技术，增强设施蔬菜对逆境或亚逆境的适应性；重视研究露地栽培、设施栽培、高山栽培等不同模式的配套栽培技术。

5. 蔬菜作物病虫害综合防治研究

随着近年来蔬菜种类的增加，国外引种频繁，蔬菜作物上出现了一些新病虫害，同时，部分次要病虫害上升为主要病害。因此，目前蔬菜作物病虫害综合防治研究，主要研究蔬菜作物病虫害的为害新特点，造成为害的病原微生物和害虫的生物学特性、鉴别技术，病虫害的发生发展规律以及诊断和综合防控技术。研究的重点包括：蔬菜病虫害的早期、快速诊断技术研究；安全可靠的新型生物农药得到快速发展；提高基层农业技术人员素质。

6. 蔬菜产品的采后处理及贮藏加工研究

以节能、节水、减排和安全、高效保鲜加工蔬菜为主要目标，根据我国国情，加强蔬菜采后贮藏加工新技术的研究与应用。

加强蔬菜产品采后处理、保鲜及冷链系统的建设，减少蔬菜采后损失，改善其质量，确保食用安全。加强高新技术在传统蔬菜加工及功能食品上的研究与应用，改善产品的质量与安全。加强蔬菜采后贮藏加工新装备的研究与开发，实现节能、减排、高效的产业升级。在上述基础上，制定出相应的与国际接轨的加工贮藏技术标准，并实现产业化应用推广。

(三)观赏园艺学

我国观赏植物研究目前存在的主要问题：第一，移植和跟踪性研究较多，原创性和系统性不足；第二，结合观赏园艺产业发展需求而提出基本科学问题的项目较少；第三，一些项目存在着过分强调分子生物学技术，而忽略其适用性及各类技术综合运用的倾向。

鉴于观赏园艺学科研究对象特点与学科自身的发展规律，以及国家经济和生态环境建设对本学科的实际需要，预期观赏园艺学科的发展方向有以下三个特点：①常规技术结合现代生物技术日益加强，在培育商品花卉新品种时要把传统生物技术与现代分子生物学技术的结合，尤其是分子定向育种越来越受到学科的重视；有关栽培生理、栽培环境、替代基质等研究都需要借助在现代生物技术得以发展；②观赏园艺的研究领域不断扩展。观赏园艺不仅仅是围绕商品花卉如盆花、切花的商品化生产，观赏植物在改善人居环境领域的研究日益得到重视，而且已经成为观赏植物的一个重要研究领域。尤其是观赏植物的园林配植、生态效益评价、对人的心理和生理的影响等；③向多学科交叉方向发展，例如，与医学交叉产生园艺疗法、与环境科学交叉产生环境园艺学。美国园艺疗法协会对园艺疗法所作定义如下：园艺疗法是对于有必要在其身体以及精神方面进行改善的人们，利用植物栽培与园艺操作活动从其社会、教育、心理以及身体诸方面进行调整更新的一种有效的方法。园艺疗法的治疗对象包括残疾人、高龄老人、精神病患者、智力低下者、乱用药物者、犯罪者以及社会的弱者等。

1. 观赏植物资源及遗传育种

我国有着丰富的观赏植物资源和悠久的栽培历史，被称之为世界的园林之母。观赏植物资源(栽培植物和野生花卉资源)的调查、收集、引种、育种、繁殖、栽培、开发、资源利用、基因库建立计算机图像管理与管理等是该学科研究的重要方面。

2. 观赏植物栽培与繁殖

更加重视观赏植物的种苗繁殖和栽培技术研究、商品花卉现代栽培技术的研究，包括高产栽培技术、切花无土栽培技术、盆花无土栽培技术、花期调控技术、花卉贮藏保鲜和贮运保鲜技术、球根花卉的种球复壮、花卉设施、园艺及花卉肥料、花卉生物农药及花卉栽培基质研究。

3. 园林生态与观赏植物应用研究

研究的重点主要包括以植物应用为主的规划设计、生态旅游研究，以及观赏植物在改善环境、保护环境中的生态质量与效益的量化研究和环境质量评价、三维绿量的测定、城市观赏植物的多样性、生态多样性与生态效益之间的关系等，还包括观赏植物对防沙固尘、阻隔噪音、保持水土、灭菌杀虫、康体保健、调节小气候环境等方面的影响研究等。

参考文献

[1] 侯鸿敏,李慧娥,肖欢,等. 葡萄属植物种质资源遗传多样性的 RAPD 分析[J]. 西北农业学报,2010,19(3):154-158.

[2] 贾怀志,刘艳红,等. 苹果 IRAP 技术体系的建立及优化[J]. 果树学报,2009,(2): 254-257.

[3] 姜林,张翠玲,邵永春,等,国内外桃树育苗技术研究进展[J]. 北方果树,2011,2:1-5.

[4] 李丽敏,赵春雷,郝庆升. 中外蓝莓产业比较研究[J]. 中国农学通报,2010,26(23):354-359.

[5] 李学营,鄢新民,王献革,等. 生物技术在苹果育种中的应用[J]. 河北农业科学,2009,13(11):98-102.

[6] 李智敏,张金智,等. 果树成花转变研究进展(综述)[R]. 第二届全国果树分子生物学学术研讨会. 2009, 281-287.

[7] 刘志勇,郭君,蒋国伟,等. 新疆植物种质资源数据库系统设计与实现[J]. 新疆农业科学,2010,12: 2526-2529.

[8] 鲁凤娟. 梨种质资源遗传多样性研究中的 AFLP 技术引物筛选[J]. 中国农学通报,2010,26(6): 286-288.

[9] 孙猛,刘威生,刘宁,等. 国内外李育种研究概述[J]. 北方果树,2009,6:1-3.

[10] 王艳花. 美国有机苹果产业发展的实践及启示[J],农业经济,2009,5:35-36.

[11] 肖文芳,蔡东,李国怀. 中国有机果品发展概况及有机果品生产技术[J]. 中国农学通报,2009, 25(2):160-163.

[12] 续海红,秦国新,孙俊杰,等. 国内外苹果矮化砧木选育研究进展[R]. 第三届全国果树种植资源研究与开发利用学术研讨会,2008.

[13] 杨振锋. 国内外苹果质量研究进展[J]. 北方果树, 2009,1:3-5.

[14] 俞明亮, 马瑞娟, 沈志军,等. 中国桃种质资源研究进展[J]. 江苏农业学报,2010,6:1418-1423.

[15] 朱大洪. 核桃嫁接技术——微体嫁接[J]. 广西林业,2009,6:50-51.

[16] 李锡香,沈镝,王海平,等. 我国蔬菜种质资源研究进展与发展策略[J]. 中国蔬菜,2006,3-9.

[17] 喻景权."十一五"我国设施蔬菜生产和科技进展及其展望[J]. 中国蔬菜,2011,1:11-23.

[18] 刘旭. 我国生物资源开发利用发展战略[J]. 生物产业技术,2011.

[19] Huang S W, et al., The genome of the cucumber, Cucumis sativus L. [J]. *Nature Genetics*, 2009, 41(12):1275-1281.

[20] Huang S W, et al., Genome sequence and analysis of the tuber crop potato. *Nature*, 2011,41(12): 1275-1281.

[21] Wang X W, et al., The genome of the mesopolyploid crop species Brassica rapa [J]. *Nature Genetics*, 2011, 10(43): 1035-1040.

[22] 张启翔主编. 中国观赏园艺研究进展(2009)[M]. 北京: 中国林业出版社, 2009.

[23] 张启翔主编. 中国观赏园艺研究进展(2010)[M]. 北京: 中国林业出版社, 2010.

[24] 张启翔主编. 中国观赏园艺研究进展(2011)[M]. 北京: 中国林业出版社, 2011.

[25] 国家花卉工程技术研究中心. 国家花卉工程技术研究中心验收评估报告[R],2011.

[26] 中国花卉协会. 全国花卉产业发展规划(2011—2020)[S],2011.

[27] 国家花卉工程技术研究中心. 国家花卉工程技术研究中心"十二五"发展规划[S],2011.

专题报告

果树学学科发展研究

一、引言

果树是指可供给人们食用的干鲜果品(果实或种仁)的多年生木本或多年生草本植物的总称。进行大规模商品生产的果树产业是农业生产的重要组成部分,果树一般可分为落叶果树和常绿果树两类,也可分为温带果树、亚热带果树和热带果树。

我国果树种质资源丰富,果树栽培历史悠久。原产中国的果树树种有东方梨(白梨、沙梨、新疆梨)、桃、山楂、杏、枣、银杏、猕猴桃、柑橘、龙眼、荔枝、枇杷等30多种;从国外引进的果树树种有葡萄、苹果、西洋梨、石榴、核桃、柠檬、椰子等约20种。现今我国栽培的果树树种总计在50种以上。

果树产业是我国重要的农业产业,在促进农村经济发展,农民致富和满足人民生活水平日益提高对农副产品需求方面发挥着极其重要的作用。在一般情况下,种植果树的经济收益要比种植大田作物高2～5倍。在农业总收益中所占的比重,一般产区为10%左右,果树主产区占50%以上,果品是人民生活中必需的副食品。早在2000多年前中国第一部医学专著《内经·素问》就曾经指出:人类合理的食品组成就是“五谷为养,五果为助,五畜为益,五菜为充”,这里的五果就是干鲜果的总称,具有为助的副食作用;果品中含有丰富的营养物质,如多种维生素、矿物质和微量元素、碳水化合物、有机酸、蛋白质、脂肪和各种酶。此外,还含有各种色素、丹宁和芳香物质等,是人类生命活动中不可缺少的营养成分,也具有一定的医疗保健功能。《内经·素问》中记载:“肾宜桃,心宜李,肺宜杏,脾宜栗。”明朝李时珍的《本草纲目》(1578)中列举的果品竟有60余种。果树作为经济林木,在沙荒地、丘陵、滩涂等地区种植,或为城镇绿化种植,除可充分利用国土资源,不与粮食和棉花等农作物争地外,还能起到防风固沙、蓄水保墒、调节气候、改善生态环境、绿花、美化等的作用。

果树学是园艺学科的重要分支学科之一。果树学属于应用基础和应用型研究学科,是以农业生物学为主要理论基础,研究果树作物生长发育和遗传规律的一门学科,也是研究果树作物起源与分类、种质资源、遗传育种、栽培、病虫害防治及采后处理、贮藏加工等应用技术与原理的综合性学科。果树学研究为果树生产实践提供必要的科学理论依据和有力指导。果树学与一些基础性科学有着非常密切的关系并形成相应的新型分支学科,如果树生物学、果树生态学、果树生理学、果树生物技术和基因工程学等。果树学科的研究成果,如选育的新品种及果园的各项栽培管理技术改进措施等,可直接应用于生产,或者为解决本学科当前或长远问题提供理论指导及科学依据。其主要研究内容包括:各类果树的种质资源和新品种选育,果树的生物学特性及与环境条件的关系,果树育苗、建园及栽培技术以及果品的采后处理(分级、包装、贮藏、加工、运输、营销等)。

果树产业是我国农业三大支柱产业之一。经过几代人的辛苦建设,我国果树学科的迅速发展，正为人民生活水平的提高提供着物质基础。近年来，国家对果树产业发展给予了极大的支持和关注。“十一五”期间，国家农业部先后启动了涉及柑橘、苹果、梨、葡萄、桃、香蕉、荔枝、龙眼等8大主要果树种类的7个现代农业产业技术体系。按照优势农产品区域布局规划，依托具有创新优势的中央和地方科研资源，针对每个果树树种设立一个国家产业技术研发中心，并在主产区建立若干个国家产业技术综合试验站。围绕产业发展需求，进行共性技术和关键技术研究、集成和示范。以农产品为单元，产业为主线，建设从产地到餐桌、从生产到消费、从研发到市场各个环节紧密衔接、环环相扣、服务国家目标的现代农业产业技术体系，提升农业科技创新能力，从而增强我国农业竞争力。收集、分析农产品的产业及其技术发展动态与信息，为政府决策提供咨询，向社会提供信息服务，为用户开展技术示范和技术服务，为产业发展提供全面系统的技术支撑。推进产学研结合，提升农业区域创新能力，增强我国农业竞争力。随着国家对各项科研工作的投入的增加，以及在资源、人才及成果等方面的不断积累，我国果树学科从种质资源、遗传育种、栽培生理、品质发育、生物与非生物逆境、生物技术等方面均取得了显著进展。2009—2010年有两项获得了国家科技成果奖二等奖，15个果树新品种通过审定，大大丰富了我国果树栽培品种，提高了果实的品质，从而满足国内外市场对水果种类和品质的需求。

二、果树学学科最新研究进展

2009—2010年果树学科获得国家科技成果奖两项，包括“枣林高效生态调控关键技术的研究与示范”、“枇杷系列品种选育与区域化栽培关键技术研究应用”。

(1)成果一：枣林高效生态调控关键技术的研究与示范

此项于2010年获国家科技成果奖二等奖，主要完成单位：北京农学院、山西省林业有害生物防治检疫局、山西省农业科学院果树研究所、北京林学会、山东农业大学、北京市林业保护站、内蒙古永业生物技术有限责任公司。该项目属果树保护学技术领域。首次创立了枣林高效生态调控的关键理论体系，查明了中国枣林植食性害虫129种，天敌78种，发现了枣林新害虫74种及天敌36种。其中，害虫天敌新种1个和害虫新纪录种1个，创建了枣林高效生态调控数据库；创造性地提出生物量多样性指数的计算公式，替代了用物种数量计算多样性指数的方法，计算精准度提高了28.7%；创立了枣林高效生态调控的理论体系，解决了枣林集约化栽植过程中，天敌调控害虫优势种的瓶颈问题，生态调控率提高了26.7%；首次创建了枣林高效生态调控的关键技术体系；创造性地研究出了抽样调查枣林害虫的新方法，效率由传统两周完成的工作量缩短为10小时，精度由传统的74.3%提高到96.6%；率先研究出利用排粪粒数制定防治指标的新技术，由全年候跟踪减小到8小时就可获得准确的防治指标，准确率由68.2%提高到95.7%以上；首次研究出了枣林害虫生命表并成功用于害虫测报与防治中，由常规精度的73.5%提高到96.8%，防治效果由72.8%提高到93.6%；研发创制了枣林高效生态调控的关键物质体系；首次发现并开发的控制枣林害虫的环保新病毒长效杀虫物质，平均防效达到91.25%；创制研发的新型植物杀螨活性物质，防效达88.6%以上，持效期两周以上；首次创建了枣林高效生态调控的推广应用体系：应用后亩用药由18次降到7次，益害比由

1∶203.31增至1∶18.22，提高11.16倍，控害率由23.8%提高到89.9%，好果率由72%升到97%。克服了盲目使用化学农药弊端，改变了枣林传统的经营模式，解决了枣林有害生物一直制约枣树发展的重大瓶颈问题，提升了枣果品质与环境保护水平；亩防成本由78元降到46元，平均亩产提高29.31千克，效益提高103.67元；推广应用面积达1276.02万亩，增产4.48亿千克，增收10.02亿元，节省开支4.2亿元，增收节支累计14.22亿元，取得了显著的经济、生态与社会效益，为生产无公害枣果作出了贡献。同时带动了相关产业的发展，推动了果树产业的进步与提升，并以领先的技术保持了我国在果树产业高效管理的优势与领先地位。

(2)成果二：枇杷系列品种选育与区域化栽培关键技术研究应用

该项目于2010年获国家科技成果奖二等奖。主要完成单位：福建省农业科学院果树研究所、四川省农业科学院园艺研究所、华南农业大学、北京市农林科学院林业果树研究所、成都市龙泉驿区农村发展局、西南大学、云南省农业科学院园艺作物研究所。该项目针对国内枇杷产区狭小，生产上多采用实生树和地方品种、果小、产期短、熟期不配套、栽培技术落后、单产低等问题，利用我国丰富的枇杷果树资源，历经29年协作攻关，不仅通过杂交育种等技术选育出成熟期不同，味道各异的8个优良品种，其中'早钟六号'单果重大50～120克，还研制出农业部颁布的行业标准《农作物种质资源鉴定技术规程枇杷》，同时还鉴定枇杷种质资源435份，发掘出包括"无籽枇杷"在内的37份优异种质资源用于育种或生产；此外利用细胞工程等技术创制原生质体植株、胚乳植株、四倍体枇杷(单籽或无籽)等5个种质新类型，研究出周年定植、矮化栽培、优良结果母枝培养、促花、绿色食品生产等5项枇杷栽培关键共性技术。项目通过"良种选育、品种搭配、区域组合、共性关键栽培技术、区域栽培产期调节关键技术"等良种良法的综合应用，大幅扩大了国内枇杷的栽培范围，使我国枇杷生产逐步实现了区域化、良种化、规模化和栽培技术的现代化，解决了世界枇杷栽培史上的鲜果周年供应问题，为提高枇杷单产、品质和生产效率作出了积极贡献。已有8个枇杷优良品种已通过品种审定、认定或鉴定。通过该项目的推动，全国枇杷种植面积从十几万亩增加到现在的183.57万亩，近三年来新增利润82.95亿元。其中，'早钟六号'枇杷连续12年为我国枇杷主栽品种，是世界上采用杂交育种方法选育出的、种植面积最大的枇杷良种。该项目研制的枇杷良种种植面积达到了世界枇杷种植面积的1/4。

(一)果树种质资源与遗传育种

1. 果树种质资源

人们对各种种质资源，尤其是一些野生的植物种质资源越来越重视，在进行种质资源调查、收集与保存的同时，人们也开始利用关系数据库构建技术。ASP软件开发技术和WEB信息发布技术，实现了基于网络的各种植物种质资源数据的数字化存储和网络化查询与发布，建立了新疆植物种质资源数据库系统，实现新疆及周边国家包括农作物、林木、药用植物及野生植物等植物种质资源的数字化整理、存储和查询，对于新疆植物种质资源的保护与研究具有十分重要的意义。

到2008年年底，中国在南京、北京、郑州三座城市建立的3个国家桃种质资源圃中共保存桃种质资源1300余份，涉及桃的6个种，对保存的桃种质资源性状进行了系统的观察与鉴定，建立了性状评价数据库，并从形态学、孢粉学、同工酶和DNA标记等方面研究了桃亚属种间、桃种群间和桃品种群间的亲缘关系(俞明亮，2010)。从泰国引入短需冷量桃种质资源22份(赵剑波，2009)。

黑龙江省农科院牡丹江分院对黑龙江省小苹果资源的果实经济性状、生长结果习性、适应性和抗逆性进行评价(刘延杰，2010)。刘崇怀对《中国葡萄志》描述的原产中国的38个葡萄野生种和1个栽培种，按照葡萄种质资源描述核记载及评价标准的要求，对18个形态性状进行描述分级，用代码进行数量化，采用SPSS 10.0统计软件中的Hierarchical Cluster Analysis性状进行聚类分析，根据形态特征的相似程度，将我国葡萄野生种和欧亚种划分为8个组，其中组3内又分为5个亚组。不同研究者的分组结果差异较大，与没有使用规范的描述标准有关。研究最后建议尽快制定适宜中国野生葡萄的描述标准，并在收集保存的基础上，对中国野生葡萄进行规范描述，以便进行合理的分组(刘崇怀，2009)。

分子标记技术能够很好地对各资源圃中的多种材料进行鉴定、分类，多种分子标记技术手段，已经成为育种工作者有力的辅助育种手段。He等利用20个ISSR引物和使用110多态性扩增对山东31份野苹果资源进行遗传分析(He，2011)。侯鸿敏等对起源于中国的野葡萄12个种23个株系、欧美杂种6个品种、河岸葡萄3份、15个欧洲葡萄品种共47份材料，采用RAPD技术对葡萄属植物种质资源遗传多样性进行研究。结果表明，供试材料可分为6类，欧洲葡萄、欧美葡萄杂种、河岸葡萄与中国野葡萄亲缘关系较远，在中国野葡萄中，山葡萄与其他种亲缘关系较远，刺葡萄次之(侯鸿敏，2010)。单江华等采用ISSR和RAPD分子标记对梨种质资源进行聚类分析和遗传关系研究(单江华，2010；鲁凤娟，2010)。

全世界草莓属植物约20个种，中国约有11个。染色体数目、花器官特征、匍匐茎分枝类型、小叶数目、叶柄、花序和匍匐茎上绒毛的着生方式均可作为为重要的分类鉴定性状(雷家军，2010)。

国家果树种质福州枇杷圃收集了丰富的枇杷种质资源，应用Q型聚类分析方法对199份普通枇杷种质资源进行分类，并对86个性状进行R型聚类分析和主成分分析(陈秀萍，2011)。对保存在国家果树种质福州枇杷圃不同来源地的172份枇杷种质资源进行了果实内在品质和种子性状鉴定评价，结果枇杷的剥皮难易、果肉颜色、心皮质地、种子形状、种皮颜色、种皮开裂、种子斑点、种子基套大小、果肉化渣程度、果肉石细胞、果肉质地、汁液、风味等13个性状均存在丰富的多样性；果肉颜色与果肉化渣程度和汁液呈显著负相关，与心皮质地、种皮开裂、种皮颜色呈正相关；果肉化渣程度与风味、汁液呈显著正相关，与果肉质地呈显著负相关，与果肉石细胞呈负相关，不同来源地果实性状存在较大差异(邓朝军，2009)。

我国是猕猴桃的起源中心，种质资源极为丰富，对资源的调查和资源圃的建设近来受到国家农业部的重视。通过对猕猴桃资源的认识，结合今后的开发利用，我们提出一些初步设想，从生物多样性评价、分子系统学、细胞学、保护策略和新品种选育等领域对该属植物进行深入的重要经济性状分析鉴定和功能基因的发掘、新品种改良和栽培技术引进，为猕猴桃产业的可持续性发展和科技支撑打下基础(姜正旺,2010)。

2. 果树遗传育种

各种果树资源收集的直接目的就是为了培养出更多更优良的品种。果树育种科学家往往利用具有特定优良特性的资源,来选育优良的品种,以达到各种优良特性的集合,而许多优良品种来源于种间杂交种。

苹果砧木的育种也是一个重要研究领域,对苹果的生产与果园管理起到重要的作用。辽宁省果树研究所选育出的苹果矮化砧木 77 - 34,矮化性能与 M7 相近,属于半矮化砧木。与品种嫁接,有很好的亲和力。77 - 34 有较好的生根性能,比 M26 有更强的抗旱能力,适应性良好(杨世增,2009)。

近年我国桃育种研究成绩显著,选育出桃和油桃新品种 8 个,分别为'锦霞'(田建保,2009)、'美锦'(马之胜,2009)、'金辉'(朱更瑞,2009)、'沪油桃 004'(苏明申,2009)、'满天红'(朱更瑞,2009)、'仙岛明珠'(张凤敏, 2009)、'锦园'(叶正文,2009)、'艳霞'(程恩明,2009)。此外,中泰合作开展桃浅休眠育种,设计杂交组合 68 个,已筛选出一批优良株苗。

我国在开展李育种方面起步较晚,不过也取得了一定的成绩。新疆奎屯农科所通过实生选种选出'新李 1 号',吉林省果树所选出'长春彩叶李',黑龙江省农科院选育的'牡红甜李'和'牡丰李',以及西北农林科技大学的'秦红李'和'红喜梅'等栽培品种。

上海市农业科学院林木果树研究所以小败育型的'喜乐'葡萄杂交胚珠为材料,进行胚挽救技术研究,提高了胚培效率且试验结果比较稳定,为进一步进行新品种选育打下了基础。

猕猴桃新品种'金铃',是经过大籽猕猴桃(*Actinidia macrosperma*)群体实生驯化选育,选育出的遗传性状稳定、观赏效果极佳的'金铃',其特点是果实浑圆美观、色泽橘黄艳丽,以观果为主,集观果、观花、观叶为一体的新品种,该品种丰产性强、抗逆性和适应性较广。

此外,优良的品种还可以通过引种的途径获得。如山西农科院果树所从国内外引种的甜樱桃砧木 Gisela5,在太谷县进行 9a 的试验栽培观察,表现出矮化、抗逆性强、早果、丰产性好,是山西的首选优良砧木(陈秋芳,2010)。另外,重庆市果树研究所还从阿根廷和澳大利亚引进的几个甜橙品种的生物学特性和主要经济性状进行了多年的观察鉴定和系统评价,初步筛选出了综合性状优良的 93 - 001、94 - 009 和 94 - 010 甜橙品种,可在当地进行生产推广。

(二)果树良种繁育

近年来,嫁接与组培结合创立了微嫁接技术,已被广泛应用于柑橘、苹果、葡萄、龙眼等多种果树的研究与生产中。朱大洪(2009)采用微体嫁接技术培育核桃,成活率达 90%,比大苗砧嫁接方法高 1 倍,苗木健壮,长势很好。

扦插仍是果树无性繁殖的重要方式,扦插繁殖又分为硬枝扦插和幼嫩新梢扦插两种。张兆欣等(2010)采用塑料大棚、覆盖地膜升温及激素处理,促进枣树硬枝插穗愈伤组织形成和生根,成活率高。利用幼嫩新梢扦插,能在短时间内培育大量优质苗木,繁育速度快，成活率高，容易操作，是解决生产大量急需优质苗木的一条新途径。张道辉等(2011)研制了半日光间歇弥雾果树育苗系统，用于甜樱桃矮化砧木吉塞拉6号嫩梢扦插育苗，生根率93.66%以上。小金海棠是一种优良的苹果矮化砧木，王甲威(2011)以其实生苗新梢为材料，进行嫩枝扦插试验，通过自动弥雾、遮阳网控制育苗大棚的湿度及温度，取得了较好的生根效果。为解决某些果树树种繁育困难的问题，郭恩才等(2010)发明涉及一种葡萄试管苗日光温室微型扦插扩繁方法。蓝莓的硬枝扦插宜在2月份剪取硬度大、成熟良好的1年生营养枝条为插条，长3～5个节，垂直插入浇透水的基质中，露1个顶芽。基质以腐苔藓最佳，以草炭与河沙或珍珠岩1∶1混合基质效果较好。插后定期浇水保持湿润，当顶部叶片转绿时，说明插条已生根。绿枝扦插在果实刚进入成熟期、二次枝侧芽尚未萌发时剪取插条，长4～6片叶。用ABT2号生根粉500～1000mg/L速蘸处理后垂直插入腐苔藓基质中，然后喷600倍多菌灵杀菌，遮阳和保持温、湿度，两个月后插条即可生根(李丽敏，2010)。该方法将组织培养方法和日光温室微型扦插相结合，扩繁成本低、速度快、成活率高、幼苗健壮，是可以实现工厂化快繁的技术方法。

采用组织培养技术能够迅速、大量的繁殖质量好、脱病毒的蓝莓苗木，因此植物的组织培养技术是进行果树苗木生产、加快优良品种的繁育推广的重要手段之一。马冬菁等(2009)以红肉苹果的茎尖和带腋芽的茎段为外植体，通过组织培养试验筛选出最佳的灭菌时间、基础培养基、增殖培养基和生根培养基，建立红肉苹果的高效植株再生体系，为红肉苹果的快速离体扩繁和工厂化育苗奠定了良好的基础。苏娟(2010)通过对酿酒葡萄'爱格丽'快繁体系建立、组培苗初代培养中出现的褐变现象和继代培养中的玻璃化问题、组培苗移栽驯化等问题的研究，探索了工厂化育苗的流程，初步建立了工厂化育苗的流程和葡萄组织培养炼苗、移栽和定植技术路线流程图。孙国利等(2009)通过添加不同浓度的6-苄基氨基腺嘌呤、3-吲哚丁酸、赤霉素(GA3)进行杂种樱桃组织培养和快速繁殖技术的研究。杨柳等(2010)以香蕉(Musa AAA Cavendish var. Williams B6)茎尖诱导的组培苗为材料，利用间歇浸没式生物反应器(TIBS)进行组培快繁可使香蕉组织培养一代增殖14倍以上，比传统方法提高2～3倍。为了给枣离体微嫁接提供优良接穗，王娜等(2009)建立了南京大木枣、星光及铃枣三个枣品种的微嫁接快繁体系。

(三)果树营养与发育

童期长是导致果树定向育种周期过长的一个关键因素，通过对早实枳成花调控的研究印证了前人关于CiFT和CsTFL功能的研究结果，同时还发现了PtFLC的选择性剪切可能跟枳壳阶段性发育有关(李智敏等，2009)。

氮素是一切植物生长必需的大量营养元素之一，在柑橘及苹果上的研究也表明施氮能增加每树果数及每树的产量。葡萄产量则主要决定于花期土壤中氮的有效性。苹果与梨的产量与叶片中氮的含量密切相关，在叶片全氮为1.70%～2.75%范围内产量与叶片氮成正相关，果实中的可溶性固形物与叶片氮的浓度负相关，施氮可延迟苹果果实着色(卓燕等，2009)。

在燕山山区，分富士和国光两个品种采集了20个苹果园共计120份叶样，对叶片中的矿质元素含量进行了分析。结果除镁外，不同果园苹果叶片中其他营养元素含量差异较大。与国内外标准相比，燕山山区矿质元素含量标准值表现出 N 水平高，P、K、Mg 和 Zn 水平低的特点，Ca、Fe、Mn 和 Cu 含量标准值与国内外其他标准基本一致（李海山等，2011）。刘坤等以'红灯'和'拉宾斯'甜樱桃品种为试材，研究日光温室甜樱桃采后叶片矿质营养变化。结果表明：不同品种叶片的矿质营养，除镁、锰等元素在叶片老化过程中变化不一致以外，其他元素含量的变化趋势基本一致，钙、锰、锌含量的升高及钾、镁、铁含量的下降是导致叶片老化的原因之一（刘坤等，2011）。

通过对北京昌平区 34 个成龄苹果园土壤养分、pH 值和果实矿质元素含量的调查和多元统计分析，土壤有机质与土壤各种养分均呈正相关，土壤养分与果实矿质元素含量的相关性非常弱，单因子相关分析不能揭示土壤养分与果实矿质元素间的关系；典型相关分析表明土壤有机质和 pH 值对果实矿质元素含量具有重要影响。提高果园土壤有效钾含量、调节 pH 值是土壤管理的关键技术（张强等，2011）。

野生欧李果实发育期不同阶段（幼果膨大期、硬核期、成熟增长期）结果基生枝矿质营养元素（Cu、Zn、Fe、Mn、Ca、Mg、K）在各组织器官中 Cu、Zn、Fe、Mn、Mg 元素分配总体表现为：新梢＞果实＞韧皮部＞木质部；K 分配与水分分配变化规律一致，表现为：果实＞新梢＞韧皮部＞木质部；而 Ca 元素在新梢中分配居多，其次为韧皮部。各组织器官中矿质元素与干物质和水分分配的相关规律各异，其中 K 元素的相关性最为显著。可以看出欧李各组织器官干物质积累和水分代谢影响矿质元素吸收与积累，K 元素代谢对果实钙素吸收影响最大（马建军等，2011）。

三年生骏枣树和灰枣树生物量的总干质量比灰枣高。骏枣树养分在叶片中的分配率显著高于灰枣树（梁智、张计峰，2011）。

土层温度、土壤质地和结构、土壤的理化性质等对果树有多方面的影响（王芳，2011）。苹果树全生育期施用沼肥，能有效提高树体营养水平，促进苹果树提前萌芽、开花结果，产量增加显著，果实可溶性固形物、硬度、商品果率和苹果全红果率明显提高，品质大幅度改善。同时也可显著提高树体抗性，防治和减轻病虫危害，增加优质果率（张银祥，2010）。对苹果、梨、枣、葡萄等叶面喷施微肥可增产 20%以上，一、二级果可提高 40%左右（于洪伟，2011）。

与树盘漫灌相比，起垄覆膜沟灌和树盘埋罐渗灌能显著增加新梢长度，但三个处理新梢粗度和单株新梢数均无显著差异。起垄覆膜沟灌叶片的长度、宽度、厚度和叶面积较树盘漫灌均有所增加；三个处理中树盘埋罐渗灌叶片的长度、宽度和叶面积均最小，而叶片厚度最大；三个处理苹果产量无显著差异；起垄覆膜沟灌和树盘埋罐渗灌果实品质总体上优于树盘漫灌（路超等，2009）。

（四）果品品质与采后技术

1. 果品品质发育

世界消费市场对果品品质的要求在不断变化。20 世纪 80 年代以后，消费者对果品外观质量的关注程度明显下降，食用品质较外观品质更重要。近年来，消费者对果品安全质量的要求越来越高，回归自然、绿色消费，已成为新的消费潮流和市场走向。在国际贸易中，有关果品质量安全的标准越来越高，非关税壁垒逐渐增加。欧盟和许多欧美发达国家，高度重视果品农药残留监测。进入21世纪，欧美发达国家又提出农产品质量安全全程控制保障体系，即良好农业操作规范(GAP)。建立和推广EUREP—GAP等系列标准体系，消费者对水果的营养和安全十分关注，在社会责任、环境、卫生、安全使用及管理等诸多领域均有市场准入标准。主要包括ISO 9000和HACCP(质量控制系统)、ISO 14000(环境管理体系标准)、SA8000(社会责任标准体系)、EUREP—GAP及GMP(良好生产操作)等体系。这些体系都为果品品质的品质提供了保障，但也需要一些针对性的生产措施来得以实现(杨振锋，2009)。

套袋技术就是提高果实品质的一种有效方法。一般使用防水胶加蜡质双层袋对翠冠梨套袋处理减缓了果实在贮藏过程中的硬度和失重率的下降，延缓了果实的衰老(蔺经等，2010)。对'满天红'梨进行套袋处理单果重有了显著提高(申仲妹等，2011)。不同的套袋处理对帕拉英达芒果的品质有不同程度的提高(王美存等，2010)。黑色塑料薄膜袋对香蕉品质和耐贮性有较大提高(朱世江等，2009)。

我国农业部从2001年开始对苹果等13种水果组织实施"无公害食品行动计划"。到2007年，苹果优质果率提高到50%以上，安全卫生指标符合无公害食品行业标准要求。从近年来的检测结果看，我国的果品外观质量已明显提高，但果品的理化品质低下问题相当突出。以苹果为例，许多果园生产的苹果果实外观相对漂亮，但果实硬度和可溶性固形物含量偏低，口感差、淡而无味，按照国家标准《鲜苹果》(GB/T 10651—1989)进行判定，理化果实品质合格率、硬度和可溶性固形物含量合格率都不高。与此同时，我国果品的安全质量有明显提高，但农药残留状况与欧盟和美国相比，仍存在差距(杨振锋，2009)。

2. 果品采后生理

优质的果品采摘后需要经过很长时间才能到达消费者手中，所以对果品采后生理的研究十分必要。果品采后在贮藏过程中会产生多种生理变化，果实产生的内源乙烯会促进呼吸作用，促进叶绿素、淀粉等物质的水解，促进胡萝卜素和花青素的合成，会导致果实组织变软、发糠，风味发生变化，果实软化等；同时，果实采后活性氧代谢生理也会发生变化，可以导致膜结构的破坏。

为了降低这些生理变化带来的损失，科研工作者们进行了大量工作，刘晓辉等(2010)对23种果品采后生理指标和主要营养成分进行了测定分析得到呼吸跃变型果实中浆果类呼吸强度高、生理变化快而仁果类和核果类处于中间状态，瓜果类的呼吸强度中等，生理变化缓慢，非跃变型果实中浆果类呼吸强度高，而仁果和瓜果反之。邢震等(2009)研究表明钙处理能够不同程度的抑制桃果实的呼吸强度、减缓乙烯释放速率，减少可溶性固形物和可滴定酸含量的下降，从而延缓了桃果实品质的下降。陆福军等(2009)对臭氧在果品保鲜中的应用进行了研究，得到臭氧处理能抑制果实储藏期间呼吸强度，延缓淀粉和糖的变化，延长储藏时间。刘战丽等(2009)研究表明高氧(21%～100%)处理能有效抑制果实无氧呼吸代谢、组织酶促褐变以及风味损失。李玉梅等(2009)研究发现对新红星苹果进行涂膜处理可以有效延缓贮藏期间果实内水分的散失、果肉硬度和可溶性固形物的下降，较好的保持果实的口感与风味。钱龙等(2010)研究发现在常温下经过乙烯脱除剂处理的杏果实贮藏前期的呼吸作用、乙烯释放速率、维生素C含量的下降速率明显降低。冯志宏等(2010)研究了温度和包装对青脆李保鲜效果的影响，得到采用0.03mm厚的PE

薄膜包装在 0～1℃条件下贮藏 70 天，果实完好、翠绿、新鲜、风味浓郁。Viskelis 等(2011)对气调下两种苹果维生素 C 的损失情况进行了研究，得到当 CO_2 含量为 2%、4% 时，果实中维生素 C 的损失分别为 18%和 10.5%。

3. 果品功能营养成分

果品作为人们日常生活中必不可少的食物不仅可以提供人体所需的各种蛋白质、碳水化合物、矿物质元素等营养物质，而且还能提供多种天然的抗氧化物质，如花色苷、膳食纤维、维生素 C、维生素 E、类胡萝卜素、谷胱甘肽以及目前备受世界营养和医学界关注的多酚类化合物等。这些天然抗氧化成分具有清除体内自由基，减轻脂质过氧化；保护细胞膜和 DNA 免受氧化损伤，络合金属、诱导改变致癌性的酶；抗诱变和抗癌作用；抑制血小板聚集、消炎；抗过敏；抗衰老等多种功能。而存在于多种果品中的多酚类化合物具有抗氧化、清除自由基、抑制肿瘤、抗诱变、降低毛细血管通透性、改善人体微循环等多种药理作用，且具有高效、低毒、高生物利用率的特点，如原花青素体内抗氧化能力是维生素 E 的 50 倍，维生素 C 的 20 倍。此外，酚类物质还可以延缓或阻止其他营养成分的氧化，尤其是可以降低维生素 C 的氧化(杜国荣，2009)。

近年来，国内外科研工作者进行了大量研究，闰国华等(2008)研究表明樱桃中的花色苷有使动脉松弛的效应，可能减少心血管疾病的发生，同时还有降低血脂的功能。赵晓(2009)对枣的功能性成分进行了研究，枣中具有特色的功能成分 cAMP 具有舒张平滑肌、扩张血管、改善肝功能、激活蛋白等功能，对心肌梗死、冠心病等疾病具有显著疗效。Elfalleh 等(2011)对突尼斯石榴的功能营养成分进行了研究，结果发现石榴大部分生物活性成分存在于果皮上。Joseph 等(2009)研究得出摄入更多的高抗氧化食物，如浆果、核桃等会延缓人大脑功能的衰退。蓝莓的营养成分并不仅限于果糖、纤维素、维生素，而更重要的是富含抗氧化剂、细菌生长抑制剂、肄花酸、叶酸、花色素昔、类黄酮等化合物。这些化合物具有抗癌、延缓衰老、预防血栓形成及动脉硬化、抵抗泌尿系统感染和心脏疾病、减轻双眼疲劳及提高夜间视力等多种保健作用。

4. 果品加工工艺

随着我国果品生产的快速发展，果品产量的大量增加，果品加工业也有了一定的发展。各种果汁饮料年产总值逐年增加，以果品为主导的农产品加工正显现出良好势头，近年来，科研工作者在改善果品加工工艺方面进行了大量研究，马立志等(2009)改进了木瓜果汁饮料的生产工艺提高了果汁饮料的口感，并延长了货架期。田晓菊等(2011)优化了沙枣果酒的加工工艺，得到沙枣果酒的主发酵最佳工艺条件为：SO_2 添加量为 80mg/L，主发酵温度在 22.5℃，初始糖度 18%，酵母接种量为 0.25%。Salvia - Trujillo(2011)等研究了高强度电场脉冲(HIPEF)、热加工及冷藏等加工工艺对果汁中抗氧化活性成分的影响，得到经过 HIPEF 加工工艺抗氧化剂的损失最小。

虽然科研工作者进行了大量努力，但是由于起步较晚我国果品加工水平还远远落后于美、日等先进国家，我国果品加工主要存在以下问题：①企业研发能力不强，许多企业重视引进、忽视研发，重视设备、忽视技术，而且与高校科研院所联系松散，缺乏坚实的科技支撑体系；②加工设备大多依赖进口，以苹果为例，浑浊型苹果汁稳定性技术、苹果汁费热力杀菌技术、无菌冷灌装技术、生产线自动测控技术等都是由国外引进的；③缺乏适宜的加工原料，鲜食与加工品种比例不协调，主栽品种基本上都是鲜食品种；④果品利用效率不高，果核、果渣等还未能综合利用起来。

(五)果树逆境与抗病抗逆

1. 非生物逆境

干旱胁迫阻止苹果对氮和磷的吸收和并致使苹果叶片相对含水量下降，造成光合作用和蒸腾作用下降，最终表现为生长减缓(张杰等，2010)。随着胁迫进程的加剧，山梨醇和葡萄糖浓度提高，并保持在较高的水平。干旱胁迫引起苹果砧木叶片的脯氨酸、可溶性糖和淀粉等渗透调节物质含量均呈上升趋势(徐启贺等，2010)。随着胁迫程度的增加，葡萄叶片相对含水量和叶绿素含量都明显下降，叶片相对电导率、可溶性糖、脯氨酸的含量则明显增加(GAO，2009)。转基因'Succari'甜橙干旱胁迫下叶绿素减少，pro 积累水平高，保护酶(CAT，POD 和 SOD)活性高，且均表现有较强的耐低温性和柑橘溃疡病抗病性(Qin 等，2011)。徐彦等(2010)以苗龄为 3 个月的新源 1 号新疆野苹果水培苗为材料，应用 PEG 溶液处理模拟干旱胁迫，利用抑制性差减杂交(SSH)的方法构建了新疆野苹果根组织干旱胁迫诱导表达差减文库(正库)和抑制表达差减文库(反库)。

猕猴桃乙烯信号转导途径不仅参与调控果实后熟软化进程，还参与果实对采后非生物逆境胁迫的应答机制。殷学仁(2009)以猕猴桃(Actinidia)果实为试材，研究乙烯信号转导途径相关编码基因在猕猴桃果实生长发育和后熟软化进程中的表达模式，以及对乙烯(100μl/L)、1－MCP(0.5μl/L)、低温(0℃)、高温(35℃)、高 CO_2(5%)和快速失水等采后处理的应答模式，结果表明低温可显著延缓猕猴桃果实后熟软化，且可诱导大部分乙烯信号转导基因的表达。这些乙烯信号转导元件对于低温的应答模式，与果实后熟软化无直接联系，更可能是相关基因的逆境应答。其中 AdEILs 可能是调控果实低温应答的关键之一 AdETR3、AdERF1/3/4/11/12/14 可能是猕猴桃 AdETRs 和 AdERFs 参与采后逆境应答的重要成员。

枇杷果实和桃果实中 *ROP* 基因家族成员 *EjROP*1.2 以及 *PpROP*1 和 *PpROP*2 分别参与了采后枇杷和桃果实的低温胁迫响应。*EjROP*1.1、*EjROP*2 和 *EjROP*3 可能正向协同调控采后枇杷果实木质化，*EjROP*1.2 可能负反馈调控果实木质化，表明 ROP 基因家族成员在采后冷害果实的低温胁迫下具有功能多样性(Jin，2009)。

低温胁迫抑制谷胱甘肽(GSH)过氧化物酶(GPX)、谷胱甘肽－S－转移酶(GST)和谷胱甘肽还原酶(GR)的活性，并降低 GSH 活性和叶绿体膜流动性。低温胁迫的加剧使得细胞膜脂质过氧化，破坏细胞的抗氧化系统。外源 GSH 可以减缓低温胁迫下叶绿体丙二醛(MDA)和 H_2O_2 含量，还可以提高膜的流动性和 GPX，GST，GR 活性(Wu，2011)。平邑甜茶幼苗根系中的精氨酸酶、ODC 和 ADC 活性、腐胺含量以及一氧化氮生成速率逐渐升高(张龙，2009)。

适当浓度的 SNP 能显著缓解高温胁迫对蓝莓植株的伤害。0.5mmol·L^{-1}SNP的缓解效果最好(魏海蓉等，2010)。外源一氧化氮(NO)减缓了高温胁迫对蓝莓光合系统Ⅱ(PSⅡ)的抑制，蓝莓 PSⅡ最大光化学效率(Fv/Fm)、实际光化学效率(ΦPSⅡ)、光化学淬灭系数(qp)和非光化学淬灭系数(NPQ)下降缓慢,使光合机构免受高温胁迫的伤害。叶片质膜透性和丙二醛含量降低,而超氧化物歧化酶和过氧化氢酶活性升高,从而促进了脯氨酸的积累。

盐胁迫和重金属胁迫下,平邑甜茶幼苗根系精氨酸酶、鸟氨酸脱羧酶(ODC)及精氨酸脱羧酶(ADC)活性都提高,随着处理浓度的升高 ODC 和 ADC 活性也逐渐升高,腐胺含量、一氧化氮生成速率和一氧化氮合酶活性也逐渐升高。多胺处理可以降低非盐胁迫下的 MDA 含量,同时抑制盐胁迫引起的 MDA 含量的升高,从而缓解盐胁迫引起的脂质过氧化。其中精胺的缓解脂质过氧化的效果最好(张龙,2009)。盐胁迫和镉胁迫引起的膜质过氧化的缓解效应,利用这些信号分子可能提高树体对逆境的忍耐力(张龙,2009;Fan,2011)。

2. 生物逆境

果树的生物逆境包括病虫害、杂草等因素。

预测预报是目前果树进行大面积病虫害防治的主要方法。它可以提前查清害虫的发生情况,掌握害虫发生的动态,及时做出科学的分析,事先提出预报,及时、准备的控制或消灭害虫,将其控制在最低的经济损失指标之内。预警系统充分利用本地和网络的数据源,Web GIS 预报系统(Zhengwei et al., 2011)基于 BP 神经网反向传输,通过集成 Web 服务技术和早期预警模块经过行之有效的整合,实现了病虫害预测预报。开发虫害综合管理决策系统(IPM)(Vincent P Jones et al.,2010),已成为病虫害防治的新发展方向,这种决策系统拥有更多的信息,更大的兼容性以及更强的时间敏感性,可以为更多的决策者提供更准确全面的参考意见,而且 IPM 决策系统的长期使用能降低和避免病虫害的抗药性现象的发生(John Wise,2009)。利用苹果(邢东兴,2009)在红蜘蛛虫害、黄叶病害胁迫下的反射光谱特征对果树受害程度进行定量化测评,建立对红蜘蛛虫害、黄叶病害级别进行测评的数学模型,这就可以及时、全面、准确地获取果区内苹果的生长态势与病虫害信息(即苹果是否发生了病虫害、病虫害发生的种类与发展的程度及其空间分布差异等信息),这种数据库建模既是保障对果树病虫害进行适时、有效、环保防治的一个前提条件,又是保障区域果业优质、高效生产与可持续发展的一个重要环节。

果园杂草种类多、发生量大、生长速度快,不仅与果树争水、肥、空间,而且滋生病虫,影响果园通透性,降低果品产量和品质,妨碍果园管理,降低劳动效率。所以果园杂草的防除是保证果树生长健壮、获得稳产高产的重要内容之一。目前,果园杂草的防控方法有:多效唑、草甘膦(王智课,2010)、哒嗪酮化合物(Kiji,Toshiyuki,2010)等化控措施。另外,果园还可以进行覆盖防草和生草管理,采用生草技术既能改善果园小气候,又能增加果园碳汇(M Hasinur Rahman,2010)。

植物通过挥发性萜类物质与环境进行互作。当柠檬烯合酶基因应用反义技术被抑制表达后,果皮柠檬油精的积累会减少,这时果实对青霉菌及黄单胞杆菌的抵抗力会降低。这表明萜类物质研究可能是今后植物、动物和病原体之间的相互作用研究的主要方向。再植病严重影响再植园中的果树,致使其生长剪减缓,产量降低,品质下降(Primoz,2010;Luisa, 2010)。桃树的再植障碍主要通过土壤熏蒸,目前使用的熏蒸剂主要是氯化苦,它是联合国推荐的臭氧物质溴甲烷(甲基溴)替代品之一,使用 400kg/ha 可以明显防治蜜环菌的危害，对防治桃树再植病具有明显作用。在再植园中选择抗重茬砧木是目前主要的发展方向和选育手段。抗重茬砧木的应用对于果园的持续性发展更显得重要（Angelika St，2010）。

（六）果树分子生物学

近年来，果树作物中，桃、柑橘、野草莓、苹果的基因组测序工作也相继完成，且梨和欧洲李的全基因组测序工作已全面展开和实施。这些果树全基因组测序的完成和实施预示着果树学研究进入了一个新时代，即后基因组学时代。后基因组的研究主要包括：比较基因组研究；转录组学、蛋白组学、代谢组学、表型组学；基因和基因家族的系统特征研究。

1. 果树基因组、转录组学、蛋白组学

2010年9月，中国农业科学院郑州果树所与深圳华大基因研究院签订合作协议，正式启动桃全基因组重测序工作，桃全基因重测序项目将对100多份桃的核心种质进行不同覆盖深度的全基因组重测序工作，检测不同种质间的遗传变异，并进一步检测出与各农艺性状相关的功能基因，通过筛选一批具有优良农艺性状的核心品种，为桃分子的育种平台构建打下基础。

对半矮生型桃'SD9238'新梢生长跃变期前后4个生长阶段差异表达基因进行cDNA－AFLP差显技术分析，选取其中11个差异条带生物信息学分析，结果表明，转录衍生片段（transtript derived fragment，TDF）的主要功能涉及木质素生物合成、蛋白质水解、转录调控及生长调节等，还有一些是未知功能基因（李钰婷等，2011）。在龙眼中，采用cDNA－AFLP技术对其正常和败育的种子进行了差异表达分析，在11条差异片段中有3个TDFs分别与Ca^{2+}－ATP酶、纤维素酶、质体ATP/ADP转运蛋白具有较高的相似性，其中TDF2和TDF7下调表达，TDF5上调表达，这可能影响了龙眼种子发育过程中的许多重要代谢途径，从而引起龙眼种子败育（唐晰等，2011）。为了探讨番木瓜果实成熟机理，利用cDNA－AFLP技术对破色期和半黄期的番木瓜果实进行基因差异表达分析，获得了50个与果实成熟相关的差异基因片段，其中，28个与GenBank数据库中的功能基因同源，分别参与了果实成熟过程中基因表达调控、DNA与蛋白质合成及运输、蛋白质降解、能量代谢、营养物质代谢和逆境胁迫反应等过程。在差异片段序列基础上设计特异引物，采用cDNA末端快速扩增（RACE）技术成功克隆了4条差异基因cDNA全长，分别命名为CpGMP、CpPAA1、CpPOD和CpMYB。半定量RT－PCR分析结果表明，随着果实的成熟衰老，4个基因的表达量相应变化，说明其可能参与果实的成熟过程（申艳红等，2011）。为分离和鉴定新疆野苹果（*Malus sieversii* Roem.）根组织干旱胁迫条件下差异表达的基因，利用抑制性差减杂交（SSH）的方法构建了新疆野苹果根组织干旱胁迫诱导表达差减文库（正库）和抑制表达差减文库（反库）。测序鉴定后共得到268个有效UniESTs（徐彦等，2010）。

蛋白质组学是后基因组时代功能基因组学研究的新兴学科和热点领域。双向荧光差异凝胶电泳技术（Two—Dimensional Fluorescence Differential Gel）对荔枝胚胎蛋白进行分离，发现一些特异性表达的蛋白，随着果皮的成熟蛋白点数总体表现出先上升后下降的变化（李开拓等，2011）。不同发育时期鸭梨的花柱间蛋白表达存在明显差异，与鸭梨异花

授粉花柱相比，自花授粉3天的花柱出现了4条新的蛋白带，发现3个与自亲不亲和性相关的蛋白点（岳雷等，2009）。以‘大久保’桃（*Prunus persica* L. cv. Okubao）盛花后56天的果实分析了解中果皮和内果皮蛋白质组表达的差异点，表明桃果实发育硬核期中果皮与内果皮的蛋白质组存在一定差异，这些差异可能会为进一步解释中果皮与内果皮在代谢的方向上不同而提供理论依据（杨爱珍等，2010）。进行龙眼体细胞胚发生中期的同步化调控，采用双向电泳和质谱对龙眼体细胞胚发生中期的蛋白质组变化进行分析。随着体细胞胚的发育，细胞不断分化，体细胞胚中表达的蛋白种类减少。氧化胁迫相关蛋白、RAN2和GTPase ObgE与龙眼体细胞胚发生的调控有关（方智振等，2011）。

2. 果树分子标记

利用SSR标记对系谱关系明确的22个巨峰系葡萄品种进行聚类分析说明SSR适合巨峰系葡萄的系谱分析和种质遗传多样性研究（冷翔鹏等，2011）。以美国黑核桃、核桃楸、青林核桃实生子代及部分普通品种共86份种质资源为试验材料的研究结果同样表明，利用SSR引物能够进行遗传多样性分析及聚类分析（高玉娜等，2011）。SNP标记已成为最具潜力的第三代分子标记。利用高通量测序、BAC文库的双端测序（Han et al.，2009）、EST序列的冗余信息（周锦等，2011）等方法，大批量的SNP被挖掘和开发出来。基于Ty1－copia组反转录转座子的苹果S－SAP标记体系，筛选出了6个适宜苹果品种分析的S－SAP引物，利用LTRP1/Mtcc引物组合成功区分了元帅芽变（赵桂玲等，2010）。IRAP分子标记检测体系同样能够区分遗传背景高度相似的种质间的微小变异，可在果树芽变鉴定中应用（贾怀志等，2009；杜晓云等，2011；沈玉英等，2011）。以高抗黑星病的黄冠杂交高感黑星病的鸭梨及其139株F1代单株为试材，通过对64对荧光AFLP分子标记引物的筛选得到一条与抗黑星病性状基因相连锁的标记：D3－360，与抗黑星病基因位点的遗传距离为140.9cm（董星光，2009）。

3. 果树遗传图谱

以冬枣杂交临猗梨枣F1代的150株个体为作图群体，对已有的枣遗传连锁图谱进行了加密，得到的图谱包含了388个AFLP标记和35个RAPD标记，覆盖基因组总长度1309.4cm，标记间平均距离3.1cm。并得到了控制枣树干直径的6个QTL位点，分布在5个连锁群上（齐靖等，2009）。利用崇化大梨杂交新世纪梨的94株F1代实生苗为作图群体，构建了一张包括19个SSR标记、315个SRAP标记，合计334个标记分属于18个连锁群的遗传图谱，图谱总长度为1300cm，平均图距为3.9cm。同时，采用区间作图法获得了与果实发育期、果形指数两个果实性状相连锁的7个QTL位点，其中主效的QTL位点两个（LOD≥3.5），分别位于LG2和LG17连锁群（王龙等，2011）。

4. 果树基因定位

果树中的基因定位研究主要集中在与品质相关及与抗性相关的基因定位。轮纹病为中国果树的主要病害，连续两年用5个苹果轮纹病菌株离体培养的菌丝对红玉杂交金冠的576株杂种实生树的果实进行了接种鉴定。经过分子标记筛选，得到了一系列与抗性基因连锁的SSR标记（Zhuang et al.，2011）。

在果实品质方面，利用八月红梨和砀山酥梨杂交得到的F1代实生苗作图分析得到，控制果皮红色的基因 RFS 位于 LG3 连锁群上，与标记 MES93 - 264p 的遗传距离为 9cm。控制果锈的基因 FR 位于 LG16 连锁群上。同时得到了与果实可溶性固形物含量、单果质量、横径和纵径等性状连锁的 QTL 位点 21 个(LOD≥2.5)，其中主效 QTL 位点 6 个(LOD≥3.5)，位点多集中在 LG7 和 LG11 连锁群上(韩明丽等，2010)。用 24 个苹果品种以及来自 3 个不同杂交组合的 60 个 F1 代结果单株为试材，通过 BSA 法在苹果 LG9 连锁群上，筛选到了一个 SSR 标记 CN444542 - 156，该标记在红色表型上表现为隐性，在非红色表型上表现为显性(何晓薇等，2009)。

(七)果树生物技术

1. 果树细胞工程

胚的离体培养是最早直接应用于植物改良的组织培养技术。国内外学者相继开展了各个树种和品种胚培技术研究，已在桃、杏、梨、核桃等树种上获得成功。尚霄丽等(2009)以桃、杏、李等李属果树 10 个品种为亲本共 15 个组合进行远缘杂交，对杂种胚进行了胚培养，并对部分杂种进行了分子鉴定。张悦等(2011)以引进核果类砧木“Viken”成熟胚为试材，研究基本培养基类型、激素种类与浓度和种皮处理等因子对成熟胚萌发率的影响，发现剥去部分种皮要好于其他种皮处理方式。有学者在种皮处理上进行了改进，采用种皮刻伤的方式(万春雁等，2009)。牛瑜菲(2010)以酸枣、赞皇大枣、苹果枣和骏枣的花药为试材，对影响花药培养的适宜时期、预处理、蔗糖浓度以及植物生长调节剂进行研究，获得花药的再生植株。牛瑜菲(2010)以酸枣花粉和悬浮细胞系为材料分离原生质体，找到适宜的酶解组合、酶解时间以及甘露醇浓度。薛伟等(2010)以桃褐腐病菌为供试菌株，研究了影响原生质体制备及再生的因素。

2. 果树基因工程

获得控制有用性状的目的基因是基因工程第一步。李俊才等(2010)克隆了‘巴梨’红色芽变品种‘红巴梨’果皮 PcUFGT。樊连梅等(2011)发现其构建的红富士苹果 SSH - cDNA 文库中，浓红型芽变苹果 MdFjMT2 可能在果实着色过程中参与了某些生理生化过程和分子水平的基因表达调控。臧建磊等(2011)克隆出野生种笃斯越橘的 CBF 基因片段。张玉刚等(2011)将小金海棠 MxNas1 基因正义转化了番茄突变体‘Chloronerva’，初步证明了 MxNas1 基因在植物铁代谢中的作用。刘丽丽等(2009)从小金海棠克隆到 MxYSL 基因。游向荣等(2009)克隆了龙眼花芽中转醛醇酶的基因。张雪梅等(2009)认为自交亲和的早红香苹果两条花柱 s 基因没有发生变异。龙慎山等(2010)从苹果(Malus domestica)品种达尔文和金沙依拉姆中克隆得到了两个新 S - RNase 基因 S53 - RNase 和 S54 - RNase。乌云塔娜等(2011)确定了 7 个李、1 个杏品种的 S 基因型。谭洪花等(2011)对‘金丝小枣’幼果苯丙氨酸解氨酶(PAI)基因进行了克隆。王萌等(2011)从‘久香’草莓的茎尖中分离得到一个新基因 *FaCDPK2*。

为了探明影响果树转基因效率及植株再生的因素，Fang 等(2009)在李子的转基因技术中不同选择标记基因的选择效率，结果表明含有质粒 pC1381(hpt，gus)的农杆菌 LBA4404 比含有质粒 pC1301(hpt，gus)的农杆菌 EHA105 感染李的种胚块的转化植株筛选效率高且无非转化植株的逃逸。孟颢光等(2011)采用两步生根法,'砀山酥梨'转基因试管苗在附加 80 mg/L PG 和 20 mg/L IBA 的 ASH 基本培养基上暗培养 7 天后转入附加 80 mg/L PG 的 ASH 培养基上进行光照培养,生根率达到 91.7%。Gao et al.,(2010)以胚状体为受体得到的转基因梅植株。在植物组织培养过程中,培养材料继代时间越长遗传变异率越高。周瑞金等(2011)评价转豇豆胰蛋白酶抑制剂(CpTI)基因苹果(Malus domestica Borkh.)60 个株系组培苗应用卡那霉素筛选、PCR 扩增及 RT-PCR 扩增对其外源基因的稳定性。

(八)果树机械化、信息化

在果树栽培管理及果品生产各项作业中,使用机械装备代替人力操作,实现果园作业机械化,已经为世界各国达成共识。针对农田、果园鸟害日趋严重以及传统驱鸟手段效率低的现状,彭波等(2010)利用鸟害行为声防数字化技术,设计一种智能语音驱鸟系统。该系统无需人工值守,可以设定多种工作模式,具有抗干扰、抗适应性、声音加密、高保真声音输出和方便升级语音资料等优点。王新忠等(2011)结合无线传感器网络技术,设计开发了一种基于无线传感器网络的丘陵果园灌溉控制系统。以红富士苹果为研究对象,刘兆祥等(2010)设计了用于苹果采摘机器人的三维视觉传感器。蔡健荣等(2011)对柑橘采摘机器人末端机械手的避障识别技术进行了研究。张凯良等(2009)设计了一款草莓收获机器人的末端执行器。结合采摘苹果的具体实际,马履中等(2009)设计了一种苹果采摘机器人末端执行器,使得提高偏远山区柑橘园滴灌的管理效率,降低劳力投入,节约生产成本成为现实。李加念等(2011)利用低功耗设计技术研制了一个以干电池供电的滴灌控制器。为了使农药的使用量降低到最少,利用率达到最高,国外在施药机械上安装近红外光电传感器和控制电路,根据近红外光对被喷射物体的反射作为初始信号来控制电路喷洒系统(Wang,2010)。杨娜(2010)设计了一种果园自动喷雾控制系统,该系统在果园作业时,能够根据果树的空间位置调节喷杆的高低,根据果树的地理位置控制喷嘴的开关。

在信息技术应用方面,将 GPS、GIS、RS、无线传感、视觉导航、多光谱分析、激光雷达等新技术应用于果树的精确种植与生产,包括果园管理、机器视觉导航、产量图绘制、灌溉施肥、喷药控制、植物检疫、病情诊断及质量安全监控与评价等。斯钧浪(2010)以栖霞市为例,分县级、乡镇级和果园三个层次收集并整理苹果生产管理的相关信息,并依托地理信息系统在果树产业信息化管理方面的优势,研究建立基于 ArcGIS Engine 的栖霞市苹果空间管理信息系统,结合 GIS 空间分析功能和数学分析模型,完成了土地利用现状数据、地形数据、土壤数据和气候模拟数据的多种数据源的融合及数据库建设,为苹果园的合理布局和管理提供科学依据。潘锦山和潘东明(2010)基于 3G 混合网络和 WIFI 无线技术的研究,实现琯溪蜜柚果园移动视频监控系统。该系统充分利用 3 种不同 3G 网络资源优势,在 3G 移动终端上实现了"任何时间、任何地点、任何终端"无缝式的无线监控系统,有效地弥补了传统网络视频监控的弱势,可为果园管理提供更高效、系统的解决方案,提高了农业生产效率和管理水平。为充分掌握土壤水分、环境温度、环境湿度与光照情况,实现适时、适地、适量灌溉,施肥与远程管理,杨爱洁等(2011)基于无线传感器网络技术,结合 GPS 定位技术设计出一个果园数字信息采集与管理系统,实现了果园数字化管理的可视化、便利化。王大鹏(2009)以 SPOT－5 遥感影像为数据源，利用 CART(分类回归树)方法，结合目标地物的光谱特征、纹理特征、地形坡度信息等专家知识，进行果园信息提取实验，取得了 86.72% 的分类精度，说明用 CART 方法进行果园信息提取是可行的。

三、国内外研究进展比较

(一)种质资源与遗传育种

与发达国家相比，目前我国果树种质资源基础作的相对薄弱，对可能受到威胁的野生种质资源、地方品种，应该及早予以收集，以免造成资源流失。对新选育的品种或创造的优异中间材料及时、永久的保存，尚未实现制度化。种质资源的鉴定评价和遗传方面的研究还需深入。对果树种质资源的鉴定主要侧重于对植物学形态特征和生物学特性等表现型性状的观察描述与评价，了解泛泛而欠系统深入，亟待深入了解控制性状的基因及其遗传变异规律。大多材料仅仅是处于收集和保存层面，谈不上发掘新基因和育种应用。

各国在果树育种方面，总的育种目标除了要培育出丰产、美观、耐贮、大小适度、营养丰富，口感风味俱佳等优良品质外，也有一定的地区差异。一般寒带还要考虑品种的抗寒和早熟性状，而热带会考虑果品的耐贮性和果树的低需冷量的品种。以李子为例，我国主要以选育大果、优质、丰产、抗寒、早熟等目标为主。泰国的李子育种工作，目标是选育味美、硬肉、耐贮、低需冷量的品种。欧洲开展李子育种也都以抗寒性和抗病等性状为目标，选育出一批非常抗寒的李子品种。近年日本选育出“大石早生‘大石中生’、‘大石大玉’Shichiro”、“Pararu‘红良锦’、‘秋姬’、‘贵阳’”等品种，以及英国的‘Avalon、Excalibur’；意大利的‘Firenze 90’和法国的“Primacotes‘Lorida’、‘Tardicotes’、‘Spurdente’”都非常出色(孙猛，2009)。但意大利还期待选育出大果、味美、抗病、树体矮化并且自花能结实、晚花的李子品种。法国由于李子病害比较高发，因此育种还有考虑抗李痘病毒(*PPV*)和抗黄花卷叶病(*ESFY*)的能力。此外，英国开展了晚花、不同果皮颜色的品种选育工作。法国、意大利、德国、瑞士等国家针对成熟期开展了早熟品种或晚熟品种的育种工作，瑞典、斯洛伐克、俄罗斯等国家开展了欧洲李矮化育种工作，法国、德国、南斯拉夫、罗马尼亚、捷克等国家还开展了鲜食及制干鲜食兼用品种的选育工作。在美国，由于地域广阔，不同地区育种目标也有一定差异。在保证稳产、优质、大果、硬肉的基础上，北方以抗寒为主，南方以抗病(主要是李叶片斑点病、李果实疮痂病和李枝条溃疡病)和低需冷量为主。而加拿大则以抗寒、果皮蓝色、自花结实、早熟等为育种目标(孙猛，2010)。

西班牙开始果树资源与遗传育种的研究也比较晚，但他们积极利用生物技术进行育种，在过去的十几年的时间里有着惊人的发展。我国开展果树资源与遗传育种的研究的时间很久远，但一直沿袭采样传统的研究方法与育种手段，应用的一些先进生物技术也没有对果树遗传育种的研究进行深入的应用。

早在 20 世纪 50 年代，一些发达国家就开始工厂化育苗研究，到 60 年代，美国、法国、荷兰、澳大利亚和日本等国工厂化育苗已经形成一定的规模。我国从 20 世纪 70 年代才开始发展工厂化育苗，并且研究和推广缓慢。目前，我国良种繁育主要还是通过嫁接和扦插，由于组织培养成本高、要求一定的技术及设施不够完善等，良种繁育还未真正实现工厂化生产。

与美国、日本、巴西等相比，我国果园机械化水平低，信息化刚起步，果园标准化极不完善。选址不当、规划不科学、科研与生产脱节、观念落后、管理不善、体制不全、经济发展不平衡等严重制约着我国果园机械化、信息化、标准化的建设。

(二)果树生物学研究

进入21世纪，生物科学技术国际竞争也日趋激烈，尽管存在国际贸易、社会宗教、转基因植物的安全性争议等方面的问题，但应用前景依旧广阔。至于在果树生物科技领域，各国都在利用生物技术，特别是转基因技术的创新和新品种的培育。

基因组全序列蕴含了大量的信息，虽然许多果树基因组测序工作已经完成，但是国内的一些研究仍是基于单个基因或几个基因功能的研究，而且国内对所测果树基因组高通量数据的分析方面比较欠缺。果树作物中多种果树的基因组测序工作已经完成，然而承担基因组测序的工作人员几乎没有国内研究人员，因此应认真考虑并尽快用下一代基因测序仪对更多果树和国内特有的果树进行测序，并获得其全基因组序列和基因图谱。

国内外在转录组学和蛋白质组学方面的研究在技术手段方面是不相上下的，在解决果树学科问题的思路上还略有不同。近年来，国内在转录组学和蛋白质组学方面的研究在果树品种及相关问题上要多于国外，是因为国内果树学科偏着重于从生物分子水平解决一系列问题，国外的果树学科着重从生产实践解决果树问题。

国内外在分子标记领域的研究存在区别。首先，由于国内外生态环境，产业体系，劳动成本等各方面的差异，必然会造成研究着重点的不同。如苹果抗病性研究，国外学者主要集中在抗黑星病的研究，起步早，技术体系完善，研究更为深入，而在我国苹果轮纹病和腐烂病发病较为严重，我国研究者们在这方面投入的精力更多。再者，由于大量的第一手生物信息资料都掌握在国外学者手中，相对来讲国内的生物信息分析又比较落后，所以在新技术的开发应用方面，我们都相对滞后。然而，我国也拥有物种丰富，品种繁多，特别是野生种较多等优势，这些品种给我们提供了丰富的变异，是育种和系统发育分析的良好材料。相信在不久的将来，我们定能弥补自身的劣势，发挥优势，与国外学者共同前进。

国内外果树生物学研究主要集中在抗病、抗虫、改良栽培性状以及调节果实成熟等方向。抗病育种则是国内外果树基因工程研究的最主要方向，国外已经克隆了多种抗病基因，遗传转化的受体物种也涉及10种以上的果树树种，而中国克隆的抗病基因和培育的抗病果树树种相对较少。至于抗虫育种方面，Bt基因是国内外抗虫育种中广泛采用的基因，中国利用Bt基因转化获得了苹果、柑橘、橙等10余种转基因新材料，而国外的研究主要集中在草莓等果树上，而且国外更注重抗虫新基因的开发。利用生物技术改良果树栽培性状以及调节果实成熟期是国内外共同关注的研究领域，克隆的相关功能基因较多，培育的转基因果树也较多，只是研究的果树树种各有侧重，这主要与各国果树资源和生产中主栽树种有关系。面对不断恶化的生态环境，为从根本上解决低温、干旱和盐碱等非生物胁迫对果树生长发育的不良影响，培育抗逆性强的果树品种是中国果树育种研究的一个重要方向。总体来看,中国果树生物学研究已经进入国际先进行列,在抗病、抗虫、抗逆性等研究领域已经取得了重要进展,但是在果实品质等研究领域则相对滞后。

(三)果树逆境生理

果树逆境生理,主要包括非生物逆境和生物逆境两种,而研究最热的就是果树在各种逆境条件下,植物通过信号分子进行信息传递,对其生命活动涉及激素响应、基因调控、蛋白合成以及形态结构变化等许多方面进行调控适应环境。

1. 非生物逆境

逆境胁迫下,果树常会引起一系列含氮化合物的积累,国内在脯氨酸、可溶性糖和淀粉等渗透调节物质(张杰等,2010;Gao,2009)方面研究较多。国外也有相关研究(Ben et al.,2010),但国外对多胺的关注更多一些(Farooq et al., 2009;Liu,2011 ;Aghaleh et al., 2009)。另外,国内外对一氧化氮、多胺能缓解逆境胁迫下膜质过氧化等方面的研究都较为关注(张龙,2009;Macarisin et al.,2009)。

果树适应逆境胁迫的特性是由形态解剖结构与生理生化功能的相互统一来实现的。果树的形态解剖结构(主要包括根系、叶片、茎)对逆境胁迫表现出了一定程度的适应性。国内外近两年对果树经受逆境胁迫后的各项生理活动(张龙,2009;Marc et al.,2009;Nortes 2009;Gregorio,2009;Artlip,2009)方面进行了较多的研究。

关于逆境胁迫下抗氧化物质研究较多的是过氧化物酶以及同工酶,其种类多,调控表达复杂,广泛参与各种生理过程。逆境胁迫下,清除系统平衡被打破,但是通过微调,过氧化物酶的表达和活性能达到一个新的平衡,而保证植物正常的生理过程。但抗氧化酶的产生到底是由于生物和非生物胁迫诱导的活性氧(ROS)作为信号分子诱导的,还是本身就是应激损伤的结果,还需要进一步验证。抗氧化酶的过度表达被认为是帮助细胞恢复伤后活性氧,而不是直接增加抗逆性。因此,在转基因体中观察到苹果抗逆性的增加可能是胁迫引起损伤后修复程度的不同(Artlip,2009)。

逆境胁迫研究最多的激素是ABA。近两年国外的研究在ABA的调控模式及应答研究方面不多,但有果树逆境胁迫的品种响应相关方面的研究(Macarisin, et al., 2009)。国内对果树乙烯信号转导元件(殷学仁,2009)、*ROP*基因(Jin,2009)参与果实对采后逆境胁迫的应答进行了研究。由于科研技术及条件的限制,国内在激素对逆境胁迫的影响作用方面研究较多,例如BR处理能促进果树抗旱(韩刚,2011)。

我国资源丰富,但有的基础工作落后于国外,例如,新疆野苹果刚刚开始构建胁迫诱导表达差减文库(正库)和抑制表达差减文库(反库)(徐彦等,2010)。

2. 生物逆境

国内开展了较多的害虫预测预报系统(ZhengWei et al., 2011;邢东兴,2009)研究以帮助果农进行害虫的提前积极防治,而国外已经开展虫害综合管理决策系统(Vincent et al.,2010),后者的长期使用能降低和避免病虫害的抗药性现象的发生(John Wise,2009)。

我国果园杂草防控由于投入较小等原因,目前,研究较浅,多集中在一般性的防治实验上，对具体适用的防控药剂方面研究远落后于国外。

(四)果树栽培与管理

尽管我国的果树栽培技术近年来有了长足的进步，但与其他农业发达国家相比，在果树生产专业化、栽培管理模式标准化程度上仍有一些差距。例如，日本果树生产大力推行标准化模式栽培，在树冠整形、修剪，留果量控制、施肥种类、数量、次数、除草、果实套袋、防护林、棚架设施、喷滴灌设施等方面都按预先确定的统一栽培模式开展实施。日本近20年来在桃、梨、李等落叶果树树冠整型方面一致推广丫型二主枝模式整形，取得了很好的效果。

1. 砧木的选育

果树上砧木的广泛使用，是近代果树的重要标志。往往利用一些抗性强、易繁殖、与接穗亲和性好的资源来对接穗品种进行嫁接，从而满足果树的繁育、生产与管理。

苹果是目前使用砧木最多的果树之一，而各地区会根据自己实际需求对苹果砧木的选育有所侧重，并取得了大量优良砧木品种。世界各国在20世纪初就开始了苹果矮化砧木的选育研究，主要有英国东茂林试验站的M系、MM系，美国的MARK和CG系、苏联的B系、波兰的P系、加拿大O系、瑞典A系以及日本的JM系、德国的J系、捷克的YP系等。其中，英国东茂林试验站选育的M、MM系砧木，已被世界各国广泛引种应用于苹果的生产。各国对苹果砧木的选育各有侧重。英国的选育目标集中于丰产性及控制树体大小，同时强调对土壤的适应性及抗虫性；加拿大、瑞典、芬兰、德国、波兰、捷克、罗马尼亚以及苏联则侧重培育抗寒、易繁殖及使树体矮化的砧木；美国选育砧木的目标包括其园艺学属性，以及对各种生物和物理的限制性及环境因子的适应性。

我国主要是利用丰富的野生种质资源，如河南海棠、崂山柰子、山定子等，选育出了S系、SH系、CX系和SX系等矮化砧和具有矮化潜力的苹果砧木。研究方向主要趋向于抗寒、抗旱、矮化等指标，而且大部分是利用国内资源与国外矮化砧木(如M9)杂交。在我国苹果矮化密植栽培中，开始是以M系自根砧的形式在生产中应用。但是M系自根砧根系浅、不耐瘠薄、易倒伏，生产中必须使用支架保护树体，最终以M系自根砧矮化栽培模式在我国的失败而告终。目前，生产上主要以M26作为中间砧嫁接苹果品种的形式大面积推广，但易出现树冠不整齐(偏冠现象严重)、抽条(生理干旱)严重、果实果形指数低、果实不耐贮藏、优果率低等现象。我国自主选育的苹果矮化砧木因为生根难度大、自根砧苗木繁殖成本高以及果农对国产矮化砧木的认识程度有限，只是以中间砧的形式在生产中少数应用(续海红，2008)。

桃树应用实生砧木的也很多，不同的国家或区域会根据当地的情况，应用不同特性的砧木。美国应用较多的是其选育的Nemaguard、Guardian、Nemared、Sharpe、Flordaguard等抗根结线虫的桃砧木。西班牙推广的桃砧木是Adafuel、Adarcias，抗重植病效果明显。澳大利亚常用的桃砧木有Okinawa、Green LeafNemagard、Red LeafNemagard、Flordagard、Golden Queen。日本常用的桃砧木是筑波4号、筑波5号，抗根结线虫、抗涝，与栽培品种嫁接亲和性好。法国选育并推广的无性系砧木GF677，抗重植病效果好，在地中海地区适应性好。但只适宜营养繁殖。

我国生产上常用的桃砧木是毛桃和山桃，也有用杏、李作桃树砧木的，还有用毛樱桃和欧李作桃树的矮化砧木，但应用的很少。毛桃适应性强，生长势、耐寒力都比较强，与桃品种嫁接亲和力好，根系发达，植株生长旺盛，但不耐涝，是桃树的主要砧木，主要适宜我国南方各省及华北、西北区域。山桃适应性强，耐旱、耐寒、耐盐碱，嫁接亲和力强，但怕涝。地下水位高的桃园易患黄叶病、根癌病和茎腐病，也是桃树的主要砧木。适于干旱、冷凉气候，为我国北方桃产区的主要砧木。不适应南方高温多湿的气候，应用较多的是青州蜜桃等。毛樱桃抗寒、抗旱、耐瘠薄．适应性强，嫁接亲和力中等，作桃的砧木，具有显著的矮化性、早果性、早熟性，并能提高果实品质。毛樱桃砧与毛桃砧比较，可使树体矮化30%以上，定植后当年成花，来年结果，尤其是在受空间限制的设施栽培条件下进行促早栽培更具优势。杏树和李树不适宜作桃树的砧木。杏砧虽根系发达、长势较旺、耐干旱，但嫁接亲和力较差。李砧较耐湿，但根系浅，嫁接后苗木生长缓慢，果个较小，因此在生产上使用不多(姜林，2011)。

我国甜樱桃近几年发展得很迅速，现已成为新兴的高效种植业，年亩产值达 1.5 万～2 万元，甚至更多，预计今后几年还会有大的发展。果农种植甜樱桃往往只注意接穗品种的选择，而忽视了砧木品种的选择。其实甜樱桃砧木品种除了明显影响嫁接树的产量、品质外，对其早果性(早产性)、适应性和树体寿命的影响远比接穗品种大得多。

国际上已经有很多优良的甜樱桃砧木品种系列，如英国东茂林试验站选育的考特(Colt)具有半矮化性质，早果性和丰产性方面的表现也不错。其缺点就是抗寒性差，且易发生黄化。德国 Justus Liebig 大学果树研究所选育的吉塞拉(Gisela)系列，共同特点是：与欧洲甜樱桃品种嫁接亲和力强；对土壤适应性广，且非常适于在黏重土壤栽培；这些砧木品种(系)的抗寒性都优于马扎德 FⅢ 和考特；对根癌病有较好的抗性。其中，Gisela5、6、12 还耐多种病毒病和细菌性溃疡病。但从抗李矮缩病毒和李环斑坏死病毒来说，Gisela 系列不如马扎德、马哈利和考特。这些砧木品种(系)作砧木，嫁接甜樱桃品种早结果、早丰产，在国外种植最广泛、国内已引进推广的是 Gisela 5 和 6。MxM 系列(MaxMa)美国俄勒岗州选育的，该砧木的早果性不如考特(Colt)，但具有矮化特性，且表现出抗石灰土引起的叶片黄化，抗根腐病的两个种和细菌性溃疡病。但因为“延后不亲和”或因早果性差，应用的较少。比利时选育的 GM(Gembloux)系列中的 GM9，虽然是该系列中最矮化的品系，但在潮湿土壤中容易生长不良且易受根腐病危害，造成了生产上很少应用。德国育成的 Pi—Ku 系列是甜樱桃的矮化砧木，其中 Pi—Ku4.20 其矮化效果、早果性、丰产性、果实大小等形状与 Gisela 5 作砧木的很相似。此外，还有捷克的 P—HL 系，匈牙利的 Prob 砧木以及罗马尼亚的 IP—C1。

甜樱桃于 18 世纪传入中国，在最近的 30 多年得到快速发展。我国选用的甜樱桃砧木自然是我国土生土长的中国樱桃(俗称小樱桃)。在国外樱桃矮化砧木引进之前，中国樱桃是我国最主要的樱桃砧木。中国樱桃有不同的生态型，山东选用的‘大青叶’作为中国樱桃砧的代表类型，应用最广。辽宁冬季严寒，中国樱桃砧往往不能安全越冬，故选用抗寒力更强的山樱桃作砧木，但山樱桃与甜樱桃的嫁接亲和力较差。国内甜樱桃砧木育种起步晚，只是近年少数研究单位从事此项研究，已取得初步成效。山东省果树研究所从‘吉塞拉 6’实生苗中选出可育的四倍体品种，其生长势比‘吉塞拉 6’强。北京市林业果树研究所开展李属的种间杂交，已选出有希望的砧木品系。西北农林科技大学从'马哈利'中选出了 CDR—l 半矮化品系。郑州果树研究所计划从收集的资源中育出适于我国不同生态条件的砧木。砧木育种是一项非常费时的工作，但不管有多大困难，我国必须开展此项研究，选育出适合我国不同生态条件的甜樱桃砧木(黄贞光，2010)。

近年来，由于劳动力和土地成本不断上升，矮化密植已经成为各种果园栽培的管理趋势，而采用矮化砧木正是实现果树矮化的重要手段。因此，国内外势必都会围绕矮化砧木这一目标开展育种研究。

2. 有机果品的生产

目前，国内外都在积极发展有机农业，果树更是走在推行有机生产的前列。有机生产要求在农业生产过程中完全不使用合成化学肥料、合成化学农药以及合成化学除草剂。有机农业是一种健康、综合、环保的以及可持续发展的农业生产体系，它所体现的是实现农业和生产及生态系统最大限度的自我调节。全世界几乎所有国家都不同程度地开展了有机农业活动，果品由于鲜食比例比较大，更是对受到关注。有机生产最主要的两个环节就是就是土壤管理和病虫害的防治，日本在果品的有机生产方面算是走在世界的前列，为我国的果品有机生产提供一定的指导和借鉴。

在日本，有机栽培的土壤管理技术是建立在物质循环基础上，充分发挥土地的活力，提高土地自身的机能，以改善土壤的物理性状，利于根的旺盛生长，防止病虫害侵入，保证果树健康生长发育，提高产量与品质。生草栽培，即在果树的行间种植杂草或牧草，树盘覆盖稻草，以增加生物的多样性，减少蒸发，保护天敌，培肥土壤，防治病虫杂草等。日本的许多果园普遍种植一种叫红三叶的苜蓿，此外还有白三叶、草木樨、禾本科绿草等，当草生长到 30cm 左右时留 2～5cm 刈割。割下的草直接覆盖在树盘周围的地面上，这样可以减少对土壤结构和微生物环境的破坏，减少水土流失，降低物质投入。土壤施肥与 EM (effective microorganisms)技术：现代农业多提出使用有机肥，尤其是发酵肥料和腐熟的农家肥，日本琉球大学的比嘉照夫教授经过多年的研究，从土壤中发现并分离出了大量的有益微生物，开发研制出了 EM 系列产品，在日本及世界许多国家推广应用。EM 系列产品实际上是一群来源于自然的微生物，包括乳酸菌、酵母菌、光合细菌、放线菌等 10 属 80 种以上的微生物。秋季采果后落叶前，可配合有机肥开沟施入，也可在夏季用 EM 粉剂及 EM 活性液作土壤表层施入和表面喷洒。最初 EM 通常作土壤改良剂用。日本经过多年实践发现，葡萄使用 EM 稀释液后，叶色浓绿、叶肉变厚、枝条节间变短、果实提前成熟、口感好、产量增加，优果率也增加。

有机生产果品的另一个关键就是病虫害防治。病虫害防治一直是有机栽培的重要课题之一，尽管化学农药能快速高效地控制病虫发生与为害，但负面效应巨大，因此，减少农药，尤其是剧毒农药的使用，是生产有机果品的关键。有机栽培是通过有机的、生物的、物理的手段来控制病虫害的发生与蔓延。全日本现有 900 多组、两万多户热衷于有机栽培的农家在从事无农药或少农药的果树栽培，取得了和传统农业相匹敌的效果。

抗病品种：选择抗病品种、使用 EM 有机肥、合理负载、合理修剪、增强树体的自身抗逆能力。在使用 EM 的同时，接种 VA 菌根真菌来增加土壤根际微生物，促进果树生长发育，提高抗病性。

物理防治:病虫枝条、病果、病叶等集中深埋或烧毁,冬季刮除老翘皮,萌芽前用高压水枪对树干、大小枝条进行冲洗、消毒,以减少初侵染源。

搭设防雨棚:日本由于年降水量大,病害种类很多,防治难度较大。为了阻隔雨水,有机栽培的农家常搭设四边透风的塑料大棚,使果树不直接接触雨水,可有效降低园内湿度,抑制病害繁殖。

诱杀害虫:利用性引诱剂或者趋光灯等扰乱昆虫的交配信息,减少繁衍。日本许多果园的树上都挂着一段段红绳子,这是一种昆虫信息素引诱剂。利用复合性性激素,扰乱昆虫之间的交尾信息,可有效减少昆虫数量。

利用机能水和汉方药:所谓的机能水就是用电解水生成器生产一种高碱或高酸的水,对人畜无害。强酸性水一般每周喷洒1次,具有很强的抗菌防病作用。目前,日本的汉方药制剂的防病技术研究和应用颇受关注。实际上就是利用中草药配置的一种植物源生物农药,如将黄柏、陈皮、甘草、薄荷、大蒜、辣椒、木酢液、黄连等按一定的比例直接加工后使用,具有很强的刺激气味。通常用强酸性机能水加中草药来喷洒植株,待叶面干燥后再喷碱性机能水,对防治果树轮纹病、黑星病、蔬菜白粉病、晚疫病及常见虫害有很好的效果。另外日本近两年开始推广无害波尔多液,用人体必需的有机铜及钙生产而成,对人畜无害。据山梨县部分果农在桃及葡萄上试验,防病效果显著。

利用天敌:由于有机栽培中农药使用量大大减少,再加上地面生草栽培,给许多益虫提供了良好的栖息环境,从而有效抑制了害虫的发生。

防虫网和黏着剂:日本的一些葡萄园和苹果园全部被纱网罩住。防虫网的设置,可阻止外来害虫进入,同时也不影响通风透光。对于蚜虫、白粉虱,常采用防虫网或黏着剂防治。将含有黏着剂、农药的黄带子悬挂在温室或果园内的一定高度上,蚜虫接触后便会被黏着并很快死亡。

配合少量农药:从事有机栽培的果园一般来说病虫害发生较轻时,当出现突发性病虫害时也使用少量的符合《日本的有机产品认证法规》的农药。

现在日本各地已确定了利用天敌、性引诱剂防治病虫害、尤其确定了苹果树腐烂病、果树炭疽病、螨类、椿象等,主要病虫害的综合防治对策,并成功地用于生产实践。

中国有机农业起步较晚,对有机农业生产技术还缺乏深入、系统的研究。通过有机农业关键技术的联合攻关,研究土壤、空气、水质的快速改良技术,解决目前土壤和水的重金属污染问题,改进有机农业生产资料(农药、肥料等)的人工化学物质的配方,开发出高效、低残留、无污染的生物制品,培育出具有复合功能的生物农药工程菌种,使之兼备优良的生物学特点及工艺性状,为产业化打好基础;研究替代各种化学药品的生物类的天然药用物质,并经提取、分离,进行工厂化生产。研究如何充分利用太阳能、水能和风能、生物能等再生能源,研究作物秸秆、杂草、水草、落叶、塘泥、人畜粪尿等废弃物循环充分再利用,做到各种能源、资源的良性循环利用。把有机农业与立体高效农业、设施农业、无土型农业、工艺农业、观光农业和保健农业等有机结合起来,研究有机农业的最佳高效生产模式。在上述开发、研究的基础上,建立具有一定规模的有机农产品基地和生产资料加工企业,大力促进我国有机农业的产业化。

对我国果品有机生产既要注意研发和引进现代技术,还要注意两个问题。首先,要认真总结和发掘我国传统农业的技术精华，很多传统农业技术可以直接运用到果品有机生产中，进一步利用和完善传统农业中物质循环利用技术，将生物多样性利用等可持续技术应用到有机农业建设体系中云。此外，必须充分利用生态农业已取得的成熟理论和丰富的实践经验，进一步完善和提升生态工程技术措施（张武，2009；张武，2010；肖文芳，2009；王艳花，2009）。

国内果树设施栽培呈现出如下特点：果树设施栽培相对集中，形成规模发展；设施栽培技术日趋成熟；设施栽培植物种类向多样性方向发展；设施栽培模式向多样化发展。在国外一些农业发达国家，采用现代设施栽培的程度更高。如日本果园利用设施栽培相当普遍。主要的设施有大棚温室促早和延后反季节栽培，需加温条件的，一般在温室内安装有加热器和鼓风机，用电脑自动控制室内温度；有提高品质和减少病虫为害的避雨栽培；有限根箱式栽培；有棚架整形模式栽培达到均衡树势，促使果个大小均匀，品质一致；有利用透气反光膜提高光能利用率提高品质等。大多果园均安装喷、滴灌设施，果园的温、湿、光、肥、水达到可控可调，促使果品达到优质化（张名其，2006）。

尽管我国的果树栽培技术近年来有了长足的进步，但与其他农业发达国家相比，在果树生产专业化、栽培管理模式标准化程度上仍有一些差距。例如，日本果树生产大力推行标准化模式栽培，在树冠整形、修剪，留果量控制、施肥种类、数量、次数、除草、果实套袋，防护林，棚架设施、喷滴灌设施等方面都按预先确定的统一栽培模式开展实施。日本近20年来在桃、梨、李等落叶果树树冠整型方面一致推广丫型二主枝模式整形，取得了很好的效果。

（五）果品保鲜加工

由于起步较晚，我国果品加工水平还远远落后于美、日等先进国家。企业研发能力不强，许多企业重视引进、忽视研发，重视设备、忽视技术，而且与高校科研院所联系松散，缺乏坚实的科技支撑体系。加工设备大多依赖进口，以苹果为例，浑浊型苹果汁稳定性技术、苹果汁费热力杀菌技术、无菌冷灌装技术、生产线自动测控技术等都是由国外引进的。主栽品种基本上都是鲜食品种，缺乏适宜的加工原料，鲜食与加工品种比例不协调。

我国开始蓝莓的种植和产品加工比较晚，就产量、加工、利用等方面和国际有一定的差距。蓝莓除鲜食外，目前，世界各国以蓝莓果实为原料开发的加工产品种类繁多，主要作为糕点、糖果、酸奶、果冻、冰淇淋、馅饼等产品的配料，此外还加工成罐头、果酱、果粉、果晶、蜜饯、速冻果、果酒、浓缩果汁、果汁饮料及深加工产品提取物等。速冻产品在低温条件下能贮藏期长、保存性好、产品品质高，因而在过去多年的蓝莓加工产品中占据了重要位置，成为蓝莓的主要加工产品，美国和加拿大大部分蓝莓经速冻后进入流通和贸易。除速冻产品外，还有蓝莓浓缩汁、蓝莓粉、果酱等多种深加工产品，其中消费者对蓝莓汁和蓝莓粉产品的认可程度较高。对蓝莓中生理活性成分进行提取也是蓝莓深加工的一个重要方面。国外生产者提取蓝莓中的花青素用来制药，生产食用色素，加工成保健食品或精细化工产品，大大提高了蓝莓产品的附加值。因此，企业在开发蓝莓深加工产品时，除了可以进行常规的加工处理，还可以提取蓝莓的果实成分，制作具有保健作用的化合物等生理活性成分，来制作药品、保健品、食用色素和化妆品等产品，如此一来便形成了从蓝莓初级加工到精细深加工的完整的产业链，可以大大提高蓝莓产品的附加值，给企业带来巨大的经济效益。通过对国外蓝莓产业发展概况的分析我们可以看出，随着世界各国对于蓝莓产业发展的越来越重视。蓝莓的种植面积和产量逐年增长，但是依然不能满足人们日益增长的需求。目前依然存在着巨大的市场缺口，开发潜力很大，蓝莓的深加工产品种类丰富。随着人民生活水平的不断提高和保健意识的增强，我国蓝莓的种植与产品加工迟早能满足国内消费者的需求（陆岩，2010；李丽敏，2010；张铭浩，2011）。

（六）现代产业组织

与一些农业发达国家比较，我国的果树产业发展区域化、专业化程度不高。如日本南北、东西气候差异大，山区垂直气候差异明显，各都、道、县、府农林技术部很重视果树发展的区域合理布局，果树发展首先必须做到适地适栽，不但对良种选育很重视，对推广良种也很谨慎。日本选育出的果树新品种仅温州蜜柑品系就达100余个，杂柑类也多达上百个，并选育出了高糖系柑橘类品种如清见、不知火、春见、赖户香、南香等。主要是日本技术人员在推广良种和农户在接受良种前必须十分掌握该品种的特性和栽培技术及市场需求后才会大面积种植。如日本静冈县的青岛温州蜜柑种植面积仍占柑橘面积的90%。

日本农协在解决制约农业发展的小生产与大市场矛盾，组织农业生产和农民生活中发挥了极其重要的作用。美国的农业体系被称作“农工综合企业”，美国农业协会是一个农民自发组织，通过遍及全国各州的协会收集会员意见、建议，力争使农户的建议变为联邦政府的政策支持。

我国果树产业的组织发展模式与发达国家相比还有一定的差距。目前，我国在农业产业化生产中主要的发展模式是“公司＋农户”，它是以农产品加工、储藏、运销为主的企业，围绕一项产业或产品与农户通过合同契约，反租倒包和出资参股等方式结合在一起的一种合作形式。但“公司＋农户”的产业发展模式有其自身无法克服的缺陷，必须对其进行改革和创新，以符合我国的国情和市场经济的需要。引入由农业龙头企业牵头领办的专业合作组织，可以有效地解决以上的矛盾，充分保证参与各方的权益。专业合作组织是围绕农业生产中的一个产业或者一种产品建立起来的，遵循“民办、民营、民收益”的原则。

美、法、日等发达国家果树产业的共同特点是，栽培面积和产量相对稳定，重视果品质量和采后处理，强调规模效益和组织化管理，面向国际市场。对比发达国家与我国果树产业，应该采取一些有效的措施来弥补差距，发展我国的果树产业。一是调整产业结构，发展规模经营。解决果农分散经营与国内外大市场、大流通之间的矛盾；二是优化区域布局，水果生产逐渐向优势区集中，改善品种结构，发展有国际竞争力的优新品种和加工专用品种；三是通过科技培训提高果农素质，实现果树规范化管理，依靠科技，提高果品质量；四是建立出口基地，参与国际竞争，在苹果生产最适宜区建立优质果品生产基地和出口基地，生产无公害果品和绿色果品，同时提高果品采后商品化处理和加工能力；五是重视标准体系建设。加强质量监管，实施果品标准化生产，依靠质量赢得信誉和国际竞争力。

四、果树学科发展趋势与展望

(一)加强种质资源研究,构建果树资源和育种共享平台

1. 加大种质资源工作的支撑力度,构建果树核心种质并建立果树种质资源共享平台

种质资源的调查、收集、保存、鉴定和评价等工作是一项基础性、公益性的工作,具有社会、经济和生态等长远效益,必须由政府作为科学基础性工作专项计划支持,以稳定科研队伍,保证种质资源工作的及时、有效、持续开展。采用分子标记技术对果树种质资源进行鉴定,研究种内的遗传多样性,最大限度地收集种内的核心材料,提出各树种种质资源的核心种质。资源共享平台的建设,可以促进资源整合、保护、共享和利用,为社会各界从事科技活动服务。建立种质资源的统一数据库,运用网络技术实现信息资源的共享,最终实现实物共享。随着现代信息技术的迅速发展,地理信息系统(GIS)在果树上发挥着越来越重要的作用。

2. 深入鉴定评价研究,加强种质资源研究与育种创新之间的协作

加强对资源的抗性评价,从基因水平上进行评价,对保存的种质资源所具有的优异性状、控制基因、遗传背景都有充分的了解,再辅以新的育种技术和途径,实现河北省果树育种水平的重要突破,从而实现从资源优势到品种优势的转变。果树种质资源研究与育种密切配合,将常规技术与现代生物育种技术相结合地开展果树种质创新与新品种选育研究,并利用转基因技术创造带有某种优良基因的育种材料。对现有优异资源直接用于育种或生产推广,选育新品种以促进果树产业的健康持续发展。

3. 新生物技术在果树研究中的深入应用

据欧联资料报道,欧洲各地都在进行着实际仁果类果树的育种项目,并且统计出了相应的研究人员、设施、资金来源以及未来发展等方面的情况。这份材料有助于增加相关单位的相互了解,并呼吁合作、分享彼此的知识和材料,从而加强欧洲的整体研究实力(Lespinasse,2009)。的确,全世界的育种工作单位都应该共享各种资源,为全世界人民培育出更加优良的品种。材料还指出,欧洲蔷薇基因组计划(ERGI)可能是对以后的仁果基因组学和分子育种研究的一个有力工具。苹果基因组草图已经公布,各种果树资源的基因组序列将陆续被公布,如何利用这一宝贵资源开展以后的工作?基因组学如何在果树高效育种中得到应用?这都是育种工作者努力的方向。除基因组学之外,蛋白组学以及生物信息学在简单模式植物中的研究工作已经进行得很成熟,如何开展到果树遗传育种及机理探究中来?这同样需要更加深入的研究。

(二)深化果树相关基础研究

苹果基因组草图的公布是近几年苹果研究中的大事件,对今后很长一段时间内都会产生重要影响。在果树的后基因组学领域宜加强建设研究基因组功能的各种突变体库;

研究建立果树高效遗传转化体系，促进基因功能的研究和基因利用。

生物技术在果树上的研究还落后，许多技术还处于起步阶段，还有许多问题尚待探讨研究。果树基因转化技术已经具有了一定的基础，但还是存在转化频率低，转基因植株再生率低等问题，如何使该体系更加稳定高效将是今后的研究重点。将花药培养研究与常规育种结合起来，使花粉植株在育种实践中得以广泛利用，以缩短常规育种年限，提高常规育种的选择效率。细胞融合与外源基因的引入可以实现新的基因的引入和有利基因的重新组合。

随着分子标记技术的不断发展和成熟，在今后的研究可开发新型的分子标记，如SNP、基因标签；利用高通量生物技术以及覆盖度广的新型标记构建高密度的遗传图谱，作为基因定位的有效工具；通过种间杂交、突变体筛选，定位和克隆我国果树种质资源的抗性和品质基因。

在果实贮藏技术果实贮藏设备方面，一要加强理论基础研究以探明果实采后品质变化的规律、成熟衰老的生理机制、与果实软化与衰老相关的关键因子，为果实贮藏保鲜技术的开发应用提供理论依据；同时，要在此基础上进行分子生物学研究，通过反义 RNA 技术抑制与成熟相关的基因等生物学方法推迟果实成熟衰老达到贮藏保鲜。另外，要加强果品清洗、涂膜、分级国产化关键技术及相关设备的研制，建立果品标准化体系，使果品质量标准同国际接轨。未来果品加工主要应加大适宜品种的种植，加快果汁、果酒加工关键技术和设备的研发，同时建立果品加工质量标准。通过以上关键技术和设备的研究、应用和推广，实现果品加工品种专用化，原料基地化，质量体系标准化，生产管理科学化，使中国的果品加工与国际接轨。

(三)推进生物技术在果树学科中的应用

尽管生物技术已经在大田作物以及蔬菜领域取得了重大成功，但在果树上的研究还属落后，许多技术还处于起步阶段，还有许多问题尚待探讨研究。

由于当前生物技术转化率低，在生产上的应用还不是很多。虽然，果树基因转化技术已经具有了一定的基础，但还是存在转化频率低，转基因植株再生率低等问题，如何使该体系更加稳定高效将是今后的研究重点。细胞融合与外源基因的引入可以实现新基因的引入和有利基因的重新组合。目前，转基因植株应用到生产实践中还极少，故对转基因果品及其加工品在今后果品发展中的地位以及是否影响人体健康等问题，从研究人员数量到探讨内容都很少。目前，在国外已经出现抵制转基因食品现象，在进行基因调控研究的同时，加速对基因调控食品品质的研究，是关系人类自身正常繁衍，也是实行生物技术产业化的前提条件。因此，我们必须运用先进有效的分子生物学手段，充分利用我国丰富的遗传资源，分离、克隆有自主知识产权，寻找重要经济价值的新基因，以增加果树资源的优良特性。

(四)加强现代产业技术的应用

采用绿色生产，实现农业的可持续发展已成为各国农业政策的优先选择。目前，有机农业生产制度、IPM 制度(病虫害综合防治制度)、IFP 水果生产制度(果实综合管理技术)

等以生产绿色果品为目标的生产制度在发达国家广泛开展。发展中国家也予以高度关注，迫于贸易压力在安全生产方面制定和执行了一系列标准和操作技术规程。

果树有机栽培主要存在的一些问题：一是有机栽培的病虫害防治只是将病虫害控制在经济允许的水平以下，不可能像化学农药那样高效、及时；二是对于季节性、突发性病虫害的控制技术难以与化防相比，需要加大生物农药的研究开发力度，寻找可与化学农药相媲美的产品与技术；三是有机栽培技术难度较大，尤其是 EM 技术，不易掌握；四是 EM 的土壤改良作用，短期效果不明显，需坚持 2～3 年，效果才会显现。当前，果树有机栽培推广的主要障碍是缺乏一整套可操作性的栽培管理技术。随着人们对健康的日益重视，安全的有机果品将是消费者的首要选择，有机水果是未来果树生产的必然趋势。

世界果品主产国的果树栽培正朝着省力、低成本的方向发展。法国、意大利在苹果栽培上均实行“高纺锤形”的简化修剪方式。日本因为劳动力昂贵，从 20 世纪 80 年代强调省力化栽培。在果园管理中，许多国家推行生草、种草、免耕的管理制度，节省劳力，需要灌溉的果园，采用滴灌或推行灌水和施肥一体化。果园信息化应充分利用自动化、计算机和互联网技术实现对果园设施和生产机械化环节的监控，以提高作业效率。科学、规范、完善的标准化生产体系有待完善。

（五）强化现代果树产业技术体系建设

“十一五”期间，国家农业部先后启动了涉及柑橘、苹果、梨、葡萄、桃、香蕉、荔枝、龙眼等 8 大主要果树种类的 7 个现代农业产业技术体系。按照优势农产品区域布局规划，依托具有创新优势的中央和地方科研资源，针对每个果树树种设立一个国家产业技术研发中心，并在主产区建立若干个国家产业技术综合试验站。围绕产业发展需求，进行共性技术和关键技术研究、集成和示范；以农产品为单元，产业为主线，建设从产地到餐桌、从生产到消费、从研发到市场各个环节紧密衔接、环环相扣、服务国家目标的现代农业产业技术体系，提升农业科技创新能力，从而增强我国农业竞争力。收集、分析农产品的产业及其技术发展动态与信息，为政府决策提供咨询，向社会提供信息服务，为用户开展技术示范和技术服务，为产业发展提供全面系统的技术支撑；推进产学研结合，提升农业区域创新能力，增强我国农业竞争力。

通过果树产业技术体系建设，实现了优势科研力量与主产区生产有机结合。“从源头上解决科研与生产脱节问题”是现代农业产业技术体系最重要的创新点。现代农业产业技术体系要求体系科研人员必须通过调查，根据用户需求来确定研究方向。评价机制不再是“唯论文”而是“唯产业”。体系正常运转后，产业不能再出现大的波动和大的问题，或者出现问题能及时发现、及时报告和及时解决。通过果树产业技术体系建设，果树产业技术联合攻关的科研大格局正在形成。各种果树产业技术体系内部，通过设立育种、病虫害防控、栽培和养殖、设施设备、产后加工、产业经济 6 个环节岗位，把专家们均衡地分散在各个产业的各个环节，使得产业发展不至于出现技术支撑的“短板”。几年来，一个既有宽广视野、又能务实解决问题的科研大格局、大思路正在形成，而这些大的科研思路将在“十二五”全面付诸实施，农业产业发展方式将得到优化升级，将带动中国农业科技事业出现新的局面。

参考文献

[1] Aghaleh, M., Niknam, V., Ebrahimzadeh, H., Razavi, K. Salt stress effects on growth、pigments, proteins and lipid peroxidation in Salicornia persica and S. europaea. - Biol[J]. *Plant*, 2009,53: 243 - 248.

[2] Angelika St. Laurent, Ian A. Merwin, Gennaro Fazio, et al., Rootstock genotype succession influences apple replant disease and root - zone microbial community composition in an orchard soil [J]. *Plant and Soil*, 2010,337: 259 - 272, DOI: 10.1007/s11104 - 010 - 0522 - z.

[3] Ben Ahmed Chedlia, Bechir Ben Rouina, Serhat Sensoy, Mekki Boukhriss, Ferjani Ben Abdullah. Exogenous Proline Effects on Photosynthetic Performance and Antioxidant Defense System of Young Olive Tree[J]. *Journal of Agricultural and Food Chemistry*, 2010,58(7): 4216 - 4222.

[4] Elfalleh W, Tlili N, Nasri N, Yahia Y, Hannachi H, Chaira N, Ying Ma, Ferchichi A. Antioxidant capacities of phenolic compounds and tocopherols from Tunisian pomegranate (Punica granatum) fruits[J]. *Journal of Food Science*, 2011,76(5):C707 - C713.

[5] Fan Lihua, Jun Song, Charles F. Forney, Michael A. Jordan. Fruit maturity affects the response of apples to heat stress[J]. *Postharvest Biology and Technology*, 2011,62(1): 35 - 42.

[6] Fan Qi - Jun , Ji - Hong Liu. Nitric oxide is involved in dehydration/drought tolerance in Poncirus trifoliata seedlings through regulation of antioxidant systems and stomatal response[J]. *Plant Cell rep*,2011:10.1007/s00299 - 011 - 1148 - 1.

[7] Fang Liming,Canli F A,Wang Xin - hua. Genetic transformation of Prunus domestica L using the hpt gene coding for hygromycin resistance as the selectable marker[J]. *Scientia Hortieuhurae*, 2009,119:339 - 343.

[8] Farooq, M., Wahid, A., Lee, D. J. Exogenously applied polyamines increase drought tolerance of rice by improving leaf water status, photosynthesis and membrane properties[J]. *Acta Physiol Plant*. 31: 937 - 945.

[9] Gao M, Kawabe M, Tsukamoto T. Somatic embryogenesis and agrobacterium - mediated transformation of Japanese apricot(Pruns mume) using immature cotyledons Sci[J]. *Hortic*,2010, 124:360 - 370.

[10] Gregorio Egea, María M. González - Real, Alain Baille, Pedro A. Nortes, Paloma Sánchez - Bel, Rafael Domingo. The effects of contrasted deficit irrigation strategies on the fruit growth and kernel quality of mature almond trees[J]. *Agricultural Water Management*,2009,96: 1605 - 1614.

[11] Han, Chagne, D Gasic, et al., BAC - end sequence - based SNPs and Bin mapping for rapid integration of physical and genetic maps in apple[J]. *Genomics*,2009,93 (3): 282 - 288.

[12] He Ping, Li Linguang, Huifeng Li, et al. Genetic analysis of wild apple resources in Shandong province based on inter - simple sequence repeats (ISSR) and sequence - specific amplification polymorphism (S - SAP) markers[J]. *African Journal of Biotechnology*,2011,10 (46):9501 - 9508.

[13] J. h. Liu, I. Nakajima, T. Moriguchi. Effects of salt and osmotic stresses on free polyamine content and expression of polyamine biosynthetic genes in Vitis vinifera[J]. Biologia Plantarum, 2011,55 (2): 340 - 344.

[14] Jin Weiei, Changjie Xu, Xian Li, et al., Expression of ROP/RAC GTPase genes in postharvest

loquat fruit in associationmnsenescence and cold regulmed lignification[J]. *Postharvea Biology and Technolog*, 2009.

[15] John Wise, Mark Whalon. A Systems Approach to IPM Integration[J]. Ecological Assessment and Resistance Management in Tree Fruit Orchards Biorational Control Of Arthropod Pests, 2009: 325 - 345, DOI: 10.1007/978 - 90 - 481 - 2316 - 2 - 13.

[16] Joseph James A, Shukitt - Hale, Barbara Willis, et al., Grape Juice, Berries, and Walnuts Affect Brain Aging and Behavior[J]. Journal of nutrition, 2009, 139(9): 1813S - 1817S.

[17] Kiji, Toshiyuki. Pyridazinone Compound And Use Thereof As Herbicideseuropean Patent EP1996557B1[EB/OL], free patents online. com, 2010.

[18] Lespinasse, Y. Review of pome fruit breeding in Europe: which strategies for the near future[J], *Acta Horticulturae*, 2009, 814(2): 865 - 872.

[19] M Hasinur Rahman, Allister W Holmes, Alan G MCurran, et al., Carbon sequestration in kiwifruit soils of New Zealand[J]. World Congress of Soil Science, Soil Solutions for a Changing World, 2010, 66 - 69.

[20] Macarisin, et al., Proteomic analysis of β - aminobutyric acid priming and abscisic acid - induction of drought resistance in crabapple (Malus pumila): effect on general metabolism, the phenylpropanoid pathway and cell wall enzymes[J]. *Plant, Cell & Environment*, 2010, 32(11): 1612 - 1631.

[21] Marc Greven, Sue Neal, Steve Green, et al., The effects of drought on the water use, fruit development and oil yield from young olive trees[J]. *Agricultural Water Management*, 2009, 96: 1525 - 1531.

[22] Nortes P. A., González - Real M. M., Egea G. & Baille A. Seasonal effects of deficit irrigation on leaf photosynthetic traits of fruiting and non - fruiting shoots in almond trees [J]. *Tree Physiology*, 2009, 29: 375 - 388.

[23] Primoz Orazem, Franci Stampar, Metka Hudina. Quality analysis of "Redhaven" peach fruit grafted on 11 rootstocks of different genetic origin in a replant soil[J]. Food Chemistry, 2010, 124 (4): 1691 - 1698.

[24] Qin, L., Luo, S. L., Deng, Z. N., et al., Enhanced Resistance To Canker Disease And Tolerances To Biotic And Abiotic Stresses In Terf1 Transgenic Sweet Orange[J]. *Acta Hort*, 2011, (ISHS) 892: 165 - 172.

[25] Salvia - Trujillo L, Morales - de la Pena M, Rojas - Grau A, et al., Changes in water - soluble vitamins and antioxidant capacity of fruit juice - milk beverages as affected by high - intensity pulsed electric fields (HIPEF) or heat during chilled storage[J]. *Journal of Agricultural and Food Chemistry*, 2011, 59(18): 10034 - 10043.

[26] T. S. Artlip, M. E. Wisniewski, D. Macarisin et al., Ectopic Expression of a Spinach SOD Gene in Young Apple Trees Enhances Abiotic Stress Resistance[J]. *Acta horticulturae*, 2009, 839 (2): 645 - 650.

[27] Vincent P Jones, Jay F Brunner, Gary G Grove, et al., A web - based decision support system to enhance IPM programs in Washington tree fruit[J]. *Pest Management Science*, 2010, 66: 587 - 595.

[28] Viskelis P, Rubinskiene M, Sasnauskas A, Bobinas C, Kvikliene N. Changes in apple fruit quality during a modified atmosphere storage[J]. Journal of Fruit and Ornamental Plant Research, 2011, 19(1): 155 - 165.

[29] Weiwei Jin, Changjie Xu, Xian Li, et al., Expression of ROP/RAC GTPase genes in postharvest loquat fruit in associationmnsenescence and cold regulmed lignification[J]. *Postharvea Biology and Technolog*, 2009.

[30] Wu J. C., S. H. Sun, Y. T. Ke, et al., Effects Of Glutathione On Chloroplast Membrane Fluidity And The Glutathione Circulation System In Young Loquat Fruits Under Low Temperature Stress [J]. *Acta Hort*, 2011, (ISHS) 887:221 - 225.

[31] Zhang Jie , Yao Yuncong, John G. Streeter, et al. Influence of soil drought stress on photosynthesis, carbohydrates and the nitrogen and phophorus absorb in different section of leaves and stem of Fugi/M. 9EML, a young apple seedling[J]. *African Journal of Biotechnology*, Vol. 9(33), pp. 5320 - 5325, 16 August, 2010.

[32] Zhengwei, Z. et al., Design and implementation of the Geospatial Early Warning System of the Insect Pest based on SOA[J]. The 19th International Conference on Geoinformatics, 2011.

[33] Zhuang, Y. and H. T. Liu, et al., Inheritance of and Molecular Markers for Susceptibility of Malus domestica to Fruit Ring Rot (Botryosphaeria dothidea) [J]. Journal of Phytopathology, 2011.

[34] 蔡健荣，周小军，王锋，等. 柑橘采摘机器人障碍物识别技术[J]. 农业机械学报，2010，40(11)：171 - 175.

[35] 陈秋芳，田建保，程思明，等. 甜樱桃德国矮化砧木 Gisela 5 号引种试栽研究[R]，第四届全国果树种质资源研究与开发利用学术研讨会，2010.

[36] 陈秀萍，黄爱萍，蒋际谋，等. 普通枇杷种质资源数量分类研究[J]. 园艺学报，2011，4：644 - 656.

[37] 单江华，李疆，罗淑萍，等. 新疆梨种质资源亲缘关系的 ISSR 和 RAPD 分析[J]，新疆农业科学，2010，2：305 — 310.

[38] 董星光，林盛华，王斐，等. 梨抗黑星病基因的 AFLP 标记筛选和分析，2009.

[39] 杜国荣. 猕猴桃、柿和苹果果实的抗氧化能力及其抗氧化活性成分的分析[J]，2009.

[40] 杜晓云，张青林，等. 基于 IRAP 技术的磨盘柿变异单株鉴定[J]. 果树学报，2011，(2)：257 - 262.

[41] 樊连梅，刘更森，刘成连，等. 苹果金属硫蛋白基因 MdFjMT2 克隆及生物信息学分析[J]. 植物遗传资源学报，2011，12(5)：782 - 789.

[42] 方智振，等. 龙眼体细胞胚发生中期的蛋白质组学研究[J]. 中国农业科学，2011，44(14)：2966 - 2979.

[43] 高鹏，刘遵春，刘砚璞. 4 个葡萄品种对水分胁迫的响应及其抗旱性评价[J]. 河南农业科学，2009，3：79 - 81.

[44] 高玉娜，赵登超，等. 核桃属材用核桃 SSR 标记的遗传多样性分析[J]. 西北农业学报，2011，(9)：129 - 134.

[45] 韩刚，李凯荣. 油菜素内酯对干旱胁迫下山杏光合作用的影响[J]. 西北林学院学报，2011，26(4)：27 - 31.

[46] 何晓薇，王彩虹，等. 苹果果皮颜色性状的 SSR 标记[J]. 果树学报，2009，(3)：379 - 381.

[47] 侯鸿敏，李慧娥，肖欢，等. 葡萄属植物种质资源遗传多样性的 RAPD 分析[J]. 西北农业学报，2010，19(3)：154 - 158.

[48] 贾怀志，刘艳红，等. 苹果 IRAP 技术体系的建立及优化[J]. 果树学报，2009，(2)：254 - 257.

[49] 冷翔鹏，刘崇怀，等. 巨峰葡萄系谱的 SSR 与 RAPD 分析[J]. 西北植物学报，2011，(8)：1560 - 1566.

[50] 李海山，赵同生，等. 燕山山区苹果叶片矿质营养标准范围的确定[J]. 河北农业科学，2011，(5)：17 - 19.

[51] 李加念，洪添胜，卢加纳，等. 柑橘园低功耗滴灌控制器的设计与实现[J]. 农业工程学报，27(7)：134 - 139.

[52] 李俊才，李天忠，王志刚，等.‘红巴梨’，果皮 UFGT 基因的克隆及表达分析[J]. 西北植物学报，

2011,30(1):0030 - 0033.
[53] 李丽敏,赵春雷,郝庆升．中外蓝莓产业比较研究[J]. 中国农学通报,2010,26(23):354 - 359.
[54] 李世诚,蒋爱丽,金佩芳．无核葡萄'喜乐'胚挽救培养与育种研究[J],2009.
[55] 李钰婷,等．半矮生型桃生长跃变期差异表达基因的 cDNA - AFLP 初步分析[J]. 分子植物育种,2011,1:91 - 96.
[56] 梁智,张计峰.两种枣树矿质营养元素累积特性研究[J]. 植物营养与肥料学报,2011,(3): 688 - 692.
[57] 蔺经,杨青松,李晓刚,等.不同套袋材料对翠冠梨贮藏期间果实生理及品质的影响[J]. 江苏农业学报,2010, 26(5):1043 - 1047.
[58] 刘崇怀．中国葡萄野生种的形态学分组研究[R]. 首届干旱半干旱区葡萄产业可持续发展国际学术研讨会,2009.
[59] 刘丽丽,许雪峰,孔瑾,等．小金海棠 *MxYSL1* 基因的克隆与表达分析[J]. 农业生物技术学报,2009,17 (2): 288 - 293.
[60] 刘战丽,王相友,朱继英,等．高氧气调对果蔬采后生理和品质影响研究进展[J]. 农业机械学报,2009,40(7):112 - 118.
[61] 龙慎山,李茂福,韩振海,等. 苹果两个新 S. RNase 基因克隆与 46 个品种 S 基因型的 PCR 分析[J]. 农业生物技术学报,2010,18(2),265 - 271.
[62] 鲁凤娟．梨种质资源遗传多样性研究中的 AFLP 技术引物筛选[J]. 中国农学通报,2010,26(6):286 - 288.
[63] 陆岩,王树进．蓝莓产业现状及开发前景[J]. 农业开发与装备,2010,(5):12 - 15.
[64] 马建军,任艳军,等. 欧李果实中矿质元素、干物质和水分的分配及相关性[J]. 南方农业学报,2011,(5): 483 - 487.
[65] 马立志,刘晓燕,王瑞. 木瓜果汁饮料加工工艺及稳定性研究[J]. 贵州农业科学, 2009,37(4):144 - 145.
[66] 马履中,杨文亮,王成军,等. 苹果采摘机器人末端执行器的结构设计与试验[J]. 农机化研究,2009,(12):65 - 67.
[67] 孟颖光,张朝红,王跃进. 培养基和培养条件对'砀山酥梨'转基因试管苗生根的影响[J]. 中国农业大学学报,2011,16(3):72 - 75.
[68] 潘锦山,潘东明. 基于 3G 的琯溪蜜柚果园移动视频监控系统的构建[J]. 热带作物学报,2010,9(31):1602 - 1605.
[69] 彭波,申长军,郑文刚,等. 智能语音驱鸟系统设计与实现[J]. 农机化研究,2010,(9):76 - 79.
[70] 齐靖,董祯,等．枣高密度遗传图谱的构建与树干直径的 QTL 分析[J]. 林业科学,2009,(8): 44 - 49.
[71] 尚霄丽,朱更瑞,李靖,等. 李属种间杂交亲和性及胚培养研究[J]. 果树学报,2009,26(6):826 - 829.
[72] 申艳红,等．番木瓜果实成熟相关基因的 cDNA - AFLP 分析及克隆[J]. 园艺学报,2011,6:1081 - 1088.
[73] 申仲妹,马光跃,陈红玉,等. 不同套袋材料对红皮梨果实品质及着色的影响[J]. 山西农业科学,2011,39(4):321 - 323.
[74] 沈玉英,高志红,等．梅(Prunus mume)IRAP 分子标记技术体系的建立[J]. 果树学报,2011,(3):423 - 427.
[75] 斯钧浪. 数字苹果空间信息管理系统的建立与应用[硕士论文][D],2010.
[76] 苏娟. 酿酒葡萄"爱格丽"组织培育及工厂化育苗初探[硕士论文][D],2010.
[77] 孙国利,闫国华,张开春,等. 樱桃不同杂种优系的组织培养与快速繁殖[J]. 中国农学通报,2009,25(02):168 - 172.
[78] 孙猛, 刘威生, 刘宁, 等．国内外杏育种研究概述[J]. 北方果树,2010,1:4 - 7.
[79] 孙猛,刘威生,刘宁,等．国内外李育种研究概述[J]. 北方果树,2009,6:1 - 3.

[80] 谭洪花,曹尚银,房经贵,等.枣果实中苯丙氨酸解氨酶基因的克隆及序列分析[J].2011,29(1):15-20.
[81] 唐晰,等.焦核龙眼种子败育的 cDNA-AFLP 分析[J].植物科学学报,2011,3:347-351.
[82] 田路明,曹玉芬,董星光.五类特异梨种质资源概述[J].中国种业,2010,3:16-18.
[83] 万春雁,丛芳,韩明玉.桃胚轴再生的影响因子[J].果树学报,2009,26(6):804-807.
[84] 王大鹏.基于 CART 方法的果园信息提取研究[J].农机化研究,2009,(9):52-54.
[85] 王龙,杨健,等.崇化大梨×新世纪梨 F_1 代分子遗传图谱的构建及两个果实性状的 QTL 分析[J].分子植物育种,2011,(4):462-467.
[86] 王娜,秦子禹,刘孟军,等.三个枣品种的微嫁接快繁体系[J].河北科技师范学院学报,2009,23(2):4-6,33.
[87] 王新忠,顾开新,刘飞.基于无线传感器网络的丘陵果园灌溉控制系统[J].排灌机械工程学报,2011,29(4):364-368.
[88] 王艳花.美国有机苹果产业发展的实践及启示[J].农业经济,2009,5:35-36.
[89] 魏海蓉,孟艳玲,孙阳,等.高温胁迫下外源 NO 对高灌蓝莓 PSⅡ光化学活性和抗氧化系统的影响[J].应用生态学报 ,2010,21(10).
[90] 乌云塔娜,李洪果,杜红岩,等.中国李、杏 S 基因鉴定及其在远缘杂交中的应用(II)——中国李、杏 8 个新 S 基因的鉴定[J].中南林业科技大学学报,2011,31(6):13-21.
[91] 肖文芳,蔡东,李国怀.中国有机果品发展概况及有机果品生产技术[J].中国农学通报,2009,25(2):160-163.
[92] 邢东兴,常庆瑞.基于光谱反射率的果树病虫害级别定量化测评——以红富士苹果树黄叶病害、红蜘蛛虫害为例[J].西北农林科技大学学报(自然科学版),2009,37 (11):143-148,155.
[93] 邢震,闫师杰,马照春,等.不同降温方式与钙处理对大久保桃采后生理的影响[J].保鲜与加工,2009,9(6):38-41.
[94] 徐启贺,李壮,徐锴.持续干旱胁迫及复水对 3 种苹果砧木渗透调节能力的影响[J].中国果树.2010,3 :17-22.
[95] 徐彦,钟翡,廖康.干旱胁迫下新源 1 号新疆野苹果抑制性差减文库的构建与初步分析[J].农业生物技术学报,2010,149-155.
[96] 续海红,秦国新,孙俊杰,等.国内外苹果矮化砧木选育研究进展[J].第三届全国果树种植资源研究与开发利用学术研讨会,2008.
[97] 薛伟,赵筱萌,刘素花,等.桃褐腐病菌原及再生条件[J].微生物学通报,2010,37(1):71-77.
[98] 杨爱洁,沈焱鑫,金丹娜,等.基于无线传感器网络的果园数字信息采集与管理系统[J].农业工程,2011,1:12-15.
[99] 杨爱珍,等.桃果实硬核后期中果皮与内果皮中蛋白质组表达的双向电泳分析[J].中国农学通报,2010,26(14):59-64.
[100] 杨柳,秦钢,李杨瑞.利用间歇浸没式生物反应器进行香蕉(Musa AAA Cavendish var. Williams B6)组培快繁研究[J].果树学报,2010,27(6):1010-1013.
[101] 殷学仁.猕猴桃果实后熟进程中乙烯信号转导元件功能及其对非生物胁迫的应答[博士论文][C].浙江大学,2010.
[102] 游向荣,许鸿川,梁文裕,等.龙眼转醛醇酶基因的克隆与原核表达[J].北方园艺,2009,(12):7-10.
[103] 俞明亮,马瑞娟,沈志军,等.中国桃种质资源研究进展[J].江苏农业学报,2010,6:1418-1423.
[104] 岳雷.外源多胺对鸭梨授粉受精过程中花柱蛋白质表达的影响[硕士论文][D].河北农业大学,2009.
[105] 臧建磊,李亚东,刘庆忠,等.笃斯越橘 CBF 基因的克隆及序列分析[J].吉林农业大学学报,

2011,233(5):532-538.

[106] 张道辉,刘庆忠,王甲威,等.半日光间歇弥雾果树育苗系统及其应用[J].农业工程学报,2011,27(3):266-270.

[107] 张凯良,杨丽,张铁中.草莓收获机器人末端执行器的设计[J].农机化研究,2009,(4):54-56,60.

[108] 张龙.非生物胁迫对平邑甜茶根系精氨酸代谢的影响[硕士论文][D].山东农业大学,2009.

[109] 张雪梅,李保国,秦立者,等.自交亲和苹果品种S基因型的鉴定[J].华北农学报,2009,24(5):113-117.

[110] 张玉刚,韩振海.苹果 *MxNas*1 基因转化番茄突变体"Chloronerva"的研究[J].湖北农业科学,2011,50(5):1049-1052.

[111] 张悦,杜红岩,傅建敏,等.核果类果树砧木"Viken"胚培养相关影响因子研究[J].河南农业大学学报,2011,15(1):55-58.

[112] 张兆欣,张怀龙,耿洪亮,等.一种枣树硬枝扦插育苗方法[P].中国专利:CN201010112772.6,2010.

[113] 赵桂玲,张志宏,等.苹果S-SAP分子标记体系建立及应用[J].中国农业科学,2010,7:1516-1523.

[114] 周锦,刘义飞,等.基于EST数据库进行SNP分子标记开发的研究进展及在猕猴桃属植物中的应用研究[J].热带亚热带植物学报,2011,2:184-194.

[115] 周瑞金,杜国强,师校欣.外源基因在苹果植株中稳定性研究[J].东北农业大学学报,2011,42(7):97-100.

撰稿人:韩振海　张新忠　李天红　王　忆　刘凤之　陈昆松　高东升
郭文武　周志钦　王跃进　林顺权　潘东明　刘孟军

蔬菜学学科发展研究

一、引言

蔬菜学是园艺学的一个分支学科，也是以应用生物学、化学、物理学原理研究蔬菜作物(含食用菌和西瓜、甜瓜)生长发育和遗传规律，包括研究种质资源、遗传育种、栽培、病虫害防治及采后处理、贮藏加工等应用技术与原理的综合性专业学科，既有基础理论和应用基础理论研究，也包含应用科学技术的创新与开发利用。

蔬菜学的主要研究内容有如下方面：

第一，蔬菜作物的起源、分类与种质资源研究。蔬菜作物的起源与分类研究的内容包括不同蔬菜作物的来源及驯化(演化)历史、分类、生态特点及分布等，为资源利用，特别是选种、引种和育种提供理论依据。蔬菜种质资源的研究内容包括蔬菜作物及其野生近缘种的考察、搜集、整理、保存，蔬菜作物的生物学特性和抗病、抗逆境以及品质等农艺性状的鉴定评价，优异种质资源挖掘、创新等。

第二，蔬菜基因组学与生物技术研究。蔬菜基因组学在全基因组水平研究蔬菜作物基因组的结构、功能、进化及基因间相互关系等。从广义上讲，蔬菜生物技术不仅研究蔬菜作物组织、细胞培养技术、转基因技术，也包括分子标记及分子育种技术。

第三，蔬菜作物遗传育种研究。研究育种目标性状的遗传、鉴定、标记及选育的方法，选择的理论和方法，人工创造变异的途径、方法和技术。杂种优势的利用途径和方法，育种不同阶段的试验技术，新品种审定、推广和繁育等。通过这些研究，为蔬菜作物育种提供正确的理论指导和先进的技术，提高了育种效率。

第四，蔬菜作物生长发育与栽培技术研究。研究蔬菜作物生长发育和产量形成规律以及与之相应的栽培原理与技术，以协调蔬菜、土壤和气象之间的关系，努力创造适宜于蔬菜生长的环境条件为主要任务，获得蔬菜的高产、优质和高效益为最终目的。主要研究内容有：蔬菜生长发育与调控、蔬菜抗逆的机制与调控、蔬菜需肥需水规律与调控、设施环境调控原理与技术、蔬菜育苗原理与技术、蔬菜无土栽培原理与技术、蔬菜周年生产与均衡供应、生产区域化和合理布局、菜田生态环境保护等。

第五，蔬菜作物病虫害综合防治研究。研究危害蔬菜作物的病原物、害虫的生物学特性、发生及消长规律；病虫害的农业防治技术、化学药剂防治技术、物理与生物防治技术以及综合防治技术原理、病虫害抗药性治理；保护天敌和有益生物等。为蔬菜病虫害的预防、防治提供经济、安全、有效的策略与措施，实现无害化生产，避免或减少化学农药对环境的污染。

第六，蔬菜产品的采后处理及贮藏加工研究。研究蔬菜产品采前因素与采后商品化处理、贮藏加工性能的关系；采后生理变化及品质变劣机制；蔬菜贮藏保鲜的前处理技术和贮藏方式、贮藏条件；研究蔬菜加工工艺及设备，开发蔬菜加工制品等。

随着现代科学技术的进步，蔬菜学越加显现出与多学科交叉的特征，涉及植物学、植物生理学、植物生态学、植物遗传育种学、植物病理学、昆虫学、土壤肥料学、农业气象学、农业工程学等，同时又与营养、环境、饮食文化、农业科技史、农业经济等学科相互渗透及密切融合。

近年来，我国蔬菜产业继续朝着稳健发展的方向前行，蔬菜产业素质明显提升。蔬菜生产呈现数量充足、品种丰富、供应均衡、质量安全的良好局面。蔬菜商品基地规模基本稳定，效益有所增加。2009 年全国蔬菜生产播种面积比 2008 年略有增加，达到 1840 亿 hm^2，增加 1.8%，总产量约 6.18 亿 t。蔬菜市场价格比 2008 年有明显上涨，但市场供应基本均衡并且保持稳定。由于蔬菜价格上涨，2009 年蔬菜产值和利润都将比上年有所增加。

产业格局继续优化，设施栽培面积明显增加。2009 年我国蔬菜生产依然向着南方发展冬春蔬菜、北方发展设施蔬菜的方向持续优化，特别是北方的设施栽培面积大幅度增加。估计今年北方设施面积增加近 13.3 万 hm^2，南方冬春蔬菜面积增加约 4.70 万 hm^2。

受国际金融危机的影响，我国蔬菜出口数量增幅停滞，出口金额小幅增加。2009 年 1～10 月我国蔬菜出口 659.3 万吨，同比下降 1.0%；出口额 53.3 亿美元，同比增长 2.8%，呈量减额增态势。进口 7.2 万吨，同比下降 19.2%；进口额 0.8 亿美元，同比下降 15.3%。贸易顺差 52.4 亿美元，同比扩大 3.1%。预计全年出口量与 2008 年比基本持平，但是出口额和顺差会小幅增加。

产品安全质量基本稳定。2008 年农业部对 37 个城市的市场进行抽样检测，检测农药对象 22 种，农药残留合格率为 95.3%。2009 年在抽检城市增加到 90 个，检测对象扩大到 49 种农药的情况下，检测的合格率为 94.5%。

先进蔬菜生产技术的推广应用促进了蔬菜产业的发展。复合高抗优良品种技术、集约化育苗技术、机械化生产及轻简栽培技术等蔬菜安全生产关键技术被广泛推广应用。

在蔬菜生产稳定发展的同时，也面临着新形势和新问题。一是蔬菜价格波动，引起社会广泛关注。2005 年以来，蔬菜价格持续上涨，年均涨幅 10 %左右，2010 年涨幅进一步加大。据国家统计局统计分析，1～10 月份蔬菜平均价格同比上涨 21%，10 月份同比上涨 31 %，是食品类中涨幅最大的。蔬菜等食品价格大幅上涨，增加了中低收入群众生活负担，增加了政府管理通胀预期的压力；二是菜田基础设施薄弱，抗灾能力差。最近 10 年，大量菜田由城郊向农区转移，农区新建菜田基础设施建设滞后，抗灾能力差，蔬菜生产受自然气候影响较大。如 2008 年年初，南方 50 年一遇的低温雨雪冰冻灾害，蔬菜受灾面积占同期播种面积的 1/3 以上，损失产量 20 %以上；2009 年初冬，北方大范围雨雪天气，蔬菜损失 200 多万吨；2010 年夏季湖南、江西等省遭遇强降雨，损失蔬菜 600 多万吨；2010 年 10 月海南两次强降雨，损毁冬种蔬菜几十万亩。基础设施薄弱，抗灾能力差，导致蔬菜生产大幅波动，严重影响了市场供应，影响了农民收入增加；三是市场形势复杂多变，应对难度加大。蔬菜是市场化程度比较高的品种，对市场变化十分敏感，影响因素非常复杂。如 2010 年年初的“问题豇豆”事件，导致市场供给波动；大蒜、生姜等产品被炒作，引发价格暴涨；韩国“泡菜危机”，带动我国大白菜涨价；“柴油荒”使蔬菜运输受阻，影响了正常的市场供应。往往局部地区、个别品种或单一事件都会引起市场的剧烈反应，致使稳定市场供应难度增加、生产的不确定性增加、宏观调控难度增加。

党中央、国务院高度重视蔬菜生产，要求做好稳定蔬菜生产供应工作。2011 年中央一号文件明确提出了实施新一轮菜篮子工程，2011 年 3 月国务院办公厅印发了《关于统筹推进新一轮菜篮子工程建设的意见》，2011 年 8 月国务院召开常务会议专题研究蔬菜问题，随后印发了《关于促进蔬菜生产保障市场供应和价格基本稳定的通知》，2011 年 11 月 17 日国务院常务会议再次研究冬季蔬菜生产供应等问题。各级农业部门抓蔬菜生产的工作措施扎实。近年来，农业部门在规划引导、技术推广、产销衔接等方面做了大量工作，成效显著；通过标准园创建，集成组装了集约化育苗、标准化生产、日光温室高效节能栽培等一批重大技术模式，为提高蔬菜产量、质量和效益提供了技术支持。同时，在产品推介、农超对接、产地批发市场建设等方面积累了丰富的经验，为蔬菜稳定生产提供了有力保障。

二、国内外研究现状与主要研究进展

从总体上看，目前，我国蔬菜学应用技术研究水平基本与发达国家相当，但原创性研究成果不多，细胞工程、分子育种等的应用研究起步较晚。在日光温室等保护地和我国特有的珍惜蔬菜的研究方面有自己的特色。在应用技术研究中，更重视蔬菜生产和国内外市场的需求，在重视经济效益的同时，重视生态效益和社会效益。基础性研究逐步得到加强，关注蔬菜学科和产业的可持续发展。

近两年来，蔬菜学研究科技迅猛发展，许多重大的国家科技计划中都列有蔬菜科技项目，如国家重点科技攻关计划、国家技术研究发展计划（“863”计划）、国家重点基础研究发展计划（“973”计划）、国家自然科学基金、国家科技基础平台建设计划等。在国家的大力支持下，蔬菜科研有两个明显的特征：一是公益型、基础性研究得到加强，如种质资源的搜集、保存、与创新，蔬菜分子育种技术，设施蔬菜连作障碍机制及其治理，蔬菜重大病虫害可持续控制等；二是在应用技术研究中，更重视理论联系实际，重视蔬菜生产和国内外市场的需求，在重视经济效益的同时，更重视食用安全、生态效益和社会效益。

2009—2011 年度，蔬菜作物研究获国家级科技成果奖 4 项。

（1）成果一：北方抗旱系列马铃薯新品种选育及繁育体系建设与应用

2009 年度获国家科技进步奖二等奖。主要完成单位：河北省高寒作物研究所、山西省农业科学院高寒区作物研究所。针对我国马铃薯科研和生产上急需解决的问题，在马铃薯育种技术的创新、抗旱型品种的选育、种薯繁育及栽培技术的提高等方面取得突破性进展。在国内首次研究提出了完整的马铃薯双单倍体鉴定技术，成功地将马铃薯二倍体野生种中的抗旱、优质基因导入四倍体栽培种中，解决了杂交育种难题，创新了种质资源，育成并审定了适合北方干旱贫水区应用和不同市场需要的马铃薯新品种，即适宜鲜薯食用的‘冀张薯 8 号’、适宜薯片加工的‘冀张薯 7 号’、适宜薯条加工的‘张围薯 9 号’以及适宜加工淀粉的‘同薯 20 号’等，其抗旱性和农艺性状均优于当前应用的同类型主栽品种，并依据不同类型马铃薯品种特性和生长发育规律，创新了相应的抗旱专用型马铃薯配套栽培技术，为抗旱专用型马铃薯的大规模生产提供了技术依据。该项成果建立了在马铃薯产品质量检测系统全程控制下的标准化生产技术体系，制定了农业部行业标准NY/T1212-2006《马铃薯脱毒种薯繁育技术规程》，采取苗期、花期、结薯期"三无"检测技术，提高了脱毒种薯质量，大幅度提高了商品薯的质量和产量。该项成果自2006年推广应用以来，促进了品种的更新换代，显著提高了旱地马铃薯的生产水平，实现了节水与高产目标的统一，迅速取得了重大的经济社会效益。2006—2008年3年累计在我国北方马铃薯主产区西北、华北、东北的11个干旱贫水省(区)推广面积215.8万hm^2，占马铃薯种植总面积的1/3，平均增产20%以上，纯增收33.4亿元。

(2)成果二：南方蔬菜生产清洁化关键技术研究与应用

2009年度获国家科技进步奖二等奖。主要完成单位：湖南省植保所、中国农业科学院蔬菜花卉研究所、中国农业科学院植物保护研究所、中国农业大学、山东农业大学、农业部农药鉴定所。该项成果依据蔬菜病虫害灾变规律与蔬菜产品污染物形成机制，发明了蔬菜病毒快速诊断技术，研制出相应的快速诊断试纸条。农民可依据试纸的诊断，有针对性地喷洒农药。疫霉菌是一种对辣椒生长危害极大的病原物，该菌发生时，短期便造成全田绝产。该项研究首次研制出对辣椒疫霉菌早期快速分子诊断技术，建立了疫病中长期预报技术，给辣椒种植户带来了福音。本成果研发的有效延缓害虫抗性发展的综防技术，可减少菜田化学杀虫剂用量50%以上；研制出的生物修复剂，对土壤以及蔬菜产品中有机磷和菊酯类农药残留物降解率最大可达90%与75%；开发出的光合细菌菌肥，可使菜田氮肥和磷肥投入量减少20%～40%。该成果研制以来，已在湖南、湖北等南方地区推广应用259万hm^2，累计经济效益97.3亿元。

(3)成果三：都市型设施园艺栽培模式创新及关键技术研究与示范推广

2009年度获国家科技进步奖二等奖。主要完成单位：中国农业科学院农业环境与可持续发展研究所、北京农林科学院、中国农业大学、上海交通大学、浙江省丽水市农业科学院、北京中环易达设施园艺科技有限公司。该项成果历时7～8年的研究试验及推广应用，为我国都市农业的发展提供了创新模式，对农业的转型提供了技术支撑，也为城市的可持续发展与低碳减排作出重大贡献。特别是在都市观光农业，高科技农业园区的示范方面，该项目以多种创新模式赢得了生产上的广泛运用，具体内容包括：植物工厂、种苗的工厂化生产、气雾培蔬菜、水培花卉、植物王栽培、异型观光温室、计算机控制等综合技术模式创新。该项目也为未来农业的发展指明了方向，为农业生产的生活化展示了美好的前景。

(4)成果四：辣(甜)椒雄性不育转育及三系配套育种研究

2010年度获国家科技进步奖二等奖。主要完成单位：四川省川椒种业科技有限责任公司。该项成果在辣椒杂交制种过程中，为了提高杂交种子产量，从再生稻原理中受到启发，在塑料大棚设施条件下，开展辣椒雄性不育两次人工授粉杂交制种。首先，在制种田第一次授粉杂交结束，种子成熟前10～20天，对已经挂满种果的辣椒植株进行施肥、浇水等复壮管理。待第一次授粉杂交的种子采收结束，辣椒植株重新长出侧芽开花，进行第二次人工授粉杂交制种。利用塑料大棚保温功能，使制种田只栽一次苗，而收获两季辣椒杂交种子，从而使种子增产40%。

蔬菜作物研究现状与主要进展如下：

(一)蔬菜种质资源的收集、保存与创新研究

我国是一个历史悠久的农业大国,也是世界栽培作物的起源中心之一。我国已知能作为蔬菜食用的有213科、815属、1822种,被驯化栽培的有298种,被研究或开发的野生蔬菜574种,被广泛食用的野生蔬菜有200多种。经过自然选择和人工选择,形成了丰富的蔬菜种质资源。蔬菜在我国农业生产结构中占有的比重仅次于粮食作物。

1. 蔬菜作物种质资源收集

"十一五"期间,我国蔬菜种质资源的收集保存工作加强了国外资源的引进和国内重点区域的考察和收集。2009—2011年,国家中期库通过各种渠道从印度、西班牙、俄罗斯等国家引进蔬菜资源1000多份。2007—2010年,在中国农业科学院作物研究所的组织下,在云南及周边地区农业生物资源调查项目的支持下,中国农业科学院蔬菜花卉研究所联合兄弟院所组织16名蔬菜资源科技人员共47人次参加完成了云南及周边地区41个县和四川凉山州5个县和西藏林芝地区的察隅、昌都地进行考察及收集,采集样本总数2193份。其中,蔬菜样本1582份,实际接收种源1822份;薯类和一年生经济作物样本342份。对930份资源进行了田间初评,初步获得130份优良资源推荐深入评价,通过深入分析获得具有重要利用价值或具有突出优异性状的蔬菜优异种质45份(62份次)。

无性繁殖蔬菜种质资源保存是一个需要研究解决的重要课题。在国家科技基础性工作专项"无性繁殖蔬菜种质资源的收集整理和保存"和国家科技基础条件平台工作重点项目"无性及多年生繁殖蔬菜资源共享试点建设"等的支持下,我国农业科学院蔬菜花卉研究所联合全国有研究基础的省(市)级科研单位,采取考察收集和征集相结合的办法,对濒临消失的无性繁殖蔬菜种质资源进行了抢救性收集。保存了807份濒临消失的名、特、优无性繁殖蔬菜地方品种和野生资源,分属32科、61属、112种。其中,葱蒜类种质333份,薯芋类种质116份,多年生种质102份,野生蔬菜种质256份,建立起占地约30亩的无性繁殖蔬菜种质资源圃。

到2010年年底,我国国家农作物种质资源库(圃)收集保存各类蔬菜种质资源37000多份,共214种。在所有资源中,有性繁殖蔬菜种质资源132种(含变种)、36000多份,水生蔬菜12种、1500多份,无性繁殖和多年生蔬菜种质资源112种、807份。与此同时,有条件的省、市(区)也开展了蔬菜种质资源搜集、保存和利用的研究。据不完全统计,省、市(区)级研究单位保存的蔬菜种植资源材料逾3万份。

2. 蔬菜作物种质资源的鉴定与评价

蔬菜作物种质资源的鉴定和评价是资源利用的前提,"十一五"期间,在科技基础条件平台项目、国家科技支撑计划、国家自然科学基金和农业部保种项目、行业科技专项等项目的支持下,蔬菜种质资源的鉴定与评价及相关技术研究取得重要进展。

为了促进种质资源的利用,通过对18种蔬菜45204份次种质资源进行抗病虫、抗逆鉴定和品质分析,获得了2596份优异种质。其中,抗病虫鉴定涉及14种蔬菜共33种病虫害,鉴定种质25218份次,筛选出抗病虫种质1981份。对10种蔬菜17730份种质的品质分析,获得了402份优质种质。对4种蔬菜1836份种质共6项抗逆性的鉴定,筛选出

抗逆种质194份。初步建立了蔬菜种质资源共享平台，向国内外科研和生产单位分发蔬菜种质资源377批次，涉及75种(变种)蔬菜，16591份次。

种质资源的深入评价核心种质资源的构建是种质资源高效利用的前提，国家农作物种质资源库以萝卜、黄瓜、大蒜为重点，开展了种质资源遗传多样性与核心种质的研究，取得如下重要进展。

(1)萝卜种质鉴定和评价

从40份萝卜材料中，鉴定筛选出苗期高抗Xcc8004的材料3份，高抗XccBJ的材料1份，不同萝卜种质对Xcc8004和XccBJ的抗性表现极显著相关。苗期和肉质根对Xcc8004的抗性反应极显著相关，筛选出17份对不同效应物表现过敏反应的萝卜种质。

(2)黄瓜种质资源的遗传多样性和核心种质研究

对263份黄瓜种质的31个形态性状鉴定结果显示黄瓜核心种质供试群体在形态水平具有较丰富的遗传多样性，其平均变异系数42%，平均形态多样性指数1.52，我国种质的平均多样性指数为1.51，国外种质1.45。来源于国内7大类地区的黄瓜种质的平均多样性指数在1.24～1.44之间，西南、东北等地区的黄瓜种质资源具有丰富的遗传多样性，西北和华南地区多样性水平较低。81对SSR引物在240份黄瓜核心种质中共检测到367个等位变异，平均每对引物检测4.378个等位变异。群体平均有效等位变异数2.4276、Shannon's信息指数0.7931、基因多样性指数0.4152。聚类分析可将国外与国内种质明显分开，华南型与华北型种质分为不同类群。来源于我国北方地区的华南型黄瓜主要分布在华北型黄瓜类群中。西南地区黄瓜种质资源的遗传多样性较丰富，西北地区种质较狭窄。

(3)大蒜种质资源遗传多样性和群体遗传结构分析

对资源圃保存的212份大蒜种质资源的表型性状进行了系统鉴定，统计分析表明，我国大蒜种质资源在表型变异很大，提出了21个数量性状的5级分级标准。利用AFLP、SSR和InDel三种分子标记技术在212份种质中扩增出502个位点，多态性位点为492个。群体遗传结构与聚类分析均将所有资源划分为5个类群体。划分的类别基本一致。然而，群体遗传结构分析划分的5个群体，群体内的遗传信息多样性指数较小。对212份种质鳞茎大蒜辣素和21个数量性状与群体遗传结构进行线型模型分析，结果表明包括大蒜辣素含量在内的多个数量性状受群体遗传结构的影响较小，说明我国资源圃中保存的大蒜种质资源遗传背景丰富，适合进行相关分子标记与表型性状的关联作图分析。通过对样品处理、提取方法和检测方法的研究，首次建立了完善的大蒜辣素超高效液相色谱(UPLC)检测方法，利用建立的方法对212份大蒜鳞茎的大蒜辣素含量进行检测，发现资源圃中大蒜资源的大蒜辣素含量差异显著，含量分布在0.82%～3.01%之间，最高值与最低值相差近4倍。大蒜辣素含量与植株对蒜蛆抗性的关系分析表明，大蒜辣素含量越高，大蒜对蒜蛆的抗性越强，进一步说明了大蒜辣素抗菌、杀虫的生物活性。

(4)西瓜种质资源抗性鉴定与核酸指纹分析

对引进的2100份美国西瓜种质资源库的材料开展了白粉病抗性、耐旱性的资源鉴定筛选工作。其来自全球的资源材料分别属于*C. lanatus* var. *lanatus* (766)，*C. lanatus* var. *citroides* (L. H. Bailey) Mansf. (53)和*C. colocynthis* (L.) Schrad. (1)鉴定发现

11份材料高抗白粉病，PI482246，PI 482283，PI 500307，PI 482324，PI 482308，PI 482322，PI 482321，PI 482276，PI 482319，PI 482335，and PI 482350，它们多起源于非洲。并发现25份抗旱强的材料，可以用于西瓜砧木育种。

3．蔬菜作物种质资源的安全保存和更新技术研究

（1）种质资源保存技术研究

蔬菜种质资源通常保存在低温、低湿的资源库内，能耗高，维持费用亦高。为了能降低资源保存的成本，国内外开展了资源保存新途径、新方法的研究，“十一五”前期，我国在蔬菜种质超干保存技术进行研究工作。

“十一五”期间，由于无性繁殖蔬菜保存田间保存、收获、贮藏过程中，不仅需要大量的人力和物力，同时易受自然及病虫的危害，使种质资源安全保存面临技术挑战。2009年在农业部种子工程项目的资助下，建成了国家级无性繁殖蔬菜资源圃。

以大蒜、生姜为重点，进一步完善了大蒜、生姜的离体保存技术建立了我国第一个蔬菜低温离体保存种质库和超低温种质保存装置，并成功地应用于种质保存实践。以大蒜、百合、生姜为主要研究对象，优化并完善了其组培快繁技术，建立了大蒜和百合的低温离体保存技术以及生姜的常温离体保存技术。这些研究成果为相关蔬菜种质资源的安全保存和有效分发利用提供了技术支撑。

（2）蔬菜种质资源的繁殖更新技术体系的建立与应用

蔬菜种类繁多、各种蔬菜的生殖和授粉特性各异，但无论是自花授粉植物还是异花授粉植物，在繁殖更新过程中，如何尽可能保持种质资源遗传完整性，减少由于繁种，取样方法、繁种群体样本大小、种子活力、生长环境、种群内生长密度、隔离方法、传粉方式、种子采摘方法和种子收获量等诸多因素引起的选择压力，均会引起群体中某些基因丢失，导致遗传漂移，这些已在国际上引起广泛的关注和重视。“十五”期间以菜薹为材料研究了十字花科蔬菜的更新方法，2006—2011年以黄瓜为材料研究了葫芦科蔬菜种质更新的方法。

制定了24种蔬菜的更新技术规程。繁殖更新24种蔬菜种质资源近11608份。完成了3万多个样品的种子活力检测，更新合格种质总份数为10365份。在全生育期间，对混杂严重的种质进行了去杂或单株采收分类处理；对每份种质的主要植物学和农业生物学性状进行了观测和核准，采集了每份更新种质的图片数据，建立了更新数据库。

4．蔬菜种质资源的创新与利用研究

2006—2011年，蔬菜种质资源的创新研究工作根据育种研究和生产需要，在蔬菜种质分子身份证构建、种质抗逆、抗病和功能基因源创新方面进行了大量研究工作，取得了重要进展。

（1）蔬菜作物种质资源分子身份证构建技术

种质分子身份证的构建将对蔬菜种质资源，尤其是我国特有和优异基因资源的保护提供技术保障。2006—2011年，在科技支撑计划的资助下，以大白菜、小白菜、萝卜和黄瓜为代表，研究了蔬菜作物种质资源分子身份证的构建技术，构建了我国特有和优异的247份大白菜，101份小白菜、75份萝卜、36份黄瓜、670份西瓜资源的“分子身份证”，基

本阐明了其遗传多样性和特异性。为其他蔬菜种质资源乃至其他园艺作物种质资源分子身份证的构建提供了理论参考，为建立我国特有和优异蔬菜资源的保护的可操作性技术打下了基础。

(2)种质创新成果显著

通过研究和集成远缘杂交、植物生长调节剂、组织培养、细胞工程、分子标记等多种新技术和传统技术相结合，创新蔬菜种质资源 20 份。创新种质不仅具有较高的技术含量，而且至少具有两个或两个以上的优异性状，为解决我国主要蔬菜作物当前或今后育种与抗逆、抗病虫、优质、高产有关的重大问题奠定了物质基础。例如，以甘蓝细胞质雄性不育系为母本，大白菜可育自交系为父本，通过远缘杂交后进行胚挽救，经过 6 代回交获得新种质‘B71949’，表现为 100%不育率和不育度，抗病病毒病；通过日本华冠与矮脚上海青杂交经第五代自交，定为 T5，后经转育 CMS 选育而成小白菜新种质‘T5C’，表现为雄性不育，耐热，耐湿；通过对韩国耐热耐裂球甘蓝品种“夏强”进行多代分离选育获得新种质‘99－198’，田间表现抗病毒和黑腐病、耐热、耐裂球；用小孢子培养技术从韩国品种‘绿宇’获得 DH 系优质青花菜新种质‘07Q395’，花球半圆，色浓绿，花蕾细、匀，主茎实心，花球无夹叶；通过对‘白秋美浓’分离后代经多代自交和离体及田间鉴定筛选出高抗黑腐病、耐低温萝卜新种质‘KB09－17’；通过对日本地方品种与国内抗病自交系杂交，结合品质分析和抗病进行多代自交获得高干物质和还原糖含量萝卜新种质‘临引 4－3’；通过对萝卜耐热性鉴定与萝卜抗黑腐病鉴定对萝卜分离世代群体进行筛选获得新种质‘Khf0705’；利用分子标记辅助选择，通过连续多代回交获得抗多种真菌病和病毒病番茄新种质‘10g－3’；通过优化游离小孢子技术结合常规育种技术获得两份茄子新种质‘096’和‘0810’分别具有耐低温和抗病、单性结实的特点；通过分子标记辅助选择技术获得抗 TSWV 甜辣椒新种质‘10905’；利用变种间不同种质杂交进行优异基因聚合和通过田间鉴定筛选和果实品质分析获得高 β-胡萝卜素含量新黄瓜种质‘CX33’；通过野生资源与栽培黄瓜远缘杂交后代的多代回交和自交，经过鉴定筛选获得高抗南方根结线虫和蔓枯病黄瓜新种质‘HH1－8－1－2’；通过多倍体诱变技术获得高抗枯萎病四倍体西瓜新种质‘10CB3’；通过‘扬州三红’与雄性不育源杂交，结合多代轮回杂交转育和鉴定获得高胡萝卜素胡萝卜新种质‘F8－23－1－1－2－16’；通过远缘杂交和分子标记辅助选择，获得高胡萝卜素含量和耐抽薹胡萝卜新种质‘HCA1’；通过细胞质融合技术获得生姜新种质‘SX+SC’；通过优化的大蒜原生质体融合技术与四倍体植物诱导技术获得蒜瓣大、高抗叶枯病大蒜新种质‘泰山白蒜’；通过远缘杂交技术获得莲藕新种质‘0001 莲藕’；通过远缘杂交结合回交，创新高淀粉马铃薯新种质‘20023－95’。

(3)创新种质应用前景

创新或筛选的蔬菜新种质正在或将直接或间接应用于我国蔬菜育种和生产。例如，北京市蔬菜研究中心利用创新折高品质雄性不育种质‘HCA1’、‘HACA2’等培育出胡萝卜优良杂交种‘红蕊六号’与‘加工一号’等已经被国内胡萝卜加工企业应用，年推广应用面积 666hm^2 以上。创新的‘泰山白蒜’因高抗叶枯病锈病，增产 30%左右，通过推广应用，为农民新增经济效益 150 多万元。更多创新种质将在解决各种蔬菜作物育种和生产中的突出问题、优化生产和市场环境、提高生产效率的同时，产生更大社会、经济和环境效益。例如，创制的耐热、低硝酸盐含量、雄性不育小白菜种质'T5C'，抗小菜蛾、耐热、抗病毒病小白菜种质'599－3－7－1－1－1'，具有优质、雄性不育加工萝卜新种质'临引 4－3'和抗黑腐病、耐抽薹、耐低温萝卜新种质'KB09－17'等创新蔬菜种质将有利于提高我国白菜和萝卜优质、抗小菜蛾、夏季耐热、春季先期抽薹育种，解决周年供应不均的难点问题。其他创新的新种质，如甘蓝耐裂球种质'99－198'，抗多种病菌和病毒新种质'052－95'，高胡萝卜素新种质'F8－23－1－1－2－16'等均立足于相关作物在育种和生产中存在的主要问题创新而成，相信这些创新种质将在相应蔬菜的育种和生产中发挥重要作用。

(4)种质创新技术有了一定突破

十字花科作物小孢子培养和各种分子标记技术创新种质的方法有了一定突破，无性繁殖蔬菜作物种质资源的创新工作取得重要进展，尤其是生姜、大蒜原生质体培养和体细胞杂交获得重要突破。这些技术克服了有性繁殖种间和无性繁殖品种间的基因交流障碍，为种质创新工作和进一步发展提供了技术保障。例如，大白菜远缘杂交和胚挽救技术的优化实现了甘蓝胞质不育向大白菜的转移。利用获得的胚性愈伤组织建立了悬浮细胞系，在此基础上对原生质体进行分离、纯化，开展大蒜原生质体培养和融合研究，实现了无性繁殖蔬菜种间或品种间的基因交流。

5. 蔬菜种质资源优异基因源挖掘和利用

2006—2011 年，我国蔬菜种质抗逆、抗病和与功能性成分相关基因挖掘和利用取得了重要进展。从表型和分子水平，对我国特有和优异的地方品种与稀有品种中发掘出的抗小菜蛾小白菜、抗霜霉病大白菜、抗 TuMV 甘蓝、抗 TuMV 萝卜、抗灰霉病番茄、具恢复基因甜椒、抗青枯病茄子、抗黑星病黄瓜、高胡萝卜素胡萝卜、高大蒜辣素大蒜进行了遗传分析和基因型检测，阐明了相应功能基因的遗传特性以及在育种和生产中的利用价值，并进行了定位或分子标记，获得了一批可以用于分子辅助筛先的标记或主效 QTL。尤其是抗小菜蛾小白菜、抗霜霉病大白菜、抗黑星病黄瓜、抗 TuMV 萝卜、抗青枯病茄子均是我国特有的基因源，很少有人对相关抗性进行表型和分子遗传研究，其抗病基因均属于尚未发现或研究的新基因。

(1)抗逆和抗病相关基因的挖掘

抗逆和抗病相关基因的研究，是当前科研热点问题，它将推进种质资源研究向基因水平的深入。对萝卜抗 TuMV 的遗传规律研究表明其抗性符合"两对加性—显性—上位性主基因＋加性—显性—上位多基因"遗传模型。采用 BSA 法，在一个抗源种质中找到一个与抗病基因连锁的分子标记，连锁遗传距离 7.9cm，在另一个抗源种质中定位了两个抗 TuMv 的 QTL 位点。对 4 份抗黑腐病材料和 1 份感黑腐病材料同时接种 Xcc8004，利用 cDNA－AFLP 方法在 5 份材料中扩增出 790 个差异带，克隆得到的 74 个差异片段按其功能分为 8 类，不同萝卜抗源表达的抗性相关基因不完全相同；对高抗黑腐病萝卜种质 KB09－12 分别接种效应物 xopXccN 和 xopXccX2，利用 cDNA－AFLP 方法获得 40 个公共差异片段，对其中 25 个差异片段克隆测序，差异条带主要涉及信号转导和抗病防御。以 348 份地方品种小白菜资源为材料，筛选多份抗源，从抗生性和排趋性角度，研究了其中两份小白菜抗小菜蛾的遗传规律，表明抗虫性受一对或两对"主基因＋金基因"共同控制。对不同抗源小菜蛾的基因 QTL 定位分析，在'599'杂交'114' 组合中检测到 4 个与抗虫相关的 QTL 位点，在'508'杂交'114'组合中检测到 3 个 QTL 位点。同时，发现检测到的来自两抗源的 QTL 在连锁锁上的分布、作用方式和效应不相同。以霜霉病抗病材料'山西信中籽 311，339，340'和感病材料 '山西信中籽 332，338'为亲本配置三个杂交组合，构建 F2 群体，进行遗传分析，结果表明，331×332，339×332 两个组合的 F2 群体抗性由显性基因控制，用 BSA 法获得了两个与抗病基因连锁的 SRAP 标记。以'08QC200'和感病材料'01－16－5'甘蓝种质为材料，通过四世代人工接种鉴定进行表型遗传分析，利用 F2 的 BSA 和 AFLP 进行标记，得到了与抗 TuMv 连锁位点，遗传距离 14.44cm。以 S. cheesmanii LA0317 与骨干亲本'9706'番茄为材料，通过回交和自交重组近交系和多种分子标记技术，找到与控制对灰霉病抗性相关的 3 个主效 QTL。以'509'和高感材料'533'构建 F1、F2 群体进行遗传分析，应用 AFLP 分子标记技术，获得与茄子抗青枯病抗性基因连锁的 AFLP 标记位点，该标记与抗病基因遗传距离为 7.75cm。以 HX1、HX5 和 HX8 黄瓜种质为亲本构建两个组合的六世代群体，利用各自的 F2 进行 SSR 分子标记分析，在 HX1 中，与黄瓜抗黑星病基因连锁的两个 SSR 标记 SSR06576 和 SSR17631 的连锁遗传距离分别为 3.7cm 和 1.5cm，通过 BSA 法在 HX5 材料中找到 1 个与抗黑星病相关基因连锁的 SSR 标记，连锁距离为 29.3cm。

(2)蔬菜重要功能性成分相关基因的挖掘和利用

蔬菜是膳食的重要组成部分。作为植物源性的食品原料，蔬菜富含人体所必需的维生素，无机盐和膳食纤维，另外还含有与人的健康、生理功能、疾病预防和防治相关的重要功能性成分，如胡萝卜素、大蒜辣素等。所以近年来，蔬菜重要功能性成分相关基因的挖掘和利用受了高度重视，相关研究也取得了一定进展。以'P5006'和美国引进种质'HCM A. C'为材料，构建 F2 代群体，采用 SRAP 标记构建连锁图，进行胡萝卜素相关基因的 QTL 定位，结果找到与β-胡萝卜素和总萝卜素相关的 QTL 各 1 个。对大蒜辣素合成起重要调控作用的蒜氨酸酶基因的基因结构多样性进行了分析研究，并基于基因内含子 2 开发了一个 InDel 标记。研究结果表明，此标记揭示的大蒜种质资源多态性强，对大蒜资源的分类和亲缘关系研究具有重要的研究价值。应用关联分析的方法分析了新开发的 InDel 标记与大蒜辣素含量的关联性，为大蒜优异基因挖掘和种质资源创新提供了新的思路。

另外，与其他重要农艺性状的相关 QTL 定位研究也取得了重要进展，如通过对辣椒野生资源胞质雄性不育恢复基因的挖掘，找到了两个与恢复基因紧密连锁的 SCAR 标记，可以用来进行分子标记辅助选择。

随着多个蔬菜作物全基因组测序的完成，对重要作物的核心种质的重测序工作正在开展，相信不久的将来，基于新技术方法的优异基因挖掘方法将相继出现，这将大大加强优异基因高效挖掘和利用工作。

6. 蔬菜种质资源平台建设和种质资源的共享利用

到"十一五"结束，国家农作物种质资源库完成了 32 种主要蔬菜作物种质资源描述规范和数据标准的制定。在此基础上，完成 16000 份蔬菜资源的整理；向国家农作物种质资源数据库提供 6000 份蔬菜种质资源共性和特性描述数据库及图像数据库；实现了部分资源的信息共享。国家蔬菜种质资源中期库和无性繁殖蔬菜种质资源圃，作为一个集资源保护、科学研究、社会教育与社会服务于一体的"国家蔬菜多样性保护、研究与示范推广中心"，每年接待国内外参观访问者数百人次。在满足种质资源更新和研究用种需要之外，国家蔬菜种质资源中期库自初建以来，向国内外科研和生产单位分发蔬菜种质资源 687 批次，涉及 75 种(含变种)蔬菜，19711 份次。"十五" 和"十一五"期间向资源协作单位提供更新用种 12708 份，向国内外 234 个研究和生产单位分发 46 种蔬菜种质资源 8736 份，为全国科研与育种单位蔬菜种质资源研究与育种提供了宝贵材料。

建立了无性繁殖蔬菜种质资源数据库，并已纳入国家自然科技资源共享平台，促进了种质资源的共享和利用。通过多年观测鉴定获得了保存种质的 3 万多个基本农艺性状数据，建立了农艺性状数据库，筛选出大蒜等优异种质 40 多份，并已纳入国家自然科技资源共享平台。申请获得的国家发明专利微型姜组织快繁关键技术大大提高了微型姜苗的健壮程度和快繁效率，降低了生产成本，可在姜工厂化种苗生产和姜种质资源离体保存和分发中应用。到 2011 年，资源圃累计向全国 8 个科研单位、生产单位和个人提供种质资源 123 份次。

总之，经过半个多世纪，在国家相关部门关注和领导下，在相关科研项目的资助下，在广大蔬菜种质资源工作者的辛勤工作和努力下，蔬菜作物种质资源保存基础设施得到了进一步的改造和完善，种质资源保存、更新、鉴定评价、种质创新和优异基因源挖掘等相关技术研究得到了前所未有的发展。至此，以国家农作物种质资源长期库、国家蔬菜种质资源中期库、国家西甜瓜种质资源中期库、国家种质武汉水生蔬菜资源圃、中国农业科学院无性繁殖蔬菜种质资源圃为支撑的国家蔬菜种质资源安全保护体系已基本形成，蔬菜种质资源的信息和实物共享平台初步建立。

(二)蔬菜基因组学与生物技术研究

1. 单倍体育种技术研究概况

尽管多种十字花科蔬菜、辣椒和茄子小孢子培养和花药培养、黄瓜和西葫芦大孢子培养取得了相当的成功，但提高培养效率，减少单倍体胚诱导基因型依赖一直是各种作物单倍体育种的重要研究课题。近年来，通过调整培养体系，显著改善了白菜、甘蓝小孢子培养体系，甜辣椒花药培养体系和黄瓜大孢子培养体系。其中，白菜小孢子培养效率提高 14 倍，甘蓝提高 58%，甜辣椒提高 7 倍，黄瓜大孢子培养效率提高 20%～30%，并创造了大量纯合育种材料。

2. 分子育种研究概况

在"863"项目的支持下，我国系统的开展了主要蔬菜作物的分子育种研究。先后构建了一大批蔬菜作物的永久性分离群体，包括白菜、甘蓝等十字花科蔬菜的 DH 群体，番茄、黄瓜、西瓜等作物的 RILs 群体等。开发了一大批多态性良好的 SSR 和 InDel 分子标记，建立了高效率的 SSR 和 InDel 标记检测技术体系。构建了具有较高密度的白菜、甘蓝、番茄、黄瓜和西瓜等多种蔬菜作物的 SSR 或 InDel 遗传图谱。从各种主要蔬菜作物筛选获得一大批重要性状的紧密连锁分子标记。如：白菜抗抽薹关键基因 FLC1、FLC2 和

FLC5 等基因、硫甙含量基因、胡萝卜素含量基因、TuMV 抗性基因、抗根肿病基因等；甘蓝雄性不育基因、抗枯萎病基因；番茄抗病毒病、叶霉病、灰霉病、根结线虫病、疮痂病等抗病基因，高番茄红素基因等；黄瓜营养体和果实苦味基因，抗霜霉病、黑星病基因等；西瓜抗枯萎病基因、可溶性固形物的主效 QTL 位点等。上述研究为开展蔬菜作物的分子育种奠定了良好的基础。

3. 基因组学研究概况

中国农业科学院蔬菜花卉研究所与深圳华大基因组研究院合作，率先利用第二代基因组测序技术，完成黄瓜基因组测序，这是世界上第一个利用第二代基因组测序技术完成的植物基因组序列测定与组装的范例。此后，我国又陆续抢在其他国家之前，完成了白菜、甘蓝、马铃薯等作物全基因组测序，绘制了这些作物的全基因组精细图谱，并将全基因组编码基因定位在染色体上，这给重要经济性状基因的克隆带来了极大的便利。

(1)黄瓜基因组学研究

2009 年 11 月 1 日，《自然・遗传学》(*Nature Genetics*)杂志在线发表了世界第一个蔬菜作物的基因组测序和分析的重要论文。这是由我国科学家发起和主导的国际黄瓜基因组计划第一阶段所取得的重大成果，对黄瓜和其他瓜类作物的遗传改良、基础生物学研究以及对植物维管束系统的功能和进化研究将发挥重要的推动作用。

国际黄瓜基因组计划由中国农业科学院蔬菜花卉研究所于 2007 年年初发起并组织，由深圳华大基因研究院承担基因组测序和组装等技术工作。参与单位包括中国农业大学、北京师范大学、美国康乃尔大学、威斯康星大学和加州大学戴维斯分校、荷兰瓦赫宁根大学以及澳大利亚多态性芯片技术中心。这是由我国发起的第一个多边合作的大型植物基因组计划。

黄瓜基因组共有约 3.5 亿个碱基对。项目采用了新一代测序技术，自主开发了一套全新的序列拼接软件，成功地以较低的成本绘制出了黄瓜基因组的精细图。这一套测序策略已经成为了其他植物基因组测序的模板。

在黄瓜基因组中共发现了 26682 个基因。项目创建了包含 1800 个分子标记的高密度遗传图谱，把基因组的 20000 多个基因定位在染色体上，这给重要经济性状基因的克隆带来了极大的便利。目前，已经发现了与黄瓜产量、品质、抗病性等重要农艺性状相关的候选基因 300 多个，已经克隆了与产量相关的性别决定基因(和上海交通大学合作)、苦味基因和抗黑星病基因，为这些重要性状的分子育种提供了快捷准确的工具。

黄瓜有 7 条染色体，而甜瓜有 12 条染色体。本研究表明：黄瓜 7 条染色体中的 5 条是由甜瓜的 12 条染色体中的 10 条两两融合而成的，这一发现解决了葫芦科染色体进化上一个多年未解的难题。在基因区域，黄瓜和甜瓜有 95%的相似性，和西瓜也有超过 90%的相似性。我国瓜类作物的栽培面积在 266.7 万 hm^2 以上，黄瓜的基因组序列将推动所有瓜类作物的生物学研究和遗传育种。

植物的维管束系统相当于人体的血管，是植物营养运输和长距离信号传导的主要通道。黄瓜是维管束研究的模式作物。黄瓜基因组研究首次揭示了 800 个与维管束功能相关的基因，并且发现它们所在的基因家族在低等植物向高等植物进化的过程中得到了扩增。

在基因组测序完成的基础上，国际黄瓜基因组计划进入下一个阶段，将系统地研究黄瓜种质资源的遗传多样性和黄瓜基因表达及调控的特性，将克隆主要的经济性状基因，开发廉价快捷的分子育种工具，推动基因组的研究成果直接应用到优良新品种的培育上。

(2)马铃薯基因组学研究

2011 年 7 月 14 日，国际权威学术期刊《自然·遗传学》(*Nature Genetics*)发表了马铃薯全基因组序列图和生物学分析的封面论文。此项成果是由 14 个国家 29 个单位的 97 名研究人员组成的“马铃薯基因组测序国际协作组”经过 6 年艰苦的努力共同完成的。由中国农业科学院蔬菜花卉研究所、深圳华大基因研究院等组成的我国马铃薯基因组项目团队在此项成果中发挥了重要作用。

2004 年 7 月，由荷兰瓦赫宁根大学 Evert Jacobsen 教授、Richard Visser 教授和屈冬玉博士共同发起筹划成立国际协作组，2006 年正式开始工作。2006—2008 年年底，协作组遇到了二倍体马铃薯基因组高度杂合、物理图谱质量不高、测序成本高等难以克服的困难，项目举步维艰，协作组濒临解散。在这种情况下，中方团队另辟蹊径，提出了一套新的策略：以单倍体马铃薯为材料来降低基因组分析的复杂度，并采用快捷的全基因组鸟枪法策略和低成本的新一代的 DNA 测序技术。这一策略的改变大大加快了整个项目的进程，中方团队于 2009 年完成了单倍体马铃薯基因组的测序、拼接和注释工作。在这种形势下，国际协作组放弃了原有二倍体基因组测序的技术路线，把绝大部分资源聚集在中方主导的单倍体基因组测序项目上，并于 2009 年 9 月 23 日宣布了全基因组序列图的完成。

在序列图的基础上，协作组又花了近两年时间对马铃薯基因组进行了细致的生物学分析。分析结果表明：马铃薯基因组共包含约 39000 个基因，在进化过程中经历了两次全基因组复制。马铃薯是通过薯块繁殖的，属于营养繁殖作物，具有严重的自交衰退现象，对基因组的分析初步揭示了马铃薯自交衰退的基因组学基础。通过比较基因组分析，发现了薯块生长发育和病虫害抗性的重要基因。此外，马铃薯基因组也为进一步了解双子叶植物的进化路径提供了分子生物学新知识。

(3)白菜基因组学研究

2011 年 8 月 29 日，国际权威学术期刊《自然·遗传学》(*Nature Genetics*)在线发表了白菜全基因组研究论文(*The genome of the mesopolyploid crop species Brassica rapa*)。此项成果是在中国农业科学院蔬菜花卉研究所和油料作物研究所、深圳华大基因研究院主导下，由中国、英国、韩国、加拿大、美国、法国、澳大利亚等国家组成的“白菜基因组测序国际协作组”共同完成，是继黄瓜基因组测序和马铃薯基因组测序项目后，由我国主导，通过国际合作完成的蔬菜领域基因组研究的又一重大成果，标志着我国以白菜类作物为代表的芸薹属作物基因组学研究取得了国际领先地位。

2003 年 1 月，由英国、法国、澳大利亚、韩国、加拿大、美国、中国、德国等国际上主要的十字花科芸薹属作物(白菜、甘蓝、油菜等)研究强国组成的“多国芸薹属基因组项目指导委员会”最早提出了开展芸薹属作物基因组测序研究的计划。同年 6 月正式启动“白菜基因组测序计划(BrGSP)”，确定使用大白菜作为测序材料，通过多国协作，利用 Sanger 测序技术，以“BAC to BAC”的方式进行全基因组测序。随后，韩国率先启动染色体 A03 和 A09 的测序，英国与我国也共同启动了染色体 A01 和 A08 的测序，但进展缓慢，白菜基因组测序陷于举步维艰的地步。

2008年10月，中国农业科学院蔬菜花卉研究所在利用第二代基因组测序技术进行黄瓜基因组测序取得重大进展的基础上，联合油料所和深圳华大基因研究院，果断地启动了使用新一代技术进行白菜基因组测序的研究。2009年9月，鉴于我国开展的白菜基因组测序取得重大进展，BrGSP协作组正式决定终止原有的所有测序活动，以我国测定的白菜基因组序列为A基因组参考序列。

在完成白菜基因组组装的基础上，我国科学家联合国际同行进一步开展了白菜基因组注释、比较基因组学、基因组进化和各种相关的生物学分析。分析结果表明，白菜基因组大小为约485Mb，共包含约42000个基因；白菜的祖先种与模式物种拟南芥非常相似，它们大约在1300万～1700万年前发生了分化，两者依然维持着良好的基因之间的线性对应关系；白菜基因组存在3个类似但基因密度明显不同的亚基因组，其中一个亚基因组密度显著高于另外两个亚基因组，推测白菜基因组在进化过程中经历了两次全基因组加倍事件与两次基因丢失的过程。研究发现，白菜在基因组发生加倍之后，与器官形态变异有关的生长素相关基因发生了显著的扩增，白菜基因组复制导致了许多与形态变异有关的基因存在更多拷贝，这可能是白菜类蔬菜具有丰富的根、茎、叶形态变异的根本原因，这一成果对研究不同产品器官的形成与发育具有重要价值。

白菜是迄今为止测定的与模式物种拟南芥亲缘关系最近的物种。拟南芥是目前世界上研究的最为透彻的物种之一，大量的拟南芥基因功能得到了阐明。由于白菜基因与拟南芥基因存在高度的相似性，白菜基因组的测定为利用丰富的拟南芥基因的功能信息架起了桥梁，这为利用模式物种信息进行栽培作物的改良奠定了良好的基础，将极大地促进白菜类作物和其他芸薹属作物的遗传改良。

(4)西瓜基因组研究

北京市农林科学院蔬菜研究中心联合中国农业科学院、华大基因研究院以及国际种苗公司于2008年启动了国际西瓜基因组计划(IWGI)，开展西瓜全基因组测序工作，并在此基础上开展了西瓜抗病机制和果实发育的基因表达谱研究，以期从基因组和转录组水平上深入了解西瓜品质形成和抗病的分子机制，最终提高我国西瓜育种效率与基因组学研究水平。采用Solexa高通量测序技术，完成了的蔗糖积累型西瓜品种97103的全基因组测序组装和注释，组装基因组大小353Mb，覆盖了西瓜全基因组的83.2%。同时完成了97103果实发育4个时期的转录组测序工作(Guo et al.，2011)。综合上述研究结果，提出了西瓜果实发育过程中的糖代谢途径，共发现了60个糖代谢相关基因，编码13类糖代谢酶和1个蔗糖转运蛋白。西瓜全基因组序列信息已向全球释放。

4. 基因工程研究

在20世纪90年代的研究基础上，蔬菜作物基因工程技术研究近年又获得新进展，虽然绝大多数研究成果尚未在育种实践中得到利用，但为将来的发展提供了技术贮备。在抗病基因工程中，抗病毒基因工程发展较快，在通过导入病毒外壳蛋白基因获得抗病毒的转基因植株方面，将TMV和CMV外壳蛋白基因导入到甜椒中，获得了抗病毒能力增强的转基因甜椒植株。分离、人工合成并扩增核内蛋白酶a(*NIa*)基因，利用真空渗入原位转基因技术获得抗芜菁花叶病毒(TuMV)植株。

抗虫基因工程研究也已取得一些成果，如 Bt 基因已经导入包括番茄、马铃薯、青花菜、结球甘蓝、白菜、菜薹等蔬菜作物，蛋白酶抑制剂基因已导入甘蓝、花椰菜、大白菜、不结球白菜、马铃薯和茄子、甜椒、芥菜。用 EFE 反义基因转化番茄，获得的延熟番茄在 13～30℃下可贮藏 45 天，在 1996 年被批准为大陆第一个商品化生产的农业基因工程产品。将 *ACC* 解氨酶基因导入青花菜，获得了转基因植株。将 *ACC* 氧化酶反义基因导入青花菜，使转基因植株的乙烯合成量减少。

转乙肝病毒抗原蛋白基因番茄，转降钙素番茄、油菜、生菜均获成功。其中转乙肝病毒抗原蛋白基因番茄和转降钙素生菜已被“国家转基因安全委员会”批准进入中间试验。

（三）蔬菜作物遗传育种研究

1. 蔬菜高效育种技术研究

白菜：在白菜类蔬菜上建立了完善的大白菜、小白菜、芜菁和油菜游离小孢子培养技术体系；建立了甘蓝细胞质雄性不育向大白菜转育技术体系；建立了大白菜、小球白菜雄性不育基因的分子标记辅助育种技术，并成功应用于不育系选育实践，建立完善了大白菜抗病性鉴定技术（软腐病、黑腐病、晚抽薹和抗干烧心）。

甘蓝：在甘蓝类蔬菜上研究并明确了影响结球甘蓝小孢子出胚率的主要因子；明确影响胚成苗（胚再生成植株）的关键因素；育成优良的 DH 系多个。通过回交转育鉴定获得性状优良的显性雄性不育材料，育成新的优良甘蓝胞质不育系。育成优良的甘蓝自交不亲和系，花期自交亲和指数小于 1，蕾期自交亲和指数大于 10，配合力好。初步建立了甘蓝耐裂球性的鉴定方法和标准，甘蓝耐热性、耐寒性的鉴定方法研究。

番茄：在番茄上建立并完善了番茄主要病害叶霉病、枯萎病、黄萎病、晚疫病、根结线虫病、青枯病等病害抗性基因分子标记辅助选择技术体系。完善了番茄根结线虫病、黄萎病、叶霉病苗期多抗性鉴定方法。明确了江苏省及周边地区番茄晚疫病菌生理小种，并进行了番茄晚疫病遗传规律的研究及交配型鉴定。首次完成了高色素基因 *hp*1 和 *hp*2 及其对应的野生型 Hp1 和 Hp2 分子标记的筛选。

辣椒：在辣椒上首次进行了原生质体培养的研究，获得高产、高活力原生质体的培养方法。以不同基因型的甜、辣椒为供试材料，对包括小孢子发育时期、预处理方法、内源激素含量、培养基类型、不同添加成分对胚状体或愈伤诱导的影响以及小孢子植株倍性鉴定方法、移栽技术等进行了较为系统的研究，部分基因型获得了 DH 群体。研究和探讨了辣椒耐高温高湿性、耐低温性、耐弱光性的人工鉴定方法和措施，同时利用分子生物学技术开发了对辣椒根结线虫、疫病、疮痂等病害的抗性鉴定的分子标记等。

黄瓜：在黄瓜上建立了雌性系材料高效诱雄技术体系，雌性基因的分子标记检测技术，以及雌性性状的转育技术，创制出一批优良的雌性系黄瓜育种材料。优化了黄瓜未受精子房离体培养技术，从诱导培养基优化和困难基因型改造两个途径，使困难基因型材料胚胎发生频率由原来的 2%提高到 30%。通过单倍体技术获得 DH 系近 3000 份，其中优异材料开始应用于黄瓜育种。建立了两套准确、可靠而快速的复合抗病鉴定方法：①黄瓜枯萎病、白粉病和霜霉病 3 种病害苗期多抗性鉴定方法；②黄瓜枯萎病—白粉病—褐斑病—黑星病 4 种病害苗期多抗性鉴定方法，实现了大量育种材料的多抗性鉴定，筛选效率大幅提高。确立了黄瓜耐热性、耐低温弱光性鉴定技术体系。

西瓜：在西甜瓜上建立西瓜病毒病，枯萎病，白粉病与甜瓜白粉病，霜霉病、疫病和蔓枯病等主要病害的复合苗期接种鉴定方法。建立西瓜抗枯萎病、病毒病以及甜瓜抗白粉病分子标记辅助育种技术，获得了多份抗白粉病的优异种质资源。

2. 蔬菜新品种选育

近年来，尤其是在2006—2011年，我国蔬菜育种家共培育白菜、甘蓝、番茄、甜辣椒、黄瓜、西甜瓜等蔬菜新品种200余个，并且这些新品种在生产上已经或正在推广应用。这些品种的育成与推广实现了早、中、晚不同熟期，不同栽培方式（露地、日光温室、大棚栽培）、不同季节栽培的品种配套，实现了品种专用化。如：

(1)适合不同栽培方式蔬菜新品种

在新培育的番茄新品种中，有适合日光温室长季节栽培番茄专用新品种，如‘中杂108’、‘东农系列品种’等。有适合塑料大棚生产专用番茄新品种，如‘苏粉9号’、‘苏粉10号’、‘浙杂205’、‘申粉10号’等。有适合南方露地生产的专用番茄品种3个，如‘阿克斯1号’、‘渝抗10号’、‘渝粉109’。还有加工番茄新品种，如‘新番系列品种’、‘石红303’、‘IVF6201’等。

(2)适合不同栽培季节蔬菜新品种

在新培育的白菜新品种中，有适于春播晚抽薹大白菜新品种，如‘京春黄’、‘京春娃2号’、‘天正橘红62’等。有秋早熟优质出口大白菜新品种，如‘中白62号’、‘东白三号’、‘津秋606’等。有抗病、抗干烧心、耐贮运、中晚熟大白菜新品种，如‘中白78号’、‘沈农超级8号’、‘东农907’等。有优质、抗病、耐寒、耐热适于四季种植的小白菜新品种，如‘先锋一号’、‘先锋二号’等。

(3)所育成新品种的应用明显地改善了产品的品质，减少了农药使用量，有利于环境保护和生产安全农产品。例如‘仙客5号’和‘仙客6号’两个番茄品种的育成与推广有效地解决了设施番茄生产中根结线虫防控的难题，应用前景广阔。2006—2009年，‘仙客5号’、‘仙客6号’已在北京、河南、河北、山东、山西和陕西等地累计示范推广面积达5300余hm^2。新增产值5314.39万元，节约农药开支1253.89万元，新增直接经济效益6568.28万元。免除了在番茄生产中因防治根结线虫带来的环境污染，保障了产品质量安全，实现了增产、增收、节支、绿色环保，促进了蔬菜生产的可持续发展。

新育成的品种在风味品质上明显优于国外品种，并且在价格上占有优势。一方面有利于提高我国番茄及相关产品的竞争能力，另一方面有利于遏制外国种子公司对我国种子市场的垄断。例如‘浙杂205’平均价格为0.024元/粒，平均每公顷所需种子成本为900元（每公顷37500株），而进口种子，如以色列品种‘FA-189’平均价格为0.32元/粒，平均每公顷所需种子成本为9600元（每公顷30000株）。仅从种子成本及产品价格来计算，与使用进口种子相比，‘浙杂205’的使用，每公顷可节支8700元。同时，由于早熟性好和产量的提高，在同样的栽培条件下，可增加效益10500元/hm^2以上。两项合计，‘浙杂205’可增收节支1200元/hm^2以上。‘浙杂205’已累计推广应用2300余万hm^2，农民新增收益（含节支）4140万元以上，同时减少种子进口花费，社会、经济效益显著。

(四)蔬菜作物生长发育与栽培技术研究

近年来,我国蔬菜栽培生理与技术的研究主要集中于蔬菜生产设施改进与环境控制、蔬菜集约化育苗、资源高效利用与连作障碍克服等方面并取得了一系列成果,为我国庞大的蔬菜产业尤其是设施蔬菜产业的发展提供了有力的支撑。与发达国家相比,尽管我国在蔬菜设施智能化装备及自动控制、设施蔬菜单产水平方面存在很大差距,但是在设施蔬菜节能栽培技术的研究与应用方面处于国际领先水平。

1. 设施及其装备与环境控制

日光温室是我国设施蔬菜生产的主要设施,但是存在结构不够优化、采光保温性能差、环境控制程度较低、土地利用率不高等问题。近年来,通过多学科产、学、研联合攻关,在日光温室结构改进和环境控制等方面取得了显著进展。特别是在日光温室改进方面,研发出了工厂化育苗专用日光温室和专用连栋温室,与加温的普通连栋温室育苗相比,节能56%以上。东北新型多连栋节能日光温室的土地利用率提高到80%～90%。研制的石块浆砌墙体,砂石堆砌保温层的下挖型日光温室,非常适宜于在我国广袤的非耕地地区应用。东北新型落地装配式全钢架结构日光温室,比传统的日光温室在施工速度、用钢量和采光量方面都有了显著提高。构建的日光温室二维温度场数学模型能够模拟预测日光温室内的环境性能;研究明确了日光温室浅层土壤水媒蓄放热增温效果,为日光温室的保温设计提供了依据;明确了下挖深度与日光温室保温性及室内光照分布的关系,提出了不同纬度日光温室的适宜下挖深度。

针对日光温室环境数据信息监控特点,基于ZigBee协议的传感器节点技术,组装现场监控无线传感器网络,实现数据远程传输至指定数据库服务器,并提出了基于遮阳网、天窗等机械运动图像处理新方法的温室视频监控新方法。已将嵌入式远程视频采集技术应用到温室监测中,获取温室作物的生长状况、肥水需求情况以及病虫草害动态等信息的反应载体作物的生长图像。建立了基于无线传感器网络的温室植物生长光照强度和温室环境监控系统。针对温室环境的多输入、多输出、非线性和难以建立数学模型等特点,提出的一种基于BP神经网络的专家系统并用于温室控制,该方法解决了传统专家系统知识获取的瓶颈问题、推理能力差、智能化低的缺点,能给出决策可信度的评判依据,实现了神经网络和专家系统功能上的互补。在温室环境控制装置研发方面,研制了一种温室环境控制装置,可根据白天和夜间温室环境控制的不同特点实现温室环境白天和夜间两种控制模式,更加精确和高效地实现对环境参数的自动控制,提高设备的使用效率、降低能耗。研发的基于ZigBee无线传感器网络的自动控制滴灌系统能够监测植物土壤湿度、环境温度和光照的变化,通过无线网络将传感器信号反馈,结合传感器融合技术可对滴灌动作做出精确判断,实施高效的节水灌溉措施。开发出了移动式温室精确灌溉施肥机,该产品移动方便,并在不同温室之间快速连接管路,性能稳定,成本低。研制开发了燃煤式土壤基质高温热水消毒机,对根结线虫的防效达60%以上。

2. 资源高效利用

由于温室气体限制排放和石化能源日益枯竭等原因,国外在园艺设施节能和新能源应用技术的开发方面，以减少对化石燃料的依赖，取得了一些进展。为了提高太阳光的利用率，研发出了透光率更高的透明覆盖材料，如荷兰瓦赫宁根大学研发了一种“Zigzag”板材，能对反射光进行二次利用，透光率达到89%以上；有些国家研制出了温室屋顶清洗机械装置，以增加温室透光率。为了减少设施内长波辐射损失，对温室覆盖材料的内侧进行镀膜处理，以阻止长波的向外辐射，减少热损耗，能够实现节能25%以上。热能多用途利用和余热回收，尽量减少热损耗。如锅炉烟囱均装有余热回收装置，热回收效率达到75%以上。为了利用浅层低能，以土壤作为蓄热源，夏季低温冷源抽到地上，用于降温，把经过热交换的热量打到地下，贮存起来；冬季再把贮存的高温热源抽上来，在热泵作用下升温到45～50℃。这样稍许加温即可用于温室采暖，节能幅度达65%～70%。LED节能光源应用技术研发。随着发光二极管LED(light-emitting diode)技术的发展，研制出了针对植物需求的单色LED(如波峰为450nm蓝光、波峰为660nm的红光)及其组合光源，光能利用率达到80%～90%，节能效果极为显著。近年来，LED光源的利用研究较多，在荷兰已广泛应用于蔬菜育苗和园艺作物的生产。

针对我国设施蔬菜生产中资源利用率低的实际问题，近年来，提高土地、光能、水分和养分利用率的研究较多，并取得了可喜的进展。甘肃、宁夏等地利用充足的光能资源和土地资源，通过发展以农作物秸秆和沙地等为栽培基质，配以有机和无机肥料来进行主要瓜果蔬菜的生产，实现了非耕地的有效利用。在水分和养分方面，近年来，大规模推广应用了膜下滴灌、膜下渗灌等微灌技术与肥水一体化技术，既明显降低设施内空气湿度减少了病害，又达到节水、节肥、省药、省工、增产和提高品质的效果。CO_2施肥可以增强蔬菜对生物逆境和非生物逆境的抗性，改变蔬菜作物的矿物质吸收和分配，提高光合作用和产量。近年来，北方推广应用了以玉米等秸秆为材料的高温堆肥发酵技术技术，南方利用水稻等秸秆好气发酵技术。这些技术不仅有效利用了农作物废弃秸秆产生CO_2而提高光合作用，也可产生热量，提高设施中的温度，增产幅度达20%左右。另外，各地发明了多种简易CO_2施肥装置，如利用碳酸氢铵直接电解产生CO_2的装置。

3. 克服育苗与连作障碍

蔬菜育苗逐步从传统的家庭育苗走向集约化工厂化育苗，工厂化育苗在山东等地已经达到了约20%的水平。北方主要应用日光温室穴盘育苗，南方主要推广电热温床穴盘育苗。根据其材料来源情况，研发了以玉米秸、麦秆、草炭、蛭石等不同比例的混合基质来替代传统育苗基质，形成适合各地的规模化和商品化生产模式。

土壤连作障碍是设施蔬菜优质高产的主要瓶颈，近年来克服连作障碍的研究主要从种植制度和种植方式的优化、抗土传病虫害品种和嫁接砧木的筛选和利用、土壤消毒及生物防治等综合防治角度着手。如采用具有化感作用的作物如葱蒜类和禾本科植物轮作或间套作，夏季种植填闲作物，推广应用水旱轮作栽培模式，采用隔离和半隔离式有机基质栽培，开发石灰氮和1,3-D等化学消毒物质，应用蒸汽消毒和高温焖棚等环境友好型物理消毒技术等。

4. 抗逆机制与抗逆调控

蔬菜生产中经常遭遇低温和高温、弱光和强光、干旱和涝害、高盐和重金属等非生物胁迫与病虫等生物胁迫，这些胁迫对蔬菜生长发育、光合作用、抗氧化系统和养分吸收的影响以及调控是近年来的研究热点，其中，光合效率分析、抗氧化系统分析和 RT - PCR 分析成为近年来利用最多的方法手段。如利用基因芯片技术研究干旱胁迫下番茄转录水平的变化，耐盐野生番茄和盐敏感栽培番茄盐胁迫下的转录本的水平的变化，盐胁迫下黄瓜根系的蛋白组变化等，这些工作为深入研究抗逆机制和进行分子育种奠定了基础。低温、弱光是设施蔬菜栽培的主要逆境，低温弱光下黄瓜叶片 RuBP 羧化效率下降导致 PSI 产生更多的光合作用过剩电子流向 O_2 即 Mehler - Asada 途径的加剧，产生的过剩电子和活性氧又进一步导致 Calvin 循环酶的失活和 CO_2 同化速率的下降。黄瓜叶片中的 SOD 基因表达和编码酶活性同 Cu、Zn、Fe 和 Mn 等水平有关，不同品种的耐低温弱光能力还同果实生长所需的碳水化合物引起的反馈调控有关。低温胁迫下接种 AMF 可通过促进黄瓜幼苗叶片可溶性蛋白的大量积累和抗氧化酶活性的提高，增强黄瓜幼苗对低温胁迫的适应性。关于提高蔬菜抗盐性、抗旱性及耐低氧胁迫方面的研究也取得一些进展。盐胁迫下接种丛枝菌根真菌能促进番茄植株生长和对水分的吸收，显著提高叶片相对含水量，适度水分胁迫能提高黄瓜幼苗光合作用的弱光适应性。干旱预处理可诱导黄瓜幼苗对低温胁迫的交叉适应性，这种适应性与渗透调节能力的增强有关。喷施 $10\ mg \cdot L^{-1} CaCl_2$ 能够有效提高亚高温下番茄叶片光合作用。外源 γ -氨基丁酸（GABA）能够提高番茄耐盐性。CO_2 浓度倍增可通过提高黄瓜叶片的净光合速率和降低蒸腾速率来提高干旱胁迫条件下叶片水分利用效率。外源 EBR（2、4 -表油菜素内酯）能够通过促进碳水化合物从叶片向根系的分配及根系糖酵解代谢酶活性的提高，增强黄瓜植株耐低氧胁迫的能力。

近两年来的一个重要研究进展是利用转基因技术研究抗逆基因的功能。如过量表达甘油- 3 -磷酸酰基转移酶基因提高了番茄的抗冷胁迫能力，反义抑制叶黄素代谢相关基因 ZE 减缓了低温弱光对番茄 PSI 和 PSII 的光抑制；过量表达叶绿体中的 MDHR 基因提高了番茄对温度和氧化胁迫的抗性，而过量表达转录因子 LeERF2 通过调节乙烯合成而提高番茄抗冻能力。黄瓜过量表达冷胁迫诱导的转录本调节基因 ICE1 表现出更强的耐低温性。

有关植物激素等生理活性物质如油菜素内酯（BR）、ABA、多胺、NO、水杨酸、H_2O_2 等在抗逆调控中的作用的研究较多。油菜素内酯通过细胞膜 NADPH 氧化酶产生 H_2O_2 来提高包括对低温、化学氧化和病毒等胁迫的抗性。另外，BR 还发现能提高对高温、低氧胁迫、化学农药等抗性，提高在逆境和正常生长光合效率，且高温下 BR 处理还伴随着 ABA 水平的提高。ABA 和 H_2O_2 等具有提高抗氧化酶活性，保护高温和渗透等逆境下叶片叶绿体结构的作用，H_2O_2 参与了 NO 引起的番茄铜抗性调控。研究还发现嫁接通过提高多胺和抗氧化酶系统以及光合作用来增强番茄和黄瓜等的铜抗性和抗冷性，CO_2 加富能通过增强铁不足条件下铁胁迫诱导的反应从而提高铁营养水平，外源硅能提高黄瓜抗氧化能力和对低温的抗性等。

利用优良砧木嫁接是克服蔬菜连作障碍和冬春低温弱光问题的重要途径，因此，近年来蔬菜嫁接砧木资源的评价与嫁接提高蔬菜抗逆性的研究是一大热点。在抗病方面，已经筛选出番茄抗青枯病、枯萎病和抗线虫；黄瓜抗枯萎病、茄子抗黄萎病的砧木，但目前还缺少具有实用价值的瓜类抗线虫的嫁接砧木。在嫁接提高蔬菜抗逆性方面，发现嫁接抗性砧木能缓解通过提高光合作用和抗氧化酶活性来提高抗盐性，嫁接黑籽南瓜可通过提高多胺含量和抗氧化酶活性来提高抗性。黄瓜嫁接黑籽南瓜可缓解盐分对大量元素吸收的抑制作用。在嫁接方法上，除传统的嫁接方法外，近年来形成和完善了一些新型或实用方法，如套管嫁接法、双砧嫁接法和断根嫁接法。其中，双砧木嫁接是利用不同品种砧木之间抗病性、抗低温能力、生长状况等差异特点进行互补，在黄瓜生产中应用增产作用明显。利用甜瓜中间砧（伊丽莎白）嫁接黄瓜，既可保持普通嫁接黄瓜的强生长势，又可显著改善黄瓜果实品质。

5．蔬菜优质安全生产

蔬菜优质安全生产备受关注。合理的水氮处理能明显改善温室黄瓜营养品质和风味品质，番茄植株单株结果数与果实干物质、可溶性固形物、维生素 C、有机酸含量和糖酸比均随灌水量降低呈增加趋势。研究发现 3 -丁烯基硫苷、4 -戊烯基硫苷和 2 -羟基- 3 -丁烯基硫苷是大白菜硫苷的主要组分，毛地黄黄酮和芹菜素是芹菜黄酮的主要组分。喻景权课题组发现油菜素内酯能通过加速植物体内的农药代谢降解过程，降低蔬菜等产品中的农药含量，这对降低蔬菜农残，提高产品安全性具有重要意义。近年来，有关重金属对蔬菜产品污染的研究日益收到重视，明确了重金属的输入途径有施肥和灌溉，有机肥施用是生产系统重金属输入的主要来源。如何通过优化栽培模式、改良土壤、施用优质灌溉水和有机肥等的保障以及筛选低重金属吸收品种来减少蔬菜中的重金属含量是我们今后面临的问题。在蔬菜安全生产方面推广应用了防虫网、性诱剂、黏虫板、硫黄熏蒸、生物农药和有色薄膜等环境友好型病虫害防治技术，使农药残留合格率达到了 98%。农业部启动“园艺标准园”建设项目以来，标准园产品农药残留合格率达到了 99.8%。

（五）蔬菜作物病虫害综合防治研究

随着近年来蔬菜种类的增加，国外引种频繁，蔬菜作物上出现了一些新病虫害，以及部分次要病虫害上升为主要病害。因此，目前蔬菜作物病虫害综合防治研究的重点，主要研究蔬菜作物病虫害的为害新特点，研究造成为害的病原微生物和害虫的生物学特性、鉴别技术，病虫害的发生发展规律以及病情诊断和综合防控技术。从农业生态系统的整体出发，根据病原菌、害虫与环境间的关系，充分发挥自然控制因素的作用，因地制宜地协调应用农业防治、物理与生物防治、化学药剂防治等各种措施，预防或减少病虫的发生与为害，避免农药残留，减少化学农药对环境的污染，实现蔬菜的无公害、绿色生产。

病虫害是制约蔬菜生产可持续发展的重要因子。随着我国蔬菜产品由数量消费型向质量消费型转变，蔬菜病虫害防治技术的研究越来越受到人们的重视。从“十一五”到“十二五”之初，由于国家对蔬菜学科整体科研支持加强，蔬菜病害的研究向广度和深度两个方向发展，提高了我国蔬菜病害研究的整体水平，保障了蔬菜生产的可持续发展。我国蔬菜病虫害防控技术的成就是多方面的，这里仅以下列重要成果为例，简要介绍蔬菜病虫害防治技术的显著进步。

1．蔬菜病虫害病菌资源研究

我国地域辽阔，跨越多个气候带，生态环境条件复杂多样，蔬菜病虫害的发生也呈现种类多样性、为害复杂性、防治困难等特点。近两年来，在进行全国范围内病虫害调查的基础上，逐步收集、整理和建立了蔬菜病虫害病菌资源库和标本库。

目前，我国已经成立了多个微生物菌种资源保藏中心，并建立了多个微生物资源库，除了我国第一个统一数据结构的国家级菌种保藏数据库——我国微生物菌种目录数据库外，从事蔬菜病害专业研究的单位也建立了病菌资源库。在蔬菜病原菌方面，目前已经收集整理了包含了60多种蔬菜的500多种病原菌的10000多个菌株。同时，建立了我国蔬菜病虫害样本信息共享数据库，与微生物病菌资源库共享基础数据，搭建了我国蔬菜病害病菌资源研究与数据共享平台。

蔬菜病虫害标本库可为病虫害的研究和防控提供最真实、可靠的数据基础。目前，已保存了蔬菜作物病害标本资源和农业害虫标本，包括了200多种蔬菜的4000多种病害标本和2000多种害虫标本。

2. 蔬菜病虫害检测与诊断技术

国内外植物病害的检测方法很多，传统的病原学检测方法主要根据病害的症状、病原菌的特征以及研究人员的经验进行。该方法对植物病理学专家的依赖性较大，难以快速地对病害进行早期诊断，不能适应现代植物病害快速、准确诊断的要求。近年来，随着科学技术的发展，新的技术方法不断引入该领域，如免疫学技术、分子生物学检测技术、计算机视觉诊断和光谱学诊断方法等，逐渐在植物病虫害的检测与诊断中得到推广，并取得了有效的成果。

第一是免疫学诊断技术。这是一种常用并且可以定量的检测技术方法，通常采用间接ELISA或夹心ELISA方法。PCR-ELISA是ELISA检测技术中的一种新颖的方式，其与ELISA相比具有更高的特异性及灵敏性。近年来，免疫学技术在病原真菌和细菌的检测方面发展极快，已经在疫霉属（*Phytophthora*）、腐霉属（*Pythium*）、丝核菌属（*Rhizoctoria*）、镰刀菌属（*Fusarium*）等植物病原真菌和假单胞菌属（*Pseudomonas*）、欧文氏菌属（*Erwinia*）、土壤杆菌属（*Agrobacterium*）等许多植物病原细菌检测中应用，而且已有许多蔬菜病原菌属的诊断试剂盒面世。

第二是分子生物学诊断技术。近年来，分子诊断技术已开始应用于植物病害的诊断鉴定，实现了由定性检测到定量检测的飞跃。实时荧光定量PCR（Real-time Quantitative PCR）技术以其特异性强、灵敏度高、重复性好、定量准确、速度快、全封闭反应等优点，成为植物病原菌快速检测研究中的重要工具。目前，荧光定量PCR技术已逐渐应用到多种蔬菜作物的真菌、细菌、病毒病害和蓟马、粉虱等虫害的检测研究方面，并且已有多种试剂盒生产面世。在黄瓜棒孢叶斑病菌（*Corynespora cassiicola*）、辣椒疫霉菌（*Phytophthora capsici*）、西瓜细菌性果斑病菌（*Acidovorax avenae* subsp. *citrulli*）、西花蓟马（*Frankiniella occidentalis*）等多种蔬菜病害和虫害的检测中获得成功。

第三是计算机视觉诊断技术。计算机视觉技术（Computer Vision Technology）是近40年来伴随着信息技术的发展应运而生的一门技术，从其诞生开始就受到国内外学者的广泛重视。近两年来这项技术在蔬菜作物病害诊断中开始研究和应用，已经建立的病虫害诊断系统有黄瓜病虫害诊断系统、番茄病虫害诊断系统、辣椒病虫害诊断系统等。

第四是光谱学诊断技术。近年来，光谱学技术逐步应用到植物病虫害的诊断和监测中来,但主要集中在大范围的大田作物病害遥感监测方面。对于蔬菜病害的光谱学诊断,虽然目前尚处于研究起步阶段,但也有少数成功的实例,如高光谱成像技术在黄瓜叶部病害诊断中的应用,傅立叶变换红外光谱技术在病害烟叶识别中的应用和对黄瓜棒孢叶斑病(Corynespora cassiicola)的早期检测等。

(六)蔬菜产品的采后处理及贮藏加工研究

从总体上看,发达国家比较重视蔬菜采后生理研究、杀菌、感官及营养质量研究、包装及设备智能化等研究。我国近年来在蔬菜采后处理及贮藏加工研究取得一定的进展,在非热加工、高效提取分离技术、干燥技术、保鲜技术与装备研究等方面取得较好的成绩。

1. 高效节能干燥新技术及装备研究

在高效利用太阳能或光能与风能的干制技术系统和节能型组合干燥技术方面,开发新型高效的太阳能晾(晒)房干制系统和节能高效的多热(能)源组合干燥技术与装备,为干制蔬菜等工业化生产提供技术支撑。研究开发了分段变温的节能高效干燥技术以及干燥过程中的质量控制技术,研制开发换热器内置的新型带式干燥设备,形成适用于多种蔬菜干燥增值加工的成套技术设备。

2. 冷加工与高效分离技术开发研究

通过对高密度二氧化碳、高压脉冲电场和高频脉冲磁场等冷杀菌灭酶效果以及对相关营养物质、风味、色泽和生物活性物质等产品品质影响进行系统研究,重点开发出高密度二氧化碳、高频脉冲磁场和高压脉冲电场等食品冷加工工艺技术和设备样机。通过对超声波(UAE)、微波(MAE)和强电场(PEFAE)等现代高效辅助萃取技术的传质动力学及分离工艺的应用研究,重点开发超声波、微波、强电场等高效辅助萃取工艺技术,为提高分离效果和开发高附加值产品等提供新的技术途径。

3. 包装新材料研究

开展了活性薄膜与可食性薄膜研究与开发,通过对阻隔膜等离子强化蒸镀技术和可食性薄膜成膜机理、机械特性、通透性,以及活性薄膜的力学性能、通透性能、膜料微观结构和保鲜效果的系统研究,开发出可食性薄膜、活性薄膜包装材料和高阻隔性陶瓷阻隔膜复合包装新材料。通过对植物纤维特性以及包装制品材料组分对形成的包装制品的外观质量和卫生安全影响的研究,植物纤维分子重组技术及多组分纤维干法热成型技术的研究,开发全降解包装制品加工成套技术和装置。

4. 蔬菜现代物流防腐保鲜技术研究

开展了蔬菜新型安全流通保鲜材料的开发与应用研究,研究出高效乙烯脱除剂和脱除装置与缓释性防腐保鲜垫;开发出蔬菜流通过程中臭氧处理保鲜技术,通过臭氧保鲜处理方式、使用剂量和处理时间、微环境条件参数研究,实现物流过程中蔬菜生理和病理双控;开展了 CO_2 高传导性膜的开发研究;开发适应大流通量的变压气调、低褐变臭氧处理等蔬菜保鲜新技术。

5. 产地预冷、冷链技术研究

开展了蔬菜产地快速实用预冷技术研究，重点进行青花菜、芦笋、菜薹差压预冷设备开发、差压预冷配套技术研究和规模应用，使上述蔬菜的物流品质显著提升。研究开发了抗损性轻型保温覆盖包装材料，解决大宗蔬菜冷库预冷后采用货车运输的简易节能保温运输问题；研究开发了保鲜储藏条件自动控制技术、低冰点冷媒蓄冷技术，研制开发湿冷换热设备、蓄冷设备和移动式湿冷保鲜设备，集成高湿低温双效无霜冷藏系统；开展了蔬菜采收标准、物流微环境调控技术及参数确定、货物装载形式优化、保鲜包装和保鲜剂的集成技术研究，降低了蔬菜的物流损耗，货架期有所延长。

三、蔬菜学重大关键技术

（一）蔬菜作物种质资源研究

建立主要蔬菜作物核心种质和微核心优异种质群。蔬菜作物种类繁多，每种作物资源非常丰富，然而如何挖掘其优异基因源和高效利用这些资源是急需解决的问题，核心种质和微核心种质的构建为解决这一问题提供了新的思路。研究和构建主要蔬菜作物的核心种质，将大大提高我国蔬菜种质资利用效率和效果。

建立主要蔬菜作物资源分子身份证技术。随着各种分子标记的不断发展和完善，构建各种作物种质资源的DNA指纹图谱，从分子水平上对种质的遗传特异性快速、准确鉴定成为可能。将DNA指纹数字化的分子身份证将赋予每份资源一个特异的鉴别信息，在达到了在种质检索时更加直观，提高供种效率的同时，为特有和优异基因资源的保护提供了技术保障。

离体保存主要无性繁殖蔬菜种质资源。离体保存技术在植物育种和生物多样性保护上尤其对于无性繁殖作物种质资源保存的巨大潜力已经得到国内外学者的公认。然而，蔬菜作物种类繁多，生物学特性多样，在实践中，需要针对每种作物的特性，研制不同的离体保存技术方案。相信通过技术和设施的不断改进，离体保存技术将日臻成熟，必将在无性繁殖蔬菜，尤其是珍稀和濒危种质资源的保存中发挥更大的作用。

精准鉴定和评价重要蔬菜作物种质资源重要农艺性状。种质资源的精准鉴定和评价是在对根据不同作物的特性研究制定统一规范鉴定评价技术，并根据不同作物的生长习性，进行多种生态区，多年度、多重复的鉴定与评价。重要蔬菜种质资源的精准鉴定评价将有利用深入了解不同蔬菜作物的生物学特性，有利于为重要农艺性状相关的优异基因源挖掘和利用，为蔬菜育种和生产提供可靠的育种和研究材料。

基于基因组重测序技术的种质资源起源、进化与亲缘关系研究及优异基因源挖掘。随着越来越多的物种基因组被测定，全基因组重测序已成为基因组研究领域行之有效的方法。例如，揭示特种起源、种质资源多样性研究方面起到了显著作用。重测序能够全面快速地对差异基因进行筛选鉴定，包括单核苷酸多态性（SNP）、短片段插入缺失（Insertion & Deletion，Indel）、大片段结构变异（structure variation，SV）等。随着重要蔬菜基因组测序工作展开，基因组重测序技术将为种质资源起源、进化和优基因的挖掘带来革新变化。

建设蔬菜种质资源信息和实物共享平台。资源鉴定、整理整合和信息系统的建设将成为"殖蔬菜种质资源及其信息共享"的窗口;蔬菜种质资源库和资源圃的建设和有条件对外开放也将成为蔬菜遗传资源保护和研究方面国际交流与合作的纽带。通过配套设施设备的建设和研究的拓展,蔬菜种质资源的收集保存、鉴定评价、优异基因挖掘和种质创新技术的不断进步,必将不断丰富蔬菜种质资源共享平台的信息,从而达到实物的共享和高效利用。

(二)蔬菜基因组学与生物技术

(1)利用重测序进行规模化高质量标记开发技术。

(2)利用遗传资源与标记分析技术相结合进行重要性状关联分析技术。

(3)大规模标记高通量分析技术。

(4)使用基因组规模标记进行分子育种的信息技术。

(三)蔬菜作物遗传育种技术

1. 蔬菜遗传育种研究共性技术

杂种优势利用技术、雄性不育系应用育种技术、分子标记辅助选择技术及小孢子培养等单倍体诱导育种技术,为当前蔬菜育种的行业共性技术。我国从 20 世纪 60 年代初开始蔬菜杂种优势利用育种研究,目前除个别(如豆菜类蔬菜)外,生产上大部分蔬菜品种都是杂交一代品种;我国在十字花科蔬菜雄性不育育种上处于国际先进水平,甘蓝显性雄性不育育种技术国际领先,雄性不育育种技术已广泛应用于十字花科蔬菜,辣椒、胡萝卜等蔬菜雄性不育材料正在逐步进入到育种实践;分子标记辅助选择技术及小孢子培养等单倍体诱导育种技术已在多种蔬菜育种上广泛应用。

2. 蔬菜优势育种关键技术

(1)主要新发病害抗病性和抗逆性鉴定评价技术:采用室内苗期人工鉴定和生态鉴定相结合,制定黄瓜抗褐斑病、蔓枯病,十字花科抗根肿病、枯萎病,茄果类抗根结线虫、黄化曲叶病毒等抗病鉴定技术规程;建立茄果类蔬菜耐低温、耐弱光及十字花科蔬菜耐抽薹、耐低温鉴定技术。

(2)提高商品品质和营养品质的育种技术:采用现代仪器和感官分析技术,研究提高黄瓜、甘蓝等商品品质,白菜、青花菜耐贮性,番茄、辣椒高色素的育种技术。

(3)规模化单倍体育种技术:通过基因型筛选、培养条件优化建立白菜、甘蓝、青花菜、花椰菜 DH 系规模化育种技术体系,创新、优化黄瓜、番茄、辣椒、茄子等单倍体育种技术。

(4)重要经济性状高效聚合分子育种技术:筛选与抗病、品质、抗逆等重要性状紧密连锁的 SSR、SNP 实用标记,建立抗病、优质等性状的分子聚合育种技术。

(5)强优势组合的选配与制种技术:利用上述技术,培育高配合力的自交系、雄性不育系、自交不亲和系、雌性系,配制优质、丰产、抗病、抗逆、专用的番茄、黄瓜、辣椒、茄子、大白菜、甘蓝、萝卜、普通白菜、花椰菜、青花菜等蔬菜新品种。研究不同生态条件下,利用雄性不育系、自交不亲和系、雌性系等,进行规模化种子生产以及种子加工技术。

(四)蔬菜规模化杂交制种技术

1. 蔬菜作物雄性不育系的选育

筛选优良雄性不育源,以稳定优良自交系为回交父本,选育大白菜、不结球白菜、萝卜、甘蓝、青花菜、花椰菜、辣椒等主要蔬菜作物的优良雄性不育系。要求配合力强,不育株率达到100%,不育度达到100%或接近100%。

2. 十字花科蔬菜自交亲和或不亲和系的选育

利用优良种质资源,通过自交分离、花期亲和指数测定等方法,选育十字花科蔬菜自交亲和(亲和指数大于5)或不亲和系(亲和指数小于1)。

3. 黄瓜雌性系的选育

采用常规育种技术与分子标记辅助选择相结合,选育雌株率100%的黄瓜雌性系。

4. 增强种子活力技术

研究利用物理或化学处理增强蔬菜种子发芽势和发芽率的种子前处理方法,提出可实用化的种子前处理技术规程。

5. 主要蔬菜作物杂交种制种技术的完善

在我国华北、西北等适宜生态地区建立主要蔬菜作物规模化繁种基地,利用改进的雄性不育系、自交不亲和系、雌性系等先进的制种技术,提高种子质量,降低种子生产成本。

(五)蔬菜作物生长发育与栽培技术研究

1. 资源高效利用与蔬菜安全生产技术研究

优化日光温室和大棚结构,研发配套的环境控制设备及低成本高保温轻质保温覆盖材料,提高其采光保温性能、环境控制水平、土地利用率和劳动生产率;研究提高光热、水肥、土地等资源利用效率与减少农药投入的环境友好型蔬菜安全生产模式和技术,实现资源的高效利用和蔬菜的安全生产。

2. 节能型工厂化环境精准控制技术研究

研究主要蔬菜作物生长发育与环境因子的模拟模型及应用技术;建立基于作物模型的通用控制技术平台;实现对温室内光、温、水、气、肥等诸多因子的优化精准控制,节省能源、降低生产成本。

3. 设施蔬菜安全、优质、高效栽培技术研究

研究建立主要设施蔬菜工厂化育苗的标准化技术,设施蔬菜优质、安全、高效、规范化栽培技术,高效节水的非耕地设施蔬菜无土栽培技术。

(六)蔬菜作物病虫害综合防治研究

1. 蔬菜重要病虫害的早期监测与预警技术研究

重点研究蔬菜重要病虫害发生发展规律、病原物的生物学特性与生态、气候环境的关

系，建立蔬菜病虫害的风险分析方法和早期监测、预警模型。借助光谱遥感技术、远程诊断技术、网络信息化等方法和技术，研制其野外监测、远程信息交换与处理技术平台，构建蔬菜重要病虫害的早期监测与预警系统。

2. 绿色生物农药新剂型推动有机蔬菜的健康发展

近年来，无公害蔬菜、绿色蔬菜、有机蔬菜的生产推动杀菌剂向高效（超高效）、低毒、低残留和环境相容性好的方向发展，促进了绿色农药、生物农药、高效无机盐农药的快速研发和应用，加速了农药新剂型的开发和使用。绿色环保的生物农药新剂型和无机化合物的使用不但提高了安全性，减少了农药在蔬菜中的残留，而且性能良好，符合有机蔬菜可持续发展的需要。

3. 新型植物抗病激活剂对蔬菜诱导抗病虫技术的研究

植物抗病激活剂具有持效性和广谱性，甚至能遗传给后代；是近几年发展起来的环保型农药，例如菇类蛋白多糖、氨基寡糖素等，可以提高蔬菜作物的整体抗病水平。研究筛选新的抗逆性好、效果高、产业化性状优良的环境友好型抗病诱导剂是该技术成功应用需要解决的关键问题。

4. 蔬菜安全生产过程中土壤健康的生态恢复与维护

土壤是植物病原微生物主要的栖息地，由于蔬菜常年连作，使土传病害的发生日趋严重，土传病害防治药剂的过量施用是造成蔬菜产品污染的来源之一。以蔬菜难于防治的土传病害为对象，以农药减量施用和保产、稳产为目标，研究蔬菜安全生产中土壤健康的生态维护技术，研发以无公害土壤熏蒸和微生态制剂运用为核心的土壤连作障碍快速生态修复技术，研究适合我国国情的土壤无害化消毒技术，以及研究微生物土壤添加剂控制土传病害等环保型的病害控制技术是当务之急。

（七）蔬菜产品的采后处理及贮藏加工研究

1. 非热加工技术

在高密度二氧化碳、高压脉冲电场和高频脉冲磁场、超高压等冷杀菌技术方面获得突破，明确了相关技术对营养物质、风味、色泽和生物活性物质等的影响。

2. 高效提取分离技术

在超声波（UAE）、微波（MAE）和强电场（PEFAE）等现代高效辅助萃取技术方面获得突破，明确了其传质动力学及分离工艺，为提高分离效果和开发高附加值产品等提供新的技术途径。

3. 高效节能干燥新技术

在高效利用太阳能的干制技术系统和节能型组合干燥技术方面取得突破，开发新型高效的太阳能晾房干制系统和节能高效的多热源组合干燥技术与装备，为干制蔬菜等工业化生产提供技术支撑。

4. 产地预冷、冷链技术

在青花菜、芦笋、菜薹等蔬菜的差压预冷配套技术上获得突破，使上述蔬菜的物流品质显著提升。研发的抗损性轻型保温覆盖包装材料、低冰点冷媒蓄冷技术、移动式湿冷保鲜技术，解决了大宗蔬菜冷库预冷后采用货车运输的简易节能保温运输问题。

四、发展趋势

1. 蔬菜种质资源研究

蔬菜作物种质资源的研究的总体趋势是根据蔬菜育种和生产的需要，建立重要蔬菜种质资源核心种质，利用现代生物技术与常规育种技术相结合发掘、利用、创新优异基因资源，丰富种质库基因源。

我国幅员辽阔，蔬菜栽培历史悠久，植物种质资源极其丰富令世界瞩目，成为开展该领域研究的有利条件。尽管蔬菜种质资源研究起步较晚，但“七五”以来，经过各单位的协作攻关，已累积保存蔬菜种质达 3 万多份。在进一步扩大资源收集的同时较系统地开展了种质资源评价利用的研究，筛选出一批抗病、抗虫、抗逆、营养品质优良的优异种质材料，用于育种或直接在生产上推广应用，发挥了重要作用。

蔬菜育种越来越向高级阶段发展，遗传资源的重要性也就愈加显得突出。随着育种进程的发展，使蔬菜作物改良的遗传基础越来越狭窄，因此，品种改良中关键资源的获得已不是来自于一般的栽培品种，而野生资源和创新资源的利用将备受关注。对资源的研究和探索是为了获取优良的资源，面对种质资源的研究向基因源方向深入的新形势，我国蔬菜种质资源的研究，不仅是量的积累，更重要的是基于精益求精、严格精细工作基础上的质的跨越，向深度发掘基因资源，实现资源大国向资源强国发展的目标。

近期，我国蔬菜种质资源将围绕我国作物种质资源“激活存量、优化增量、搭建平台、共享服务”总的指导方针开展相关工作，主要发展目标和任务为：继续加强国内特殊地区、特殊种质、濒危材料的收集和保护，加大对国外蔬菜种质资源的引进；对现有保存的蔬菜种质资源进行鉴定评价，摸清家底；对重要蔬菜作物构建核心种质，对育种和生产中重要的农艺性状进行精准评价；立足满足育种和生产目标，积极创新种质，丰富资源类型；构建以信息共享为先导，实物共享为目标的蔬菜种质资源共享平台。

2. 蔬菜基因组学与生物技术研究

蔬菜基因组学与生物技术研究完成主要蔬菜作物的基因组测序，通过规模化的重测序研究与分子育种技术和基因克隆技术相结合，将基因组技术应用于蔬菜作物的遗传改良。

（1）高通量分子标记辅助育种技术已成为国际上主要蔬菜作物育种的重要技术手段

近年来，自动化技术，包括自动化 DNA 提取技术、自动化 PCR 体系构建技术、自动化高通量电泳分析技术、自动化 SNP 检测技术等在大型育种公司的分子育种体系中得到广泛的应用。利用这些技术构建的分子标记辅助育种流水线及对其产生的数据进行整合分析的育种系统，已成为国际上许多有跨国公司分子育种的重要育种平台。先正达和孟山都等跨国种业巨头已将高通量基因选择芯片用于几乎所有的育种计划中；全球首屈一指的农用优质蔬菜种子供应商荷兰 Enza Zaden 公司应用 Fluidigm 的基因工程 BioMark™系统和新款 96.96 动态阵列(Dynamic Array)来实现超高通量标记辅助选择，一次运行可以完成9216个样本分析，极大推进了蔬菜种质创新进程。

随着基因组学研究的飞速发展，454、Solexa、SOLiD等新一代基因组测序技术相继得到大规模应用。由于测序成本的下降，许多蔬菜作物基因组被测序，一大批种质资源已经或即将被重测序。获得覆盖全基因组的超高密度的分子标记，特别是SNP(单核苷酸多态性)标记，已不再是分子育种的障碍，有限的费用投入则可在很短时间内开发以百万计的SNP标记。基于基因组学研究取得的进展，蔬菜作物分子育种研究的方法也发生了显著的改变。原本用于人类遗传学研究，基于高密度SNP为基础的单体型分析、关联分析等方法被逐渐应用到蔬菜作物的研究。由于全基因组标记的获得已不再存在技术的障碍，基于全基因组的分子辅助选择体系，已经成为分子育种的重要方法。结合全基因组的遗传背景选择和多个目的基因的定向聚合极大地加快了育种速度。分子标记辅助育种研究呈现如下发展趋势：实用好、选择效率高的SNP和InDel等第三代分子标记逐步成为分子育种的主要标记工具；自动化、规模化、高通量、低成本的标记检测方法得到广泛应用；分子育种的目标性状从简单的质量性状向多基因聚合和数量性状位点过渡。

(2)基于全基因组的功能基因挖掘已成为高效分离基因的重要技术手段

高通量的测序技术和基于芯片SNP分析技术等可以实现对品种资源或分离群体的遗传变异进行大规模分析。基因芯片技术、SAGE技术、高通量RNA-seq技术等则可对全基因组基因进行高通量、高灵敏度的定量分析。在高精度遗传图谱基础上，结合高通量的全基因组基因表达分析，建立了基因表达QTL（expression QTL，eQTL）作图方法，为复杂遗传现象的解析及其关键功能基因的挖掘提供了强有力的研究工具。进一步将这些信息与代谢组学数据和表型组学数据进行综合分析可以在全基因组水平系统分析全部基因相互调控、相互协作的网络关系，以及这种互作对性状产生的影响。这些研究有利于深入理解产量性状、品质性状、抗逆性状等复杂性状形成的过程，而且为实现这些性状的分子设计育种奠定良好的基础。

在全基因组序列的基础上挖掘重要功能基因成为基因挖掘的重要手段。例如，通过分析全基因组序列，可以预测一个物种的全部抗病基因。在白菜预测出243个、甘蓝244个、黄瓜61个、西瓜55个、马铃薯408个。这些通过全基因组预测的抗病基因不仅有利于抗病基因的分离克隆，也有利于在育种过程中对这些作物抗病基因的精确分子标记辅助选择。

(3)细胞工程育种技术已规模化应用于蔬菜育种

国内外大量的育种实践证明，在杂交育种体系中辅以细胞工程选择手段，可以快速实现多基因聚合、优异基因的定向转移、有效选择和稳定遗传。特别是单倍体技术，因其快速、准确、高效地纯化育种材料，而越来越得到了育种家的重视，目前，全世界有250多个作物物种应用了单倍体育种，其中包括了10多种蔬菜作物。利用单倍体技术选育新品种是蔬菜育种的发展的趋势。孟山都、先正达、瑞克斯旺等公司已经把它作为白菜、甘蓝、黄瓜、辣椒等蔬菜作物育种的重要方法，称其为育种技术“黑马”。目前，这些跨国种业公司在DH育种方面均呈现大规模、高通量、流程化的选育模式，年获得的DH纯系数目均达到50000个以上。

3. 蔬菜作物遗传育种研究

优良品种是实现作物高产、稳产和优质的重要保证。谁掌握先进育种技术和优良品种，谁就会在市场竞争中掌握主动权。随着现代育种技术的快速发展而引发的育种科技革命，使蔬菜品种和种子的技术含量越来越高，蔬菜种子产业已经成为一个具有鲜明的高科技特征的巨大产业。面对我国巨大的蔬菜种子市场，几乎所用的国际种苗公司都在竞争我国的市场，很多公司还在我国进行本土化育种。我国蔬菜种业正面临巨大的冲击，我国的反季节栽培白菜和长季节栽培的番茄、甜椒、茄子等几乎都被国外品种的种子统治。如果我国蔬菜育种技术和新品种选育研究不能及时跟上发展的形势，作为一个蔬菜生产大国的我国将面临着成为世界发达国家蔬菜种业“殖民地”的危险。

随着人们生活水平的提高以及蔬菜市场竞争的日益激烈，蔬菜消费在我国居民饮食中已占有重要的地位，消费者已不仅仅满足于蔬菜产品的充足数量，而是更加注重其营养品质、风味品质、外观品质、耐贮运性以及加工品质等更高层次的消费目标。培育高品质、适应性强的蔬菜品种，成为蔬菜可持续发展的重要任务。

新兴病害对当前我国蔬菜生产的为害日益增大，一些新兴病害(包括从国外新近传入的病害和过去的非主要病害)蔓延迅速，危害巨大。2009 年新传入我国的番茄黄曲叶病毒病(*TYLCV*)在我国东部和北部大范围发生，造成大面积的减产，甚至绝收。原本是非主要病害的黄瓜褐斑病和黑斑病在北方保护地黄瓜生产上大面积发生和流行，茄子枯萎病造成部分茄子主产区绝产绝收。因缺少抗病品种，栽培中为防治这些新兴病害而频繁施用农药，已经严重影响到产品的食用安全和出口创汇的声誉，尽快培育针对这些新兴病害的抗病品种是有效控制这些病害危害的根本途径。

因此，开展主要蔬菜作物杂种优势利用与新品种选育是保障我国蔬菜产业可持续发展的迫切需求。

建立高效育种技术是实现育种目标的必要手段，我国近代蔬菜育种成就举世瞩目，‘中甘’系列结球甘蓝、‘京研’品牌大白菜、‘津研’系列和‘中农’系列黄瓜、‘中蔬’番茄、‘湘研’系列辣椒和‘中椒’系列甜椒、‘京欣’与‘西农’系列西瓜等获国家奖优秀品种的育成，主要得益于一批重要种质的发现、改良，杂种优势利用，以及育种技术的创新和应用。目前，我国蔬菜栽培面积和产量不断提高，但蔬菜生产中所用品种的产品质量、生态环境适应性和综合抗病性等，还远不能适应高速发展的蔬菜市场及消费者多样化的需求。品种的优质与高产、广适与高产、抗性与品质的矛盾还没有很好解决，致使近年来我国蔬菜生产品种繁多，但主导品种少。其主要原因就是种质资源创新能力及育种方法研究滞后于育种和生产的需求。同时，我国蔬菜种业市场竞争日趋激烈，跨国种业公司先后在我国强势登陆，不断加大针对我国市场品种的研发力度，我国已成为国际蔬菜种苗业的竞争舞台。在国际竞争兵临城下的严峻形势下，我国蔬菜种苗业将不进则退。保护地长季节栽培茄果类蔬菜、北方春播白菜、胡萝卜及菠菜等栽培中，国外品种已经占了先机，我国目前占优势的结球甘蓝、冬播大白菜、露地番茄、露地辣椒、露地茄子、南瓜、黄瓜及西甜瓜等同样面临着国际各大种业公司巨资投入研发针对我国市场品种的挑战。因此，进一步加强我国蔬菜育种技术创新能力，构建蔬菜高效育种技术体系，是提升我国蔬菜产业核心竞争力的迫切需要。对巩固和提高我国蔬菜育种优势，促进我国蔬菜育种科技进步具有重要意义和深远影响。

通过杂交聚合、生态筛选、抗性筛选等技术，结合单倍体育种和分子标记辅助育种技术，建立并完善主要蔬菜优质、多抗、专用新品种选育技术体系及雄性不育等杂种优势利用技术体系，使我国的蔬菜杂种优势利用育种水平得到显著的提升，进一步缩小与发达国家的差距，特别是在雄性不育利用和抗逆育种技术方面要达到世界先进水平。具体到主要蔬菜作物上：

(1)十字花科蔬菜作物

研究新雄性不育源的创制技术、高效细胞核雄性不育和异源细胞质雄性不育的转育技术；研究根肿病高效抗病性鉴定技术；完善耐抽薹和耐热性鉴定技术。创制抗根肿病、耐未熟抽薹、雄性不育等白菜，耐寒、抗枯萎病、耐裂球等结球甘蓝，耐抽薹、雄性不育等萝卜育种材料；选育耐抽薹春播、秋早熟耐热等专用白菜新品种，适于春、秋季栽培结球甘蓝新品种，春季栽培的白萝卜新品种。

(2)茄果类蔬菜作物

研究耐低温弱光鉴定技术，辣椒雄性不育转育技术，茄子单性结实鉴定及番茄黄化曲叶病毒(TYLCV)快速检测技术。创制抗 TYLCV、枯萎病、根结线虫等番茄，抗病、高辣椒素、高辣椒红素、雄性不育系等辣(甜)椒，单性结实、抗枯萎病、茄子育种材料；选育适于日光温室、大棚及露地栽培专用番茄、辣(甜)椒和茄子新品种。

(3)瓜类蔬菜作物

研究黄瓜褐斑病、黑斑病、蔓枯病的抗性鉴定技术，黄瓜和西瓜耐低温鉴定技术，西瓜番茄红素快速检测技术，甜瓜根结线虫鉴定技术。创制抗褐斑病或黑斑病、耐低温弱光等黄瓜，耐低温弱光、抗病毒病和白粉病南瓜，抗枯萎病、白粉病、高番茄红素含量西瓜，抗枯萎病、白粉病、根结线虫甜瓜育种材料；选育适于保护地、露地栽培的专用及水果型黄瓜，抗病、优质南瓜，小型、高番茄红素西瓜，抗病、优质甜瓜新品种。

(4)适宜出口加工蔬菜作物

研究加工番茄、胡萝卜雄性不育利用技术，胡萝卜耐抽薹、耐热鉴定技术，菠菜抗霜霉病鉴定及雌性系性状鉴定技术。创制高可溶性固形物、高番茄红素、适合机械化采收的加工番茄，耐抽薹、雄性不育胡萝卜和洋葱，耐抽薹、耐热菠菜育种材料；选育适合机械化采收加工番茄，适合春季大棚、露地栽培胡萝卜，适于出口的黄皮洋葱及适合越夏栽培菠菜新品种。

4. 蔬菜作物生长发育与栽培技术研究

以蔬菜生产的高效、安全、节能和生态为主要目标，在积极吸收国外先进科学技术的同时，结合我国国情，加强关键栽培技术的研究，重点突破，总体跟进，提升蔬菜栽培技术体系，形成特色和优势，为实现向蔬菜强国跨越的目标奠定良好基础。

近年来，我国蔬菜产业与科学研究以前所未有的速度发展，并在一些重要领域取得了显著突破，走出了一条具有我国特色的设施蔬菜发展模式，其成就也引起了国际同行的普遍关注和好评。与此同时，我国的设施蔬菜产业发展中存在设施相对比较简陋、连作障碍严重、产品安全隐患等问题。因此，未来研究的重点有如下几个方面：一是优化日光温室结构，研发其配套的环控设备及低成本高保温轻质保温材料，进一步提高其采光和保温性能和环境控制水平，进而提高劳动生产率；二是研究提高光热、水肥、土地等资源利用效率与减少农药投入的环境友好型蔬菜安全生产模式和技术，实现资源的高效利用和蔬菜的安全生产；三是研究蔬菜作物对生物胁迫和非生物胁迫机理及调控技术，增强设施蔬菜对逆境或亚逆境的适应性，提高设施蔬菜在逆境或亚逆境下的生产能力；四是重视研究露地栽培、设施栽培、高山栽培等不同模式的配套栽培技术，为建立具有我国特色的蔬菜生产体系提供科技支撑。

5. 蔬菜作物病虫害综合防治研究

随着近年来蔬菜种类的增加，国外引种频繁，蔬菜作物上出现了一些新病虫害，以及部分次要病虫害上升为主要病害。因此，目前蔬菜作物病虫害综合防治研究，主要研究蔬菜作物病虫害的为害新特点，造成为害的病原微生物和害虫的生物学特性、鉴别技术，病虫害的发生发展规律以及诊断和综合防控技术。从农业生态系统的整体出发，根据病虫害与环境间的关系，充分发挥自然控制因素的作用，因地制宜地协调应用农业防治、物理与生物防治、化学药剂防治等各种措施，预防或减少病虫的发生与为害，避免农药残留，减少化学农药对环境的污染，实现蔬菜的无公害、绿色生产。

蔬菜作物病虫害防治技术的研究始终需要遵循"预防为主，综合防治"的植保方针，通过蔬菜病虫害的准确诊断，早期预警监测技术的应用，培育抗病虫栽培品种，重视次要病虫害向主要病虫害发展的趋势，努力集成关键的控制技术及推广应用；同时通过培训提供一线的农业技术人员对病虫害早期诊断、合理用药技术的能力，为良好的防控打下基础。

（1）蔬菜病虫害的早期、快速诊断技术研究

蔬菜病害的快速、准确诊断对于病害控制、指导合理用药具有重要意义。如果能在病虫害表现症状之前的潜育期对其作出早期诊断，判断病虫害发生的种类和程度，并准确定位，就可及时地对症下药，在病虫害大面积流行之前对其进行控制。近年来，发展起来的光谱学诊断技术，可以根据被危害植物内部细胞的生理生化变化，在病虫害潜育期内检测出特定光谱波段反射率的变化，进而快速、准确地判断病害的发生种类和程度，具有反应灵敏、快速、特异性强、结果客观等特点，是病害早期检测的发展趋势。

（2）安全可靠的新型生物农药得到快速发展

近年来，我国对有机蔬菜、绿色蔬菜生产越来越重视，安全可靠的新型生物农药因此也得到了迅猛的发展。国内外已开发研制生产出多种利用细菌、病毒、真菌及拮抗微生物等来控制蔬菜病虫害的新型生物农药制剂，并有多种产品上市，在蔬菜病虫害得到有效控制的同时，保证了环境和人类的安全。创制和开发拥有我国自主知识产权、高效安全而又具使用价值的生物农药新品种，加速我国生物农药产业的发展已是大势所趋。

（3）提高基层农业技术人员素质

活跃在一线的农业基层技术人员，是及时发现病虫害、提出防治技术的关键，对于这类人员的技术培训和提供专业的学习机会，可解决蔬菜生产中病虫害的防治难题。"十一五"期间，在国家科技计划及农业部现代农业产业技术体系的大力支持下，近两年开展起来的全国范围内"蔬菜病害显微镜诊断技术培训班"，先后在山东、北京、河北、辽宁、甘肃、海南等地已经举办了 18 期，培训了大批的一线农业技术人员及农资经销商，从源头帮助蔬菜生产前线的人员认识病害、"对症下药"。

在蔬菜新的病虫害不断出现、外来入侵生物对蔬菜生产的危害，传统的植物保护技术研究必将在新的时期发挥其重要作用。

6. 蔬菜产品的采后处理及贮藏加工研究

以节能、节水、减排和安全、高效保鲜加工蔬菜为主要目标，根据我国情，加强蔬菜采后贮藏加工新技术的研究与应用。

加强蔬菜产品采后处理、保鲜及冷链的建设，减少蔬菜采后损失、改善其质量与安全。加强高新技术在传统蔬菜加工及功能食品上的研究与应用，改善产品的质量与安全。加强蔬菜采后贮藏加工新装备的研究与开发，实现节能、减排、高效的产业升级。在上述基础上，制订出相应的与国际接轨的加工贮藏标准，并实现产业化应用推广。

(1)重视蔬菜原料的加工特性研究。通过开展蔬菜原料的质量指标和加工特性指标的综合评价，获得制汁、制酱、脱水等蔬菜加工专用原料品种，对于品种选育、栽培及采后加工具有指导意义。

(2)重视高新加工技术、装备研究。酶技术、膜技术、干燥技术、微波技术、非热加工技术、超临界流体萃取技术、生物工程技术等先进技术在蔬菜上的应用研究及相应的具有智能化、高效化、连续化的装备研究进一步得到关注。

(3)重视蔬菜保鲜技术与装备研究。通过开展蔬菜采后预冷、清洗、鲜切、包装、气调、涂膜保鲜、新型保鲜剂、智能化冷藏设备等研究，以进一步降低蔬菜采后损失，改善产品质量与安全。

参考文献

[1] 王海平，李锡香，沈镝，等．离体保存技术在无性繁殖蔬菜种质资源保存中的应用[J]．植物遗传资源学报，2010,52-56,64.

[2] 李锡香，沈镝，王海平，等．我国蔬菜种质资源研究进展与发展策略[J]．中国蔬菜，2006,3-9.

[3] 刘旭．我国生物资源开发利用发展战略[J]．生物产业技术，2008,1-1.

[4] 喻景权．“十一五”我国设施蔬菜生产和科技进展及其展望[J]，中国蔬菜，2011,(1):11-23.

[5] 储昭胜，陈海丽，吴震，等．双砧木嫁接对温室黄瓜生长、产量和品质的影响[J]．中国蔬菜，2010,(8):14-20.

[6] Huang S W. et al. The genome of the cucumber, Cucumis sativus L.. *Nature Genetics*[J], 2009, 41(12):1275-1281.

[7] Huang S W. et al. Genome sequence and analysis of the tuber crop potato[J]. *Nature*, 2011, 41(12):1275-1281.

[8] Wang X W. et al. The genome of the mesopolyploid crop species Brassica rapa [J]. *Nature Genetics*, 2011, 10(43): 1035-1040.

撰稿人：孙日飞　王海平　王晓武　于贤昌
李宝聚　张学杰　高俭德

观赏园艺学学科发展研究

一、引言

以观赏植物为研究对象，从事并探讨其分类、栽培、改良、生产、经营管理及应用于园林建设之理论与实践的事业，称为观赏园艺。

观赏植物则是适用于城乡各类园林绿地、风景名胜区、森林公园、休疗养胜地、居住区绿化、美化、防护、组景、造景及室内外装饰应用植物的统称。

观赏园艺学的研究领域包括观赏植物资源与育种研究、优良品种的繁殖理论与技术研究、商品化栽培生产理论与技术研究、切花采后生理与处理理论及技术研究、观赏植物应用与生态效益评价、观赏植物的销售与国际贸易。

我国花卉产业近年来得到迅猛发展，截至 2010 年，全国花卉种植面积 91.76 万 hm^2、销售额近 862 亿元，分别是 2000 年的 6.2 倍和 5.4 倍。全国花卉出口 4.63 亿美元，是 2000 年的 18 倍。云南、广东、福建已成为花卉主要出口生产基地，产品销往日本、荷兰、韩国、美国、新加坡以及泰国等 50 多个国家和地区。目前，我国花卉产品正在开拓澳洲、东欧、东盟、中东和中亚等新兴市场的花卉出口，我国已成为世界花卉生产和贸易大国。目前，全国拥有 100 多个省级以上花卉科研机构，100 多所高等院校设置了观赏园艺和园林专业，花卉专业技术人员达到 16 万人。建立了“全国花卉标准化技术委员会”和“国家花卉工程技术研究中心”，取得了一批科研成果，其中：获得国家科技进步二等奖 1 项，获得国家植物新品种权保护 243 个，其中，月季新品种‘中国红’成为 2008 年北京奥运会颁奖用花。

全国拥有花卉市场 2865 个，昆明国际花卉拍卖交易中心、广东陈村花卉世界、江苏夏溪花木市场等一批大型现代化花卉市场已经成为全国具有代表性的专业花卉市场，在竞价拍卖等现代化交易方面取得显著成绩。全国传统花店达 8 万多家，另有网上花店 2000 多家，还有一大批具有我国特色的批零兼营花店集中于各大批发市场。随着产业发展，花卉营销手段不断出新，北京世纪奥桥园艺中心、浙江虹越园艺等为代表的时尚花卉超市和花园中心不断涌现；以长沙都市花乡、成都春天花坊等为代表的连锁花店开始形成，花店专营、和鲜花速递、花卉租摆等新型零售业态初步形成。

通过举办世界园艺博览会、亚洲杯插花花艺大赛、中国花卉博览会、中国杯插花花艺大赛等国际性、全国性大型花事活动以及形式多样的地方花卉主题活动，充分挖掘花卉文化内涵，将花卉主题展览展示与花卉产业园区建设、休闲观光旅游相结合，使赏花为主题的旅游市场逐年扩大，极大地促进了产业发展。

中国花卉协会积极参与国际合作，先后成为国际园艺生产者协会、国际月季联盟、国际茶花协会、亚洲花店协会会员单位，国际地位不断提高。通过中国花卉协会的媒介作用，吸引了一大批境外花卉企业落户国内，促成了一批国内花卉企业开始到国外投资兴业，对外花卉合作与交流不断深入。

我国观赏园艺行业还存在以下主要问题：①品种创新和技术研发能力仍亟待加强：我国花卉生产、教育和科研脱节现象仍然存在，科技创新能力不强，科技成果转化率较低，具有自主知识产权的花卉新品种少，主要商品花卉品种、栽培技术、资材等基本依赖进口，在新品种培育、生产技术、科学研究和管理等方面与国外先进国家相比还有很大差距；②产品质量仍存在较大提升空间：花卉生产组织方式落后，从业人员素质普遍较低，生产技术和经营管理粗放，专业化、设施化生产比例较低；花卉品质较差，行业平均利润率不高，花卉出口比重极小，产品难以进入国际高端市场，整个产业仍处于世界花卉产业链的低端；③流通体系尚需健全：市场布局不甚合理，管理不规范，服务不到位；物流基础设施设备差，信息平台和结算系统落后；花卉产品的包装、运输标准贯彻不力，流通成本高、损耗大、效率低。

本报告重点概述了2009—2011年我国观赏园艺学研究在挖掘、调查、收集、评价新花卉资源研究；培育具有我国自主知识产权花卉新品种；花卉种子、种苗、种球繁育能力；重要盆花和切花生产能力；有害生物防治能力；采后处理技术；观赏园艺不同领域的标准化程度等方面的重要进展；介绍了观赏园艺学的发展前景。

二、观赏园艺学学科近年的研究进展体例

取得的科技成果：主要商品盆花新品种选育及产业化关键技术与应用2011年获国家科技进步奖二等奖。主要完成单位：北京林业大学，广东省农业科学院花卉研究所，南京农业大学，中国科学院昆明植物研究所，北京林福科源花卉有限公司，云南远益园林工程有限公司，丹东天赐花卉有限公司国家林业局。该项成果的主要技术突破表现在三个方面：一是挖掘优异种质，筛选关键亲本。建立了我国大陆第一个蝴蝶兰资源圃及大花蕙兰、卡特兰资源圃；建立了中国最大的菊花资源保存中心；成功驯化栽培杜鹃花属种质资源；二是优化育种体系，培育新优品种。建立了完善的热带兰远缘杂交育种技术体系；培育了两个花芽分化不需低温的品种；三是创新生产技术，促进产业升级。创立了“三步法”蝴蝶兰实生苗生产技术。研发了热带兰二次诱导分生苗生产技术。实现低能耗热带兰精准花期调控。经过20多年的系统研发，该项目在挖掘我国商品花卉优异种质、构建高效育种及配套标准化生产技术体系等方面取得了重大突破，解决了我国受制于国外育种公司、缺乏自主知识产权品种和商品生产化技术等瓶颈制约问题。项目示范辐射效果明显，经济社会效益显著，有力地促进了我国盆花产业结构调整与优化升级。

（一）花卉种质资源与遗传育种

1. 花卉种质资源研究

我国具有极其丰富的观赏植物资源。原产于我国的观赏植物种类约有7000种。在我国原产地观赏植物中，有很多是我国特产的优良种类，如全世界200种蔷薇中，我国原产82种；全世界900余种杜鹃花中，我国原产的有530种；我国还是百合种质资源的分布中心，种质资源占全世界的一半以上；我国的牡丹、丁香、翠菊、紫薇、榆叶梅、乌头等很多

野生花卉对世界花卉业的发展也起到了重要作用。

(1)在前两年研究的基础上,继续对观赏植物资源进行了调查和整理、研究。基本摸清了中国传统名花梅花、牡丹、荷花、月季、兰花、杜鹃花、山茶、桃花、紫薇、榆叶梅、丁香等品种的资源储量、特性、野生分布、品种类型、用途、育种价值,制定了较为科学的分类系统;在野生花卉资源的研究方面,对我国四川峨眉山、乐山,太白山区,岭南地区,秦淮地区,青海,贵州等地的野生花卉作了初步调查研究,对一些常见的野生花卉资源有了一定了解,特别在桂花、茶花、海棠、杜鹃花资源的研究方面有突破性进展。这些工作为野生花卉应用、新花卉开发和花卉育种提供了基础。但我国野生花卉的开发应用目前尚处于起始阶段,真正用于实际生产的野生花卉还非常少,这方面的开发工作亟待加强。

(2)在野生花卉资源调查、保护与引种驯化方面,峨眉山生物资源实验站及国家花卉工程技术研究中心(成都)通过对峨眉山中高海拔的野生观赏植物资源的调查,发现峨眉山野生观赏植物种类丰富、大部分保存完好,部分具有较高观赏价值的种类尚未开发利用。在当地约 2000 种资源植物中,珍稀植物占有很大比重,在《国家重点保护野生植物名录(第一批)》和《濒危野生动植物国际贸易公约》(CITES),峨眉山濒危植物共有 158 种。在峨眉山特有的 106 种植物中,约有一半植物具有观赏价值,如峨眉拟单性木兰、峨眉含笑、峨眉蜡瓣花、峨眉银叶杜鹃花、峨眉半蒴苣苔、峨眉瘤足蕨、峨眉四照花、峨嵋舞花姜等。应用潜力较大的杜鹃花,受海拔因素的影响,众多树种无法在低山存活,仅波叶,长蕊,喇叭杜鹃花能在中低山地区正常生长。调查中还发现一种树形美观、冠如华盖,开花时白色花序硕大,似一盏华丽的烛台的天师栗树,可应用于风景区和城市绿化。

西北农林科技大学通过对太白山国家森林公园的野生杜鹃花资源的实地调查分析,对杜鹃花(*Rhododendron.* L.)野生资源的分布种类、形态特征、群落学特点、分布式样和开发利用状况等有了进一步的深入了解。秦岭野生杜鹃花的单种蕴藏量大,抗寒性极强,观赏价值和药用价值高的种类较多,优势明显,因而成为这一地区最具开发潜力的野生植物资源之一。主要资源秀雅杜鹃花、金背杜鹃花、头花杜鹃花和太白杜鹃花(爬枇杷)随海拔的升高呈梯状分布。

(3)广泛搜集国内外的牡丹种质资源,建立了牡丹种质资源圃和育种基地。从云南、四川、西藏、湖北、甘肃、山西等地成功引种滇牡丹、四川牡丹等野生特色种质,从澳大利亚收集国外牡丹高代杂种,在国内搜集牡丹高代杂种共计 800 多份,结合种质资源的评价分类,在北京、洛阳与甘肃建立牡丹种质资源圃和育种基地,基本形成了较为完善的种质保存系统,为牡丹创新育种奠定了良好基础。

(4)梅(*Prunus mume* Sieb. et Zucc.),系中国特产的传统名花(梅花)、嘉果。野生梅种质资源蕴含有重要的抗逆性基因,是梅花育种的物质基础。为了保护和保存野梅种质资源和促进梅花北移工作,历时 6 年完成了川、滇、藏、黔部分地区野生梅种质资源调查研究和梅花抗寒品种区域试验工作。对贵州(荔波、三都、赫章、威宁、龙里),云南(洱源西山、南大坪、松鹤、宁蒗、香格里拉虎跳峡),西藏(波密县通麦镇),四川(冕宁、木里、盐源泸沽湖)等 14 个野梅种源地的 4 种野梅,9 种半野梅的种质资源及其生境进行了调查研究,首次确定了贵州荔波、赫章、威宁野梅的类型和分布地位;提出川、滇、藏、黔交界的横断山区(含贵州赫章、威宁)是野生梅的分布中心,扩大了野梅分布中心的范围;新发现 1 个梅的新变种——曲梗常绿梅；采集了调查区内全部野梅类型的标本；借助 GPS 技术，首次建立了被调查野梅的 GPS 定位图，为野梅保护、保存打下了基础。运用荧光 AFLP 分子标记技术，首次建立了 65 个野梅样品 AFLP－DNA 指纹图谱，研究了主要野梅的亲缘关系。

(5)西北农林科技大学通过对秦岭苹果属海棠和木瓜属海棠资源的调查，共发现苹果属海棠 11 种和 1 变型，木瓜属海棠 3 种。苹果属海棠资源包括山荆子(*Malus baccata* L.)、毛山荆子(*Malus manshurica* M.)、陇东海棠(*Malus kansuensis* B.)、光叶陇东海棠(*Malus kansuensis f. Calva* B.)、湖北海棠(*Malus hupehensis* P.)、河南海棠(*Malus honanensis* R.)、三叶海棠(*Malus sieboldii* R.)、滇池海棠(*Malus yunnanensis* F.)、花红(*Malus asiatica*)、楸子(*Malus prunifolia*)、海棠花(*Malus spectabilis* A.)、垂丝海棠(*Malus halliana*)，木瓜属海棠资源包括皱皮木瓜(*C. speciosa*)、毛叶木瓜(*C. cathayensis*)、木瓜(*C. sinensis*)。其中，山荆子、垂丝海棠、湖北海棠、毛山荆子、毛叶木瓜已被引种并栽培。苹果属野生种有较强的抗性，例如陇东海棠抗旱、湖北海棠抗涝，楸子抗寒，可利用生物技术手段把这些优良的抗性基因找出，导入观赏性好的品种中，可得到抗性强且观赏性高的新品种。

(6)全世界萱草属(*Hemerocallis* spp.)植物现有 14 种。其中，中国约有 11 种。萱草属的新品种在世界各地的园林景观和绿化中具有重要作用。所以，萱草属种植资源收集保存、评价利用研究，新种质的创新好新品种的选育，一直是世界园艺育种界的活跃领域之一。研究在较为系统收集萱草种质资源的基础上，从形态、细胞和分子水平对萱草属 9 个种 1 变种、24 个品种合计 52 份种质资源的亲缘关系、遗传多样性进行了评价；并利用其中部分种质资源进行了种质创新和新种植的选择。

(7)百合是百合科(Liliaceae)百合属(*Lilium*)多年生球根草本花卉，为世界五大鲜切花之一。通过对东北地区野生百合资源进行调查和收集，以及采用形态学、孢粉学、细胞学和 RAPD 标记对收集的百合资源进行亲缘关系和遗传多样性研究，为东北地区野生百合资源的收集、保存、保护、分类、评价、利用等奠定了基础。目前，共收集野生百合 119 份，分属 6 种 3 变种，包括卷丹 25 份、细叶百合 15 份、毛百合 12 份、垂花百合 2 份、朝鲜百合 7 份、东北百合 7 份、有斑百合 40 份、大花百合 3 份、大花卷丹 8 份，考察与收集过程中未发现条叶百合。其中，有斑百合和卷丹在东北地区分布范围最广、分布数量最多，尤其在铁岭、本溪等地分布较多；其次是细叶百合，分布较广泛，而垂花百合和大花百合分布范围比较狭窄，收集到资源份数较少，垂花百合仅在凤城和抚顺收集到两份资源。

利用百合种质资源收集、保存、分析与快速繁殖技术，对收集到的种质资源进行了细胞学、染色体 C 带分带的整理系统研究。构建了各种野生百合的染色体 C 带带型模式图；建立了以室内细胞工程为主，野外田间保存为辅的野生种质资源的长期保存体系；建立了部分商品种的工厂化产业化快繁体系。

收集了野生百合 35 个种，1000 多份并保存了 21 个种 45 个种源的 300 多份种质；收集商品种 30 个品种，其中，东方百合 15 个，亚洲百合 11 个，麝香百合 4 个，并繁殖大量种苗，为我国百合的育种工作储备了足够的基因资源，将大大推动国内百合育种的发展。

(8)紫薇(*Lagerstroemia* indica)是我国夏季重要的观花小乔木，具有花期长、花色多样及抗污染等优点，深受人们喜爱，在园林中应用越来越广泛。在对山东省紫薇品种进行详细调查的基础上，利用形态学、孢粉学对紫薇进行了科学系统的分类，并利用灰色评价系统，对紫薇观赏性状进行了评价，筛选出了优良的观赏品种。研究结果：①山东省共调查紫薇品种 51 个，发现 5 个新品种，它们是'卷叶红'、'相映红'、'红满堂'、'紫牡丹'、'矮生直枝粉'。在调查过程中，发现一些具有优良观赏特性的品种，如枝型特异的平枝类、直枝类和垂枝类品种，花色艳丽的'红蝶飞舞'，瓣爪颜色为浅绿色的'二八年华'、'翠盘堇薇'等。另外，调查中还发现一个香花品种'白密香'，这些品种都可以作为将来紫薇育种的优良材料；②根据陈俊愉提出的梅花品种分类原则，结合张启翔与王献提出的紫薇品种分类原则，提出将亲本来源作为品种分类的第一级标准，株型作为品种分类的第二级标准，花色作为品种分类的第三级标准，花径作为品种分类的第四级标准的新分类原则；③完成了 24 个紫薇品种的孢粉学研究。

(9)蝴蝶兰(*Phalaenopsis aphrodita* HG. Reichenbach)是兰科(Orchidaceae)蝴蝶兰属(*Phalaenopsis* Blume)植物，是当今世界上最受欢迎的兰花品种之一。通过对现有蝴蝶兰种质资源的鉴定，了解其遗传多样性和亲缘关系，为今后的育种提供参考依据。从形态学、SRAP 分子标记两个方面进行亲缘关系分析，参照《蝴蝶兰种质资源描述规范》对蝴蝶兰属 58 份资源的 49 个性状进行了观测，发现资源间各数量性状均存在较大差异，资源间具有丰富的遗传多样性，并通过实验建立了适合蝴蝶兰基因组的 SRAP 反应体系及扩增程序。

(10)从植物学性状、农艺学性状、细胞学性状和分子生物学方面对石斛兰种质资源进行鉴定评价，为进一步利用石斛兰种质打下基础。通过对模板 DNA、dNTP、引物含量、Mg^{2+}浓度、Taq 酶 5 个因素的优化，建立了适合石斛兰 SRAP 扩增的反应体系。通过聚类分析发现，当反应体系值为 0.618 时，可将 40 份石斛兰种质划分为 3 大类群。第Ⅰ类迷你小花型，第Ⅱ类为蝴蝶石斛型，第Ⅲ类为羚羊角石斛型。研究发现，石斛兰种质的聚类与其遗传背景有很大的关系。

浙江农林大学诸燕通过铁皮石斛主产区资源调查与种质资源收集，对浙江临安、义乌、建德、武义、天台、龙泉、庆元、桐庐以及云南瑞丽、勐海、德宏、德康等 17 个栽培群体进行主要农艺性状与形态标记观察，以及多糖、生物碱、金属元素含量测定，揭示了铁皮石斛主产区人工栽培群体遗传多样性，为铁皮石斛优良品种选育、真伪与优劣鉴别、优质药材培育提供了科学依据。铁皮石斛野生资源目前基本枯竭，人工栽培技术基本成熟，但品种选育、质量控制技术明显滞后。种质与采收年龄对铁皮石斛多糖质量分数存在极显著的影响。不同种质铁皮石斛多糖质量分数存在显著差异，人工栽培铁皮石斛其多糖质量分数的差异主要来自遗传差异，品种选育是提高铁皮石斛多糖质量分数的有效途径。不同采收年龄铁皮石斛多糖质量分数也存在显著差异，这种差异的产生与铁皮石斛生物特性有着内在的联系。

(11)南京林业大学的董连新对新疆野生石竹种质资源进行了全面调查和收集，并从形态学、植物细胞学、孢粉学及分子生物学 4 个层面，系统地研究了新疆野生石竹当前的资源状况。对位于新疆中部的天山山脉和北部的阿尔泰山脉两个野生石竹自然分布区进行了实地调查，共采集野生石竹标本 160 份和 26 个群体 528 个株系的种子，并对其形态特征进行了系统调查和分析。在对新疆野生石竹进行实地调查和对采集标本分析鉴定以及对主要标本馆进行现存标本查阅的基础上，编制了新疆野生石竹分种检索表，并对发现的两个新类群进行了命名。以采自新疆天山山脉和阿尔泰山脉的13个种和1个变种的野生石竹花粉、种子和叶片为材料，利用扫描电镜对其形态进行系统观察和比较，并通过研究结果对新疆野生石竹的分类、演化和亲缘关系进行了探讨。采用PCR产物直接测序方法对新疆野生石竹的10个种进行了ITS区序列测定，并对新疆野生石竹种间的亲缘关系进行了分析。

(12)乐山师范学院峨眉山生物多样性保护与利用研究所通过对四川乐山地区的茶花品种资源进行的系统调查，从叶形、花型、花色、花径、花期及分布等方面鉴定出24个品种。其中，油茶(*Camellia oleifera* Abel)、峨眉红山茶(*Camellia omeiensis* Chang)、金沙江红山茶(*Camellia jinshajiangica* Chang et S. L. Lee)为原种。

(13)月季(*Rosa* spp.)是世界性的重要观赏植物之一，在切花生产、盆花栽培、城市园林绿化和香料生产中起到了非常重要的作用。中国蔷薇有2000多年的栽培历史，我国共有蔷薇属植物95种，其中，64种为特有种，但野生蔷薇资源破坏严重，蔷薇资源现状不清。中国传统月季品种流传至今，具备适应性广、抗病性强、四季开花、花香芳郁宜人等优良的遗传品质。中国月季品种'月月红(*R. chinensis* Slater s CrimsonChina)'和'月月粉(*R. chinensis* Parsons Pink China)'，香水月季品种'彩晕香水月季(*R. odorata* Humes Blush Tea - scented China)'和'淡黄香水月季(*R. odorata Parks Yellow Tea - scented* China)'在现代杂种香水月季的形成过程中曾起到里程碑的作用。利用中国特有蔷薇野生种或传统月季品种的优良种质进行育种，对创造具有我国自主知识产权的月季新品种具有重要意义。因此，为避免或减少蔷薇种质资源的进一步流失与破坏，保护其资源多样性，本研究连续3年对蔷薇野生种和传统月季品种资源进行了调查、整理、分析和评价。

利用形态学、孢粉学和分子生物学方法研究微型月季的亲缘关系，以期为微型月季品种分类、杂交育种及新品种选育提供理论依据，并对月季的系统分类研究提供理论基础。主要研究结果如下：①微型月季品种花色丰富，花型美丽，花径多为2～5cm。根据花的形态学分析结果，在相似系数为0.60时，可以分为两组。第一组包括：'白柯斯特'、'白珍珠'、'金太阳'、'南韩微型'、'罗曼蒂克'、'红云拉'、'粉柯斯特'、'冬梅'、'太阳姑娘'、'彩虹'、'紫色时代'和'紫微星'，特点是花径较小，小于5cm，根据颜色不同又分为几个亚组。第一亚组'白柯斯特'与'白珍珠'属于白色系，第二亚组'南韩微型'、'罗曼蒂克'、'红云拉'、'粉柯斯特'和'冬梅'属于粉色系，第三亚组'太阳姑娘'和'彩虹'属于混色系；第二组包括：'小女孩'、'矮仙女'、'兰彼得'、'克拉丽莎'和'自由黄金'，特点是花径较大，大于5cm，其中'矮仙女'和'小女孩'被分在一个亚组，为红色系；②利用光学显微镜和电子扫描显微镜观察了10个微型月季品种花粉形态特征。结果表明，微型月季花粉具3个萌发孔，极面观为三裂圆形，花粉外壁纹饰为瘤状雕纹、网眼、条纹的不同。

现代月季(*Rosa* spp.)作为世界上最受欢迎的切花种类，具有很高的商业价值。近年来，围绕着月季低能耗新品种的培育和高产栽培技术的开发，国家花卉工程技术研究中心进行了广泛的资源搜集和育种工作，培育5个切花月季品种，生产的切花90%以上出口，实现了中国培育的具有自主知识产权的月季品种切花出口零的突破。建立了切花月季无土高产栽培技术体系，开发出两套适宜不同地区的月季切花无土栽培技术体系、3种无土栽培基质配方、5种营养液配方。收集了抗性强、观赏价值高的中国野生蔷薇属植物、中国传统月季及切花月季品种资源3000余份，建立了月季育种种质基因库。

在对月季种质资源性状数据采集的基础上，对参试种或品种进行形态指标观测与评价、耐低温评价、抗病性（抗白粉病、抗根癌病、抗黑斑病）评价3个步骤的评价，最终选综合性状优良，特点突出的育种亲本，并进行配组杂交，获得一批性状优良的杂交后代，其中，5个获得植物新品种权，如'桃花石'、'金玉'、'红玉'、'日光石'等，并在相关企业进行了扩繁示范种植，给企业带来了显著的经济效益。

(14)叶子花(*Bongainvillea brasiliensis* Raeusch.)是紫茉莉科南美紫茉莉属（或叶子花属）(*Bougainvillea*)的常绿攀援状灌木。目前，在亚热带和热带地区广泛栽培，品种多达100种以上。叶子花众多品种的遗传背景复杂，国内外迄今有关叶子花品种间亲缘关系的研究资料甚少。为进行叶子花品种选育、分类和进一步为生物学研究提供理论基础，运用ISSR分子标记对68份叶子花种质进行研究，分析了其遗传多样性和亲缘关系。主要研究结果如下：①针对叶子花叶片中富含色素、酚类化合物和多糖等物质的情况，研究对比了4种DNA提取方法对叶子花总DNA提取的效果。研究表明，改良的CTAB mini法提取的叶子花DNA，无论是从浓度和纯度上都可以满足ISSR分析的要求，为下一步试验提供了材料；②对叶子花ISSR反应体系进行了优化，建立了适合叶子花ISSR扩增的体系和程序。

(15)华中农业大学通过对湖北咸宁地区的桂花品种资源的调查，发现咸宁现有桂花品种62个（其中引种品种26个），木犀属桂花近缘种3个以及咸宁特有的栽培品种咸宁山桂（俗称铁桂或木桂）。通过2010年的调查统计，目前，共调查整理出丹寨、三都两县的野生观赏植物109科295属429种（含变种，变型）。

2. 花卉遗传育种研究

杂交育种是种质创新的一条重要途径。近年来，选出具有自主知识产权的报春花新品种3个、地被菊新品种30个；建立报春花制种基地一个，繁殖推广报春花3000万株。下面具体介绍紫薇、百合、地被菊、李、梅、大花蕙兰、兜兰、有髯鸢尾、蝴蝶兰、月季等的杂交育种情况。

(1)紫薇育种

以紫薇原种及紫薇品种作为育种亲本，进行综合性状评价，通过芽变选择、诱变、辐射、远缘杂交结合幼胚拯救、细胞融合、多倍体诱导技术克服杂交不亲和性，结合分子标记辅助选择进行紫薇种质创新；通过离子注入、高压静电场等新型辐射诱变技术快速高效获得突变体，结合组培手段对变异进行稳定和保存，从而培育观赏性状高、株型优良、抗性强、花色特殊或有香味的紫薇新品种，申请新品种保护；结合孢粉学、细胞学及分子生物学等手段，研究紫薇种间亲缘关系，结合育种目标，进行亲本选配。建立紫薇资源或品种综合评价技术体系，研究紫薇杂交后代快速鉴定技术，建立紫薇新品种配套的快繁技术。

紫薇远缘杂交及多倍体育种技术体系日渐完善，以香花、早花、大花等为育种目标，利用大花紫薇、尾叶紫薇、散沫花、福建紫薇、屋久岛紫薇等与紫薇品种进行远缘杂交。研究了亲本的开花生物学特性，花粉生活力及花粉管萌发观察情况。对所得到的杂种后代进行叶片长宽的测量，并将其形状与亲本材料进行比对，以此作为早期杂种鉴定的手段。从不同的组合中挑选88株杂交后代使用荧光SSR标记进行鉴定，得到的结果真实可靠。分子鉴定的方法在很大程度上提高了育种的目的性，缩短了育种周期。得到的杂种F1代，对培育开花芳香，大花的紫薇新品种具有重要意义。同时，对紫薇多倍体诱导及鉴定技术开展了系统的研究，在紫薇植株整体水平、离体水平及有性加倍方面进行了多倍体诱导的探讨；在多倍体鉴定方面，筛选出一套紫薇染色体制片的技术体系及一套流式细胞术对紫薇倍性的鉴定体系；通过形态学、气孔、染色体及流式细胞术等鉴定技术对变异植株进行鉴定，得到一批多倍体植株；在有性加倍方面，通过花粉大小的间接指标鉴定得出紫薇2n配子；通过紫薇多倍体育种，为选育花期长、抗性强及花大色艳的紫薇新品种奠定了基础。

(2)报春花育种

广泛调查收集我国报春花属植物的资源，利用分布广泛、观赏价值突出的种类，如报春花(*Primula malacoides*)、小报春(*Primula forbesii*)、橘红灯台报春(*Primula bulleyana*)、霞红灯台报春(*Primula beesiana*)、粉背灯台报春(*Primula pulverulenta*)、海仙花(*Primula poisonii*)、滇北球花报春(*Primula denticulate* ssp. *sino-denticulata*)、岩报春(*Primula saxatilis*)等，结合商品报春花品种，开展报春花远缘杂交育种研究，培育具有中国特色的报春花新品种。育种目标为选育耐热、株型紧凑、开花均匀、花葶粗壮不易倒伏、大花、高度适中的报春花品种，并申报新品种；利用孢粉学、细胞学及分子生物学等手段，研究报春花种间亲缘关系，结合育种目标，进行亲本选配。通过远缘杂交，结合胚拯救、细胞融合、多倍体诱导技术克服杂交不亲和性，进行报春种质创新；通过离子注入、高压静电场等新型辐射诱变技术快速高效获得突变体，并结合组培手段对变异进行稳定和保存，建立高效的报春花综合育种技术体系和杂交后代综合评价技术体系；进行报春的一代制种技术和标准化栽培技术研究，进行新品种种苗和产品的示范推广和产业化研究。

小报春四倍体诱导及倍性早期鉴定技术研究。利用秋水仙素诱导小报春(*Primula forbesii*)获得四倍体，并通过形态学及细胞学染色体等方法进行倍性早期鉴定。该诱导方法成功率较高，效果最佳，同时，四倍体小报春F1代植株可以保持其种性稳定遗传，与二倍体小报春比较，小报春四倍体变异植株表现出花朵增大，香味浓，花葶粗壮等优良性状特征，提高了观赏价值，实现了利用秋水仙素诱导小报春多倍体的方法，创造了新种质。申请专利1项，小报春诱变四倍体的方法及倍性早期鉴定技术。

(3)菊花育种

利用中国的菊花野生资源、传统菊花品种资源和商品菊花品种资源，在20年菊花育种的基础上，通过远缘杂交、常规杂交、实生选择、芽变选择、辐射育种、体细胞无性系变异选择和芽变选种等手段，结合转基因等现代育种技术选育出株型圆整、抗性强、花色艳丽、花型新颖、花期长而整齐、两季或多季开花菊花新品种，并申报新品种保护。研究并建立高效的菊花综合育种技术体系，建立克服菊花及其近缘种属植物间远缘杂交不亲和性的幼胚拯救技术；研究分子标记技术对杂交种性状的早期鉴定及杂种后代的鉴定技术；建立新品种配套的高效种苗快繁技术。

在收集菊花品种的基础上，建立了叶片半致死温度法的抗寒性评价方法和菊花种质资源的耐涝性的抗性体系，对 45 份种质的耐涝性进行了评价，筛选出岩菊、紫花野菊、小滨菊等 5 份种质为高度耐涝材料。对 35 个品种的抗蚜虫性进行了评价，筛选出南农勋章等 11 个品种为高抗品种。评价基础工作为优异种质的高效利用和选育高抗逆新品种奠定了基础。同时，从菊属植物大孢子发生、花粉与柱头相互作用及胚胎发育等方面开展了菊属植物的生殖生物学研究，阐明了菊属相关植物的生殖生物学特性、杂交过程中生殖障碍类型及发生阶段，杂交障碍类型的确定方法，针对不同的杂交障碍类型的技术克服措施，采用幼胚拯救辅助措施，大大提高远缘结实率。对多个菊花育种资源的核型及染色体分裂行为进行了观察，揭示了物种间的亲缘关系，指导了杂交育种的亲本选配，大大提高杂交可结实的预见性。使得优异的基因交流可以在品种间、种间，甚至属间成功进行，大大拓宽了菊花可以利用的优异基因资源。

地被菊是经过 40 多年的杂交选育而成的一类新型露地应用菊花品种群，具有植株低矮，抗逆性强，花色丰富，花期早，花期长，开花繁密等特征。近年来，通过“主要商品花卉新品种选育”、“中国特有花卉种质资源的保存、创新与利用研究”、“耐旱型地被菊、报春花良种选育与试验示范”等课题的实施，国家花卉工程技术研究中心在进行广泛的资源搜集的菊属近缘种属植物的基础上，以花香及花期育种为主要方向，利用多种育种方法进行地被菊新品种选育，育成系列浓香型、早花期地被菊系列新品种。筛选出的‘紫韵沁芳’、‘柔情似水’、‘金光万丈’、‘风华绝代’4 个花期早、浓香型地被菊新品种已获新品种权，获国家发明专利 3 项。

建立了地被菊育种技术体系。采用远缘杂交、电(质)子束辐射、离体培养早期筛选结合层次分析评价分级等方法培育出 59 个具有抗性强、花多而密、花期长、植株低矮或匍匐状、管理粗放的地被菊新品种。其中，利用我国特有的神农香菊和‘东林瑞雪’、‘香玉’等小菊品种进行远缘杂交，培育出的一系列浓香型地被菊新品种，TCT - GC/MS 联用技术分析表明，新品种比传统地被菊品种的主要香气成分释放量明显增加，如 α -蒎烯提高了 1.5 倍，莰烯提高 11.4 倍，龙脑提高 8.9 倍，增加了传统地被菊品种中少有的香气成分乙酸龙脑酯。

进行了地被菊品种的抗旱评价。对经过初选的 17 个抗旱性较强的地被菊品种的光合速率、蒸腾速率、气孔导度、相对电导率、叶片失水速率、叶片横切解剖结构及其气孔特征观察、临界土壤含水量测定(正常生长、暂时性萎蔫和永久性萎蔫)、游离脯氨酸含量、叶绿素含量、株高、冠幅、根系长度和脚芽数目这一系列光合特性、生理生化及形态特征指标进行测定，采用隶属函数法对各个品种进行综合评价的基础上筛选出‘北林红’、‘新红’、‘旌旗’、‘香妃’、‘金毡’、‘清纯’、‘暖春’等抗旱性强且综合性状优良的品种，这些品种均表现出良好的适应性和观赏性，具有生长健壮、整齐、枝繁叶茂，花朵繁密、遮掩枝叶、抗病虫害及耐粗放管理等特性，适应当地的自然条件开花结实良好，花期提前而且延长。

地被菊(*Chrysanthemum morifolium*)是一种优良的宿根花卉，具有抗旱，抗寒，耐盐碱，管理粗放，开花繁密，花色丰富，花期集中，植株低矮等优良特性，但现有品种香味较淡或几乎没有香味，花期较晚，主要集中在秋季。通过对北京、内蒙古、云南、四川和新疆等地进行菊属和近缘属种质资源的调查和收集，同时收集优良地被菊品种，选择了芳香、花期早的野生菊花及地被菊品种作为亲本进行杂交育，培育芳香型，早花期地被菊种。在育种中为了克服甘菊与地被菊杂交不亲和，对甘菊进行了多倍体诱导。其主要研究结果如下：①从北京、内蒙古、云南、四川和新疆等地收集到野生种质资源 13 个（种或变种）和栽培地被菊品种 60 个，并对资源进行评价，选出了浓香型资源 4 个：甘菊、神农香菊、太行菊和长裂太行菊；早花期资源 7 个：'七月桃花'、'米白早'、'繁白露'、'淡淡的黄'、'红橙早'、'早黄金'和'亮黄早'；②利用 7 种不同浓度的秋水仙素溶液，4 种时间对甘菊进行多倍体的诱导。结果表明：500mg/L 的秋水仙素水溶液浸渍种子 12h，变异率为 23%，达到了极显著差异。通过形态学和细胞学鉴定，获得了同源四倍体。

选用'玉人面'、'玉人龙'、'玉龙'、'白龙'、'早白龙'、'翻白露'、'毛香玉'、'太行菊'、'神农香菊'9 个亲本，制定 11 个杂交组合，采用人工授粉与实生苗选种两种方式进行地被茶菊新品种的选育。

菊花远缘杂交的亲本材料多数倍性不同，导致杂交不亲和或杂交败育。对杂种进行幼胚拯救可以提高获得特定亲本组合的杂种的几率。该技术包括幼胚拯救时期的确定以及最适培养的选择。研究发现适宜的时期是授粉后 13～18 天，较适宜的激素配比为 MS＋BA2.0 $mg \cdot L^{-1}$＋NAA2.0 $mg \cdot L^{-1}$，光照对子房培养没有明显影响。

利用此项技术获得一批远缘杂交种，首次培育出 3 个浓香地被菊新品种，已与其他 5 个早花期新品种申请新品种保护，两个品种被江苏省农林厅列入 2007 年主推品种。

申报专利两项：利用幼胚拯救获得菊属远缘杂种的方法以及利用神农香菊培育浓香型地被菊新品种的方法。

菊花诱变育种技术研究取得新进展。该技术利用平阳霉素和电子束辐射诱导菊花突变育种。将组织培养与化学、物理诱变育种相结合，提高了体细胞无性系变异的发生频率，促进了突变育种的成功。与传统菊花杂交育种相比，周期短、工作量小；与转基因、原生质融合等生物技术相比，设备要求简单、操作简便、安全性高。该技术处理得到的菊花株高显著降低，是未处理菊花株高 77.5%～88.3%；变异率也可达到 5%～7%。

申请专利两项，一种是平阳霉素诱导菊花矮化育种的方法，另一种是利用电子束辐射结合组织培养培育地被菊新品种的方法。

(4)百合育种

利用我国优良的野生百合种质资源，与现有的商业百合品种进行杂交，选育出了一批适合我国不同地区气候特点的优质、高产、抗逆性、生长周期短、采后寿命长的百合切花新品种。

建立了 6 个野生百合种质资源圃，综合采用常规杂交、切割柱头、混合花粉、离体授精和离体胚拯救等技术集成，获得了一批杂交子代，并通过表型、染色体以及 DNA 分子标记等手段鉴定筛选杂交子代的真实性，选育了 6 个百合抗病性强、耐盐碱新品种和 9 个优株。完成了品种间和东方系与 OT 系间，商业品种与野生种间，铁炮系与亚洲系间、亚洲系与东方系间杂交组合 860 多个，并对 454 个组合进行了胚培养。项目实施期间共采收种子 20 万余粒，获得 230 个组合胚培养株系 5470 多个。

构建了百合病毒检测及脱毒种球生产技术、新品种种球快速繁殖技术体系和生产栽培管理技术体系，建立组培快繁中试线 1 个，生产规模 200 万个/年，繁育新品种种球 510 万个。对已申报的两个新品种，正在进行区域内新品种示范推广和产业化研究。

研究以东方百合、亚洲百合、麝香系列和OT系列的百合品种以及野生百合为亲本进行常规杂交实验，并通过胚拯救的方法以克服杂交后的障碍，获得杂交种，为进一步开展百合育种提供依据。同时，为加快商品价值高的百合新品种选育进程，有效利用国外百合优良品种资源，实验通过对荷兰进口的38个百合品种进行温室栽培试验，对植物株高、茎、叶、花等各方面的生物学性状和观赏性状进行对比分析，从而筛选出适合北京地区冬季日光温室栽培的百合品种。研究发现：①在杂交试验中，亲缘关系的远近对杂交结实有很显著的影响，东方百合系内杂交亲和性较好，而东方百合与亚洲百合、麝香系列、OT系列的品种进行系间杂交时，杂交授粉受到阻碍，亲和性较差；②OT系列百合无论是系内杂交还是系间杂交其亲和性都很差，但相比较而言，OT杂交O亲和性强于OT与其他种类杂交；在野生种作父本的杂交实验中，东方百合、OT系列的百合品种与岷江百合(*L. regale*)亲和性强于与兰州百合(*L. davidii var. unicolor*)、卷丹(*L. lancifolium*)的杂交。

(5)牡丹育种

利用我国的牡丹品种资源和野生种质资源，建立以常规杂交育种技术为主，利用特色种质资源，通过科学的亲本组合以及胚培养技术、激素辅助和促成与强化栽培等综合技术的集成应用，克服牡丹杂交育种过程中花期不遇、杂交不亲和、杂种败育以及幼苗生长缓慢等一系列主要的技术难题，培育出花色纯正、花型美观、花香浓郁、花枝直立、花叶协调、花量大、长势强、适应性广、具有很高观赏价值的易养护栽培或适宜切花与盆花生产的优质抗逆牡丹新品种，构筑我国特色的牡丹杂交育种技术体系；建立以抗逆性与适应性为主的品质评价技术，以及优良品种产业化生产为主的繁殖技术，培育牡丹新品种，并进行新品种申报和示范推广。

牡丹(*Paeonia suffruticosa* Andr.)是中国的传统名花，素有“花王”的美称，具有极高的观赏价值。已形成了众多的品种群，新品种培育一直受到国内外的普遍关注。本研究立足于课题组从国内外广泛收集的种质资源，以培育优良新品种为目标，在科学的杂交组合的基础上，进行了大量的杂交试验，并对杂交不亲和与杂种不育进行了初步探讨：①共杂交了224个组合，授粉2634朵花，获得杂交种子14101粒种子，杂种苗3654棵，其中包括牡丹组内近缘种间的杂交，获得种子11162粒，出苗3269棵；牡丹组内远缘种间的杂交，获得种子810粒，出苗34棵；牡丹组与芍药组间远缘杂交，获得种子2129粒，出苗351棵；②组内(亚组内)近缘杂交平均结种率21.30粒/朵，不同种间结种率高低受母本育性的影响较大，亲和性的影响较小，组内(亚组间)远缘杂交的平均结种率较低，为0.85粒/朵，母本育性和亲本亲和性共同影响其结种率；组间远缘杂交的平均结种率为2.39粒/朵，结种率高低的主要受亲本亲和性大小的影响；③组内近缘杂交种子的平均出苗率为29%，出苗率高低主要与母本自身的成苗力有关。

为加强我国新优奇特新品种的选育，从澳大利亚墨尔本引进了牡丹高代杂种(*Advanced Generation Hybrids*)作为克服远缘杂交障碍的重要资源，并跟踪观察它在北京地区的引种生长表现，另外引种了一类变异丰富，具有极高观赏价值和育种价值的野生滇牡丹资源。同时，开展相关的亲和性杂交试验，主要结果如下：①2007年8月引种牡丹高代杂种品种60个，共130株。2009年10月统计共成活45个品种，100株，其中，有19个品种已经正常开花并结实。引种过程成功克服了南北半球季节物候不同步引起的生物不适应性问题；②经观察，牡丹高代杂种花期为4月底到5月初，群体花期较长，与国内紫斑牡丹品种群，亚组间杂种花期交叉。观赏性状特点表现为：花色丰富奇特，区别于国内牡丹品种群，叶型兼有滇牡丹和传统牡丹品种的特点，株型端正，花型单瓣和半重瓣为主，侧开，长势强健，可做优良育种亲本，其成功引种将有助于改良国内牡丹品种；③对香格里拉地区哈拉村附近分布的滇牡丹野生资源进行了详细的调查，定点标记观赏价值较高植株并引种有育种价值的种类。

建立了完善的牡丹杂交育种技术体系。通过杂交亲本材料的选配技术，花粉采集贮藏与萌发检测、杂交配合及药剂处理、杂种萌发催芽与幼苗管理等配套技术的综合应用，得到了一批远缘杂种苗，实现了我国在牡丹芍药远缘杂交领域零的突破。有效改进了花期不遇、杂交不亲和、杂种败育等关键技术难题。培育出两个牡丹切花专用品种，填补了国内外空白，将促进我国牡丹商品生产真正步入产业化生产时代；获得1个特色品种和8个优良无性系，培育出1个二次开花新品种，有广阔的市场前景。获植物新品种权4项、国家技术发明专利4项。

建立了牡丹胚培养技术体系。远缘杂交育种是目前及今后相当长的一段时间内牡丹育种的主要方式，但育种周期长与杂交败育是影响其发展的瓶颈。胚珠与胚培养技术以及体细胞胚诱导与再生技术对辅助牡丹育种有重要意义。利用田间调查、常规杂交、显微观察与离体培养等方法对牡丹远缘杂交与败育机理、胚珠与胚培养以及体细胞胚诱导与再生技术进行了研究，在国内首次获得牡丹芍药组间杂种苗，并确定了主要组合的败育原因；建立了稳定的胚培养体系，在国内外首次成功诱导出牡丹体细胞胚并获得再生植株。利用此项技术对部分远缘杂交组合的种子幼胚进行培养，大大提高了幼胚成活率，获得大量远缘杂交后代。

继续研究牡丹远缘杂交亲本选配技术。该技术包括亲本材料的选择与杂交组合，以及在此基础上进行花粉采集贮藏与萌发检测、杂交配合及药剂处理、杂种萌发催芽与幼苗管理的配套技术。

通过改进技术进行亲本选配杂交，得到了419粒杂交种子和10株远缘杂种苗，实现了我国在牡丹芍药远缘杂交领域零的突破。

“一种牡丹芍药远缘杂交的亲本组合方法”申报专利（北京林业大学：成仿云，何贵梅）。

（6）兰花育种

通过引进和收集优良的热带兰（蝴蝶兰属、兜兰属、石斛属和大花蕙兰、墨兰、建兰）重要杂交亲本及原种，建立种质资源圃，充分利用我国优良的兰花野生种质资源，以常规育种技术为主，选择性状互补的品种作亲本配组杂交；利用辐射育种、倍性育种、组织培养及其体细胞变异筛选等方法，创造多类型的变异个体进行新品种选育；进行优质、抗逆等性状的协调改良，重点突破杂种优势固定与利用、突变发生和选择、倍性育种等技术综合与集成应用，创造具有良好应用前景的优异热带兰育种新材料和抗性好、花色、花形新颖、生产周期短的热带兰新品种，建立我国热带兰育种技术体系。利用我国原产的墨兰、建兰与引进的大花蕙兰进行种间杂交，建立杂交育种体系，选育花色新颖、耐热、抗性好、易开花的直立型大花蕙兰新品种;开展直立型或垂花型大花蕙兰与纹瓣兰、建兰与纹瓣兰杂交,建立杂交育种体系,选育花色新颖、耐热、抗性好、易开花的垂花型大花蕙兰新品种;探索利用分子标记的杂交后代早期鉴定技术;建立新品种的种苗快繁和栽培技术体系,进行规模化种植试验、示范与推广。

中国兰主要指兰科兰属植物中一部分地生种,如春兰、蕙兰、建兰、墨兰和寒兰等。在泰安市泰山林业科学研究院和义祥兰苑兰圃内选取国兰亲本,试验材料是国兰自然选育出来的优良品种,研究工作主要有以下几个方面的内容:一是通过对国兰种内、种间杂交授粉及果实生长的研究,开展国兰杂交育种的基础研究工作,了解杂交过程中可能出现的问题;二是对得到杂交组合的种子进行非共生萌发研究,筛选合适的培养基,建立完整的非共生萌发技术体系;三是在杂交根状茎的培养阶段,通过不同基本培养基、不同激素浓度的选择、不同添加物的选择,得到最适合杂交根状茎增殖、分化和生根壮苗的培养基。

大花蕙兰是以兰属(*Cymbidium*)部分大花型附生种类多代杂交选育出来的优良品种群,是世界五大重要兰花商品盆花和切花之一。目前,国内市场流行的品种多为进口,由原产于低纬度、高海拔地区的兰属大花型附生种杂交培育而成。这样的品种要求夏季有冷凉湿润的气候,因此多数大花蕙兰在国内低海拔地区度夏较困难,生产中应用不便。本次研究是从日本引进的 15 个大花蕙兰品种,检索发现参与育种的第一代原生种均为美花兰(*C. insigne*)、碧玉兰(*C. lowianum*)、独占春(*C. eburneum*)、多花兰(*C. floribundum*)和西藏虎头兰(*C. tracyanum*)等兰属附生型种类。利用原产亚热带地区的抗性强的地生兰墨兰(*C. sinense*)与之杂交,有希望培育出耐热的优良新品种,栽培养护更加容易,从而能在更多地区栽培应用。以 15 个大花蕙兰品种和 5 个国产墨兰品种为亲本进行杂交,对亲本生物学特征,人工杂交授粉特性,杂种胚的发育过程、无菌播种技术以及杂种后代的初步鉴定等方面进行研究,主要研究结果如下:①国产 5 个墨兰品种均为二倍体,染色体数目均为 40;②15 个大花蕙兰品种具有多样的倍性,包括二倍体、三倍体和四倍体。

对 4 种兜兰属植物进行 AA 式完全双列杂交试验,发现 4 个兜兰品种的自交结实率均表现出相对较低现象,与前人研究结果差异较大,硬叶兜兰自交结实率为 50.6%,杏黄兜兰自交结实率只有 68.8%,均低于以其为母本的杂交组合。在自交过程中,还出现同花授粉的结实率较低,而异花授粉的结实率较高的现象。可能的原因为品种自交所产生的变异小,在进化过程中适应生境的能力较小,不利于后代的繁殖和物种的延续,具体原因有待进一步试验探讨。4 种兜兰作为父本的平均杂交结实率从高到低排列顺序为:带叶兜兰,硬叶兜兰,同色兜兰,杏黄兜兰;作为母本的平均杂交结实率从高到低排列顺序为:杏黄兜兰,同色兜兰,带叶兜兰,硬叶兜兰。因此,从本试验看,杏黄兜兰、同色兜兰做母本较好,带叶兜兰、硬叶兜兰做父本较好,这将为兜兰杂交育种提供参考。

以蝴蝶兰黄花系品种 Phal. 20 作母本,紫花 Phal. 462 为父本进行杂交,对其后代性状进行调查研究。结果显示:杂交后代群体大致可分为 4 大类,农艺性状介于双亲之间或低于或高于双亲,杂交后代优势体现在香味、花色、花序长和花朵数,今后可以此为筛选优良单株或株系的主要指标。

(7)杜鹃花、红山茶和吊钟花育种

以我国原产的特色木本花卉杜鹃红山茶、吊钟花为对象,采用杂交、选择及诱变育种技术与分子标记辅助育种和早期评价相结合，建立优质杜鹃红山茶、吊钟花新品种选育技术体系，选育观赏特性高、综合性状优异的新品种，并申报新品种保护；对杜鹃红山茶、吊钟花种质资源收集保存；利用分子标记技术进行杜鹃红山茶、吊钟花表型变异及遗传多样性研究；研究建立优质新品种高效扩繁及栽培技术体系，并进行新品种示范推广。

(8)月季花育种

利用中国特有蔷薇属植物资源的高抗病性、抗寒性、抗旱性基因资源和现代切花月季品种进行杂交育种，整合远缘杂交、芽变选择、胚培养、组织培养及杂种后代早期鉴定等技术，培育出一系列切花月季新品种，并获得国家新品种保护，培育的切花月季品种生产的切花全部达到国家一级切花标准，达到国际先进水平，90%以上产品出口。利用中国原产的刺玫类蔷薇属植物与现代月季品种远缘杂交，培育出包括'珍珠云'、'燕京春晓'、'血蝴蝶'、'京西飞霞'等10个具有抗病、抗旱、抗寒性强的"刺玫月季"品种群(庭院月季)。

(9)梅花育种

自1957年起，我国著名的梅花专家、园艺学家陈俊愉在研究梅花14年的基础上，改用实生播种等方法进行引种驯化，选育出了一批抗寒性梅花新品种。自1992年开始，青岛梅园与北京林业大学、中国梅花研究中心进行科研合作，在陈俊愉院士、赵守边教授的指导下，对130个梅花品种进行引种驯化、选种、栽培，筛选出20个抗性较强、观赏价值高的品种，并在华北、西北7个省、市进行了区域试验，初步探索出南梅北移的关键技术。

建立了抗寒梅花育种技术体系。在陈俊愉院士60年梅花育种研究的基础上，国家花卉工程技术研究中心收集梅花品种资源200多个，通过栽培选育、远缘杂交等方法，初步筛选出一些抗寒梅花品种(系)，其中，选择我国原产的抗寒性遗传力高的山杏、杏、山桃等与梅花杂交，利用赤霉素处理解决了远缘杂交不亲和的问题，利用早期胚拯救的方法解决了远缘杂种不育的问题，利用反复回交解决了杂种梅花失去香味的问题，利用自然越冬抗冻性评价、人工模拟生长恢复法、电导法、差热分析、核磁共振等方法对抗寒梅花品种的耐寒性进行了评价，建立了一套科学实用的抗寒梅花育种技术体系，培育出8个抗寒梅花新品种，能抗－19～－34℃低温('燕杏'梅最低能耐－34℃低温)，培育出第一个能在三北地区露地越冬的具有典型梅花香味的抗寒梅花杂交品种'香瑞白'梅。

经陈俊愉等调查研究结果表明，有22个较抗寒的梅花品种，分别是：'北京玉蝶'、'北京小梅'、'淡丰后'、'丰后'、'复瓣跳枝'、'花蝴蝶'、'黑美人'、'江南'、'江梅'、'美人梅'、'密花江梅'、'俏美人'、'三轮玉蝶'、'山桃白梅'、'送春'、'小绿萼'、'小宫粉'、'燕杏'、'银红'、'玉台照水'、'中山杏梅'、'朱砂晚照水'，这22个品种成为在北京和"三北"露地开展区域试验乃至进一步种植、应用的资源基础。

北京林业大学李庆卫在前人抗寒梅花品种区域试验基础上，新增大庆、乌鲁木齐、公主岭3个梅花抗寒品种区域试验点，通过多年多点对比试验，在大庆实现了'燕杏'梅、'送春'梅、'淡丰后'梅、'美人'梅4个梅花品种露地栽培开花，公主岭有'淡丰后'、'公主木兰'、'燕杏'、'美人'梅4个品种能露地栽培开花，在乌鲁木齐有'燕杏'、'丰后'两个品种露地栽培开花，使梅花北移超过2000千米。

(10)有髯鸢尾育种

有髯鸢尾(*Bearded Iris*)是鸢尾科鸢尾属重要的宿根花卉，因其垂瓣上具有髯毛而得名，根据花茎高度又分为 6 种类型：迷你矮生型（MDB）、矮生型（SDB）、中生型（IB）、迷你高生型（MTB）、花坛型（BB）、高生型（TB）。其中，高型有髯鸢尾品种最多，使用最广泛。假种皮鸢尾（Aril irises）是有髯鸢尾类中的一个特殊类群，许多品种都是通过假种皮鸢尾与其他有髯鸢尾的种或品种杂交而得到的。对有髯鸢尾的 7 个品种进行品种间杂交育种实验，最终获得 31 株杂种苗，花期对 F1 代杂种花部性状进行观测，并在内外花被片颜色、花径大小、花葶长度、冠幅等方面与亲本对比，结果表明：F1 代花色未出现明显分离，当‘印度首领’做母本时，80.77％的杂种的花色显著异于母本花色，更偏向于父本；F1 代植株中，有 68.06％植株无花粉或花粉量极少，其余 41.94％的植株花粉是正常的，对其进行自交和回交实验，除‘Head corn’和‘印度首领’的杂种植株自交以及回交结实率均为 0 外，其余组合的杂种自交和回交结实率均在 40.00％以上。

（11）一、二年生草花育种

收集了万寿菊、百日草、矮牵牛、三色堇、一串红、孔雀草、鸡冠、翠菊种质资源物以 8 种草花作为试材，开展了草花育种及种子商品化技术研究，探讨了 8 种草花的开花授粉生物学特性和株型、花色、花径等主要观赏性状的遗传倾向，培育出 47 个新优草花品种，育出万寿菊新优品种 4 个，在耐雨打性、多花性等方面明显优于国外品种。选育出一批亲本和适合我国不同生态区域的 F1 代品种及常规品种。

培育出万寿菊雄性不育系 17 个，自交系 13 个，F1 代品种 4 个；培育出百日草雄性不育系两个，自交系 4 个，F1 代品种两个；培育出矮牵牛新优品种 4 个，花量增大，抗性增强，植株更紧凑；培育出 5 个三色堇新优品种，在花径大小、开花整齐性和植株抗性方面具有明显优势；培育出 5 个矮型一串红品种，两个中高型品种，这些品种具有国外品种无法比拟的抗热性强等优点；培育出 4 个花径大、花色鲜艳的孔雀草品种；培育出两个鸡冠花新品种；培育出翠菊新品种 7 个，其中有 6 个是矮生品种。

建立起一套“科研＋农户＋公司”的草花良种繁育体系，探讨 8 种草花优质种子规模化生产技术，5 年来生产并推广到全国各地的优质草花种子累计达 600kg，约占国内草花种子用量的 1/10，累计创造经济效益 500 多万元，在 100 多个城市得以推广，得到用户的好评。缩短了我国和国外草花育种制种领域的差距，培育了具有自主知识产权的新品种，缓解了国产优良花卉种子极度短缺的状况，打破了国外种子长期垄断中国市场的格局。

3. 花卉分子育种

针对我国花卉业发展对优良花卉品种的迫切需求和我国花卉品种改良基础研究落后的现实局面，根据国际上对花卉品质性状基础理论研究的最新进展，以我国特有的具有特殊优良观赏性状的花卉资源和我国原产名花为研究对象，在分子水平上深入研究主要观赏性状的遗传基础，筛选、分离具有我国自主知识产权的控制花型、花香、开花期、重瓣性、采后寿命、雄性不育、花色和抗性等特殊优良性状的相关基因，对其功能进行深入研究，系统探索优良性状的形成规律及其分子机制，为花卉优良观赏性状的分子改良奠定理论基础，在此基础上进行转基因表达，建立我国重要花卉的分子改良体系，并进行重要性状改良应用，最终培育具有自主知识产权的花卉品种，打破花卉发达国家对我国商品花卉品种的垄断。花卉育种和良种改良工作一直是花卉业的主题，是花卉创新的主要方向。转基因育种已经成为目前作物育种的重要发展方向和重要手段，由于花卉不同于农作物，一般不涉及食品安全和扩散的问题，所以为花卉转基因育种和应用提供了广阔的前景，必将成为花卉的定向育种捷径。以我国的重要商品花卉（菊花、月季等）和重要的原产花卉为对象，广泛开展花卉转基因育种技术研究，以抗逆性、花期调控、花色改良、芳香育种、提高采后寿命等为主要育种目标，定向培育和改良具有我国自主知识产权的转基因花卉新品种。

(1)兰花转基因研究

兰花生长缓慢，再生周期长，因此其传统育种进展缓慢，从 20 世纪 90 年代开始，许多研究者开始利用各种转基因技术（如基因枪法，农杆菌介导法）探索兰花基因改良的最佳途径，其中，农杆菌介导法以其操作简单，转化机理清楚等优点，得到越来越多的应用。就目前而言兰花的遗传转化还存在转化条件不够系统，转化效率低等问题。以转化建兰根状茎为材料，探究各种浓度梯度的潮霉素对植物材料的影响，寻求最适筛选浓度。分别利用固体和液体两种培养方式对转化材料的筛选体系进行探究。建兰遗传转化系统的建立旨在通过摸索建兰基因转化的影响因素，找出最佳转化条件，为以后转入其他目的外源基因提供依据。而筛选体系的建立又是遗传转化体系建立的关键。在建兰再生体系的基础上，利用不同浓度的潮霉素对建兰进行筛选，为建兰筛选体系的建立和为建兰品质的生物技术新方法改良奠定基础，对于今后开展功能基因研究也具有重要意义。

为了加快兰花的育种步伐，培育出优质的兰花品种，西南林业大学蹇黎对建兰亚属兰花种质资源的形态及叶绿素含量进行了比较分析，并利用 RAPD、ERPAD、PCR－RFLP、ISSR、SRAP 分子标记技术对建兰亚属植物资源进行分子分类及亲缘关系研究。主要研究结果如下：①对建兰亚属 21 个兰花品种形态特征的观察和分析可以看出，除叶脉序特征均为平行脉序（弧形脉），叶片均为纸质外，不同品种间的一级与二级脉随品种也不相同，所有品种在形态上具有一定的分化，表明其形态特征反映出不同品种间的相似性和差异性，从而为属下种间的界限和关系的探讨提供了重要的形态学证据；②应用 SPAD－502 叶绿素计和常规方法对 21 个建兰亚属兰花品种的叶绿素含量进行了比较分析。结果表明：大多数兰花在种间或种内的叶绿素 a、叶绿素 b、总叶绿素含量以及 SPAD 值均有所不同，但它们之间表现出优异的差异性；7 个兰花种间的叶绿素含量与其 SPAD 值的相关性均达到了显著水平，表明利用 SPAD 值来衡量其叶绿素含量的可行性，通过聚类分析可以把 21 个兰花品种分为两大类群；③应用 ERPAD（延长随机引物扩增 DNA）标记对 54 个寒兰品种进行分析和鉴定。

(2)桂花遗传多样性研究

从形态学、DNA 分子标记、DNA 序列三个方面，以无锡、南京、杭州和湖南浏阳的 88 个桂花（*Osmanthus fragrans* Lour.）栽培品种、野生桂花、木犀属（*Osmanthus*）两个对照种柊树［*O. heterophyllus* (G Don.) P. S. Green］和华东木犀（*O. cooperi* Hemsl.）为材料，对桂花种质资源的遗传多样性、亲缘关系、品种分类鉴定等问题进行了研究和探讨。建立并优化了桂花的 SRAP 扩增体系。利用 SRAP 和 ISSR 分子标记研究了桂花种质资源的遗传多样性和亲缘关系。测定了野生桂花及部分桂花品种的 ITS 序列和 trnL－F 序列，并用两个序列联合分析的方式，以木犀属的格树和华东木犀为外类群，初步探讨了桂花四个品种群之间的亲缘关系。依据形态特征编制了 88 个桂花品种的分类检索表，分别运用 SRAP 和 ISSR 分子标记构建了桂花的 DNA 指纹图谱，旨在为桂花品种的鉴定、培育和开发利用，提供形态和分子依据。

(3)转基因技术研究

近年来，对透明颤菌血红蛋白基因的研究增多。新疆农业大学苏秀娟将透明颤菌血红蛋白基因转化熏衣草，通过 PCR 等筛选将阳性植株移栽。待其长到一定大小时，进行水淹试验，并对转基因熏衣草和非转基因熏衣草进行过氧化物酶、叶绿素含量、脯氨酸含量、可溶性糖、可溶性蛋白生理生化指标的比较。结果表明：转基因熏衣草均高于非转因熏衣草。水淹处理 3 天转基因植株生长良好，未转基因植株表现叶片萎蔫。将基因透明颤菌血红蛋白基因转到银腺杂种杨中，筛选转化子后，在温室两年生长后，转基因植物和对照在形态上无明显差异，在株高和地茎上有 3 株较对照明显增加。测定转入此基因的银腺杂种杨的耐涝性，结果证明在淹水 17 天后，对照死亡率达 66.7%，而转基因株系均低于 50%。试验证明了淹水胁迫下透明颤菌血红蛋白基因的表达增强了银腺杂种杨叶绿素含量的积累，进而促进了转基因植株的生长，提高了转基因株系对淹水的忍受能力。这些证明了透明颤菌血红蛋白基因在抗涝植物培育和提高植物水培耐受力方面有很好的应用前景。

(二)花卉良种繁育

1. 球根花卉种球生产技术研究

百合等球根花卉是经济价值最高的花卉种类之一，在我国有巨大的发展空间，仅云南百合的种植面积就达 1600hm^2，每年的种球需求量在 2.6 亿粒以上，并且需求量以 10% 的速度增加，市场需求量很大。

重点研究了百合、彩色马蹄莲等种球国产化技术和生产标准，完成制定国家及行业标准 14 项，企业标准 32 项，百合培育 2.5 年成球率大于 87.6%、马蹄莲和唐菖蒲培育两年成球率达到 82.2%和 85.7%，田间带毒率小于 5.4%。经对照检测，自育种球质量与进口球相当，但价格仅为进口种的 60%，种球国产化率从 10%提高到 40%以上，基本摆脱了我国花卉种球主要依赖进口的不利局面，切花产品在国内外市场上有明显的竞争优势。

研制了球根采后处理系统。该项目实施过程中共申请了 25 项目专利，其中，19 项获得国内发明专利，特别是在球根专用冷库、分级机、计数器、灭菌机等设备的研究应用领域获得多项专利授权，并在生产实践中得到了应用，大幅提高生产效率，实现了我国自主球根生产配套装备的新突破。

2. 花卉优质种苗生产技术研究

建立了地被菊栽培繁殖技术体系。在新品种选育的同时，对地被菊扦插与组培繁殖技术进行了研究，繁殖成活率分别达到 100%和 96%，总结出一套合理密植、定时追肥、适时摘心、自然成型的地被菊花露地栽培管理技术体系，大大促进了地被菊推广。

培育出的地被菊优良品种系不仅有适宜在广场、街道、公园等各类园林绿地中做地被植物使用，组成大色块，发挥群体美的观赏品种，而且还兼有特类功能的各种专类品种群，如抗寒地被菊、抗旱地被菊、抗虫地被菊、茶用菊、盆景用菊、微型盆栽菊、可作为北京奥运会用花（夏季开花）的早花地被菊品系和转基因菊花品系等，以满足不同功能的技术开发之需。地被菊新品种推广到北京、天津、辽宁、黑龙江、河北、山东、云南、内蒙古等17个省、自治区和直辖市，形成“中心平台＋科研单位＋基地＋农户”的地被菊产业化运营模式，通过对各个品种的观赏特性、抗性及适应性的综合评价，确定各个品种的施用范围及区域，使地被菊的应用和推广形成品种区域化，生产标准化、经营规模化的格局。地被菊新品种用于城市景观及道路绿化，累计繁殖推广1亿多株，对各地的土壤、气候条件表现出良好的适应性，获得了良好的经济效益、社会效益和生态效益。

种苗生产、促成栽培和切花生产奠定了牡丹产业化生产的基础。从优质砧木入手，建立了多圃配套的种苗优质标准化生产技术并推广用，达到了国内外同类技术的领先水平；创新利用激素与冷藏相结合，建立优质高效促成栽培技术，在生产实践中得到广泛应用。通过以常规繁殖与生物快速繁殖的合理应用，结合切花配套栽培技术和切花的无土栽培技术的应用，实现现代牡丹切花生产模式的建立。

3. 草花制种技术研究

目前，我国草花种子市场的竞争主要体现在进口种子和国内自繁种子之间。国产草花与进口草花展开竞争，表现出的特点是常规品种优中选优，新优品种避敌锋芒。进口草花种子由于进入市场比较早，因此在矮牵牛、海棠、凤仙、三色堇等常规工程用花方面占有绝对优势。为此，国产草花育种企业转而重点培育一些本土的、关注度原本不高的品种。上海市大芳园艺有限公司培育的花毛茛、瓜叶菊在国际花展上大放异彩，不仅引起了国内同行的关注，也引起了日本等外国客商的注意。另外，如甘肃酒泉金秋园艺的金鸡菊、二月兰、青岛美田园艺的石竹都在国内处于领先地位。除了培育本土品种，许多企业也开始注重老品种的筛选，如春禾园艺现在每年也就只增加三四个新品种，但着重将一串红、孔雀草等老品种进一步选育，有效地遏制了品种退化的势头。国内草花育种企业不仅在花毛茛、瓜叶菊等非常规品种上取得重大突破，在矮牵牛、三色堇等原本进口草花种子的强势领域也取得进展，如青岛美田的矮牵牛‘旗袍’，以及三色堇‘红双喜’、‘红旗’表现非常出色，国产草花种子与进口草花种子的市场影响力差距进一步减小。

(三)现代化栽培技术与产业化研究

1. 大花蕙兰商品化生产关键技术研发与推广

根据我国的具体条件，针对国内大花蕙兰成花率低，生产周期长的问题，研发出适合我国国情的大花蕙兰的高效低成本组培快繁技术、无土栽培技术、花期调控技术和盆花产后处理及品质评价和保持技术，经组装、集成、熟化，形成了适合我国国情的大花蕙兰商品化生产技术体系。制定了《大花蕙兰盆花质量等级标准》(国家标准)，“大花蕙兰花期综合调控方法”、“一种大花蕙兰营养液”等获国家发明专利。通过质量等级标准和相关生产技术规程的制定，促进了大花蕙兰盆花标准化生产方式的普及，提高大花蕙兰生产企业的产品质量，提升了我国大花蕙兰生产的总体水平和国际竞争力，减少了我国大花蕙兰的进口，提高企业的出口率，整体推进了大花蕙兰从进口型向出口型的转变。

研究了工厂化生产培养基中激素、不同碳源、凝固剂用量、水等对大花惠兰增殖、生长的影响，进行了光谱灯与自然光照培养光源的比较，确定了低成本培养基配方及适宜的培养条件。制定了大花蕙兰低成本组培苗生产技术规程。

开展了新型栽培基质筛选试验，建立了以树皮为主要栽培基质的大花蕙兰无土栽培技术体系，开发出适用于不同发育阶段的营养液配方并对营养的吸收特性进行了研究；建立了比色法和化学分析法相结合的大花蕙兰实用营养诊断技术体系。

研制出高海拔越夏栽培、适时留芽、冬季低夜温的大花蕙兰花期调控技术，实现元旦和春节开花，开花时间提前7～10天，花箭高度和单花数量显著提高。研发出操作方便有效的GA_3处理控制大花蕙兰成花质量的技术，确定控制花箭长度的最佳GA_3浓度。建立了大花蕙兰盆花采后质量评价体系和标准。通过喷施STS为主要成分的保鲜剂，使花瓣更加饱满、色泽鲜亮，花梗硬度更大，减少了采后流通过程中的损耗，平均观赏寿命比对照延长1周左右。

利用本项技术，国家花卉工程技术研究中心固安基地近4年生产大花蕙兰80万盆，累计产值1.2亿元。提高了生产单位生产技术水平和产品品质，扩大了产品的市场占有率，提升了企业的行业地位。

2. 帝王花等热带木本切花配套生产技术

帝王花（*Protea cynaroides*）、班克木（*Banksia* spp.）等原产于澳大利亚和南非的山龙眼科、桃金娘科特色切花是目前世界新兴的高档热带木本切花种类，成为花卉产业新的经济增长点，具有很高的经济价值和广阔的消费市场。

本项目在实地调查和研究的基础上，选择我国云南元江干热河谷地区地区进行露地切花生产技术研究和规模化生产，一方面有利于云南元江干热河谷地区农民的增收致富和荒山绿化，另一方面我国与原产地的季节更替相反，供切花的时间与传统产区相错开，为这类新兴木本切花的出口提供了巨大优势。

通过项目实施，从澳大利亚和南非引进帝王花、银树等新型木本切花5属124个种（品种），通过系统的生产试验从中筛选出适合云南干热气候的、适于规模化商品生产的切花种或品种46个，根据具体气候和土壤条件，研制出帝王花、银树、澳蜡花等五类新型切花适宜的生产技术，形成了适合我国气候特点的种苗繁殖、切花生产和切花采后贮运、保鲜技术体系，并且通过实生苗和芽变选育，获得适合云南元江气候、土壤条件的澳蜡花、银树等木本切花的优良株系16个，制定出"澳蜡花综合标准"、"新型木本切花生产灌溉工作指南"等企业标准4项。建立了新型热带木本切花生产示范基地700亩，繁殖帝王花、澳蜡花等优良种苗12万株，生产各类切花100万枝。

项目的实施对丰富我国切花产品种类，推动我国特色花卉产业的发展提供了一条新途径。

3. 月季切花高产栽培技术研究与推广应用

对月季无土栽培切花生产技术进行了系统研究，并取得重大技术突破。根据中国各区域气候特点和环境条件，通过筛选适宜品种、研制无土栽培基质及配套营养液、研究月季生长发育与环境条件的关系，开发出适宜不同地区的月季切花无土栽培技术体系、无土栽培基质配方及营养液配方。

开发出月季切花生产的新型无土栽培体系。建立了混合基质结合组装型栽培槽和开放式营养液供给的栽培模式，利用该模式，排放的废液用于露地花卉生产，达到了低成本、高效益、无污染的目的。

建立了切花月季的N、P、K肥料效益方程及营养诊断技术体系。通过叶片营养检测分析结合基质的养分检测，指导切花月季施肥管理，为切花月季优质高产栽培的营养管理提供了理论依据。建立了日光温室切花月季光合作用的光照强度、温度和CO_2浓度环境因子模型，计算出冬季晴天的条件下，月季白天的最佳生长温度为22.4℃，提出了缩短CO_2施肥时间的方法，建立了切花月季生产根际加温技术，确定了不同品种的最佳根际温度，不同品种分别增产46%～104%。选择适宜的专用覆盖材料、遮光材料以及硫黄熏蒸系统，提高了切花生产环境控制水平。研究成果在月季生产企业的日光温室和现代化连栋温室进行了产业化推广，使切花产量提高20%，产品全部达到出口标准，90%进入欧、美、日及东南亚市场。

4. 抗寒梅花栽培技术推广

建立了抗寒梅花的繁殖和栽培技术体系。以往梅花繁殖主要以嫁接和硬枝扦插为主，繁殖系数较低，特别是在北方寒冷地区，硬枝扦插生根困难。通过大量试验，摸索出一套可行的梅花抗寒品种嫩枝扦插技术，采用激素处理使梅花嫩枝扦插成活率从30%提高到70%。进行了梅花扦插生根机理研究及最佳基质筛选试验，选择出珍珠岩＋泥炭＋椰糠和蛭石＋泥炭的梅花良种扦插混配基质，解决了北方梅花扦插繁殖的问题。利用抗寒性强的山杏作为砧木进行高接，进一步提高梅花品种的抗寒性。建立砧木当年播种，插穗当年嫁接的梅花快速成型技术，并通过修剪、土肥水管理和生长调节剂的使用等栽培养护管理技术措施，形成完整的抗性栽培技术体系，保证梅花在北方的种植成活。

在北京鹫峰建立国际梅园5.3hm^2，展览温室2000m^2，形成以集品种收集保存、新品种培育、品种展示、梅花欣赏、科普教育和梅文化传播于一体的多维梅花研发模式，弘扬我国悠久博大的梅花文化。加大梅花在北方的繁育和推广，进一步提升北方绿化景观的审美层次和文化品位，对构建生态良性循环、人与自然协调发展的生态园林，具有重要的生态意义和社会意义。

抗寒梅花新品种在我国东北、西北和华北11个省区进行了区域化试验，西至新疆乌鲁木齐、北至黑龙江大庆均可露地越冬开花，结束了北京露地不能栽梅的历史，使梅花露地栽培区域由自然分布的长江流域向北推移2000千米，创造了梅花育种的奇迹。培育的抗寒梅花品种中，‘北京玉蝶’、‘香瑞白’梅、‘山桃白’梅、‘花木兰’、‘燕杏’梅5个品种获中国第十届梅花蜡梅展梅花优良品种金奖。

育种及栽培繁殖体系的建立，实现了规模化苗木生产，在青岛、北京等地繁殖推广抗寒梅花品种150个，推广面积达到666hm^2，生产种苗301万株，并已广泛应用于城市园林建设中，累计产值达到3000万元。通过技术的集成和推广，促进了梅花苗木的产业化生产以及梅花在北方地区乃至欧洲、美洲的应用和推广，带动了河南、陕西、山东、山西等省市30余家相关梅花种苗生产企业的发展，促进了梅花造型苗及盆景苗的生产和制作技艺的发展，带动了北京、山东、河南城市的梅花园及展览温室兴起，进一步促进了梅花产业的发展，弘扬我国悠久博大的梅花文化，社会效益和文化效益明显。

针对云南梅产业发展过程中急需解决的技术问题，在丽江建成了花果兼用梅种质资源库，开展良种繁育、种植栽培、低产梅园品种改良等技术环节的研究，培育花果兼用梅新品种 3 个，形成花果兼用梅育种技术体系和繁殖栽培技术体系，对丽江照水梅果梅良种进行繁育推广和配套栽培技术的示范，实现了花果兼用梅新品种规模化苗木生产。建立良种苗木繁育基地 208 亩，采用温棚育苗和大田移栽技术，年可出圃嫁接苗 120 余万株；采用冬季裸根移栽技术，移栽 10 年生丽江照水梅成龄母本树 2410 株，形成了 100 亩采穗圃，可满足年产 148 万～161 万株良种苗木的需求。编写了《花果兼用梅栽培技术规程》（行业标准），举办育苗、嫁接、栽培管理、病虫害防治、冬季修剪及土、肥、水管理等培训班 28 期，发放培训资料 2000 多份，培训乡村技术骨干 10 多人，技术人员 50 多人。通过技术合作，带动农户推广种植良种果梅林 10000 亩，达产后可使 2500 户山区农户每年每户增加收入 5000 元。

5. 牡丹栽培生产体系的建立

建立了促成栽培技术与标准化生产技术。借鉴并整合中、日技术，通过改善营养条件，优化栽培环境等方法，解决了产品优质化与生产高效化问题，在北京、上海等地推广应用，产品行销长三角地区，取得了显著经济、社会效益。

建立"技术—生产—市场"三位一体的合作模式。通过技术集成和推广，成功地将紫斑牡丹品种引种到华北、华东等地区，丰富了当地的牡丹品种。在北京、上海、洛阳、兰州等地建成推广基地 36.7hm^2，市场前景十分广阔。同时，应用新技术在北京植物园连续两年在春节及初春举办牡丹花展，吸引了大批游人，产生了显著的社会效益。与北京世纪牡丹公司合作，建立标准化种苗基地 16.7hm^2，新增产值 600 多万元，吸引了来自美国、荷兰等国和全国各地许多业内人士的高度关注，对调整我国牡丹生产的品种结构，改进生产方式与提高国际竞争力，以及扩大北京花卉产业的影响将产生了积极作用。在洛阳市土桥花木公司重点推广标准化砧木培养与多圃配套的成套技术，实现了牡丹种苗工厂化生产与繁殖，建立标准化基地 13.3hm^2，新增产值 500 多万元，产品行销全国，远销美国、法国、荷兰等世界各地，经济、社会效益明显。与甘肃奥凯牡丹公司在兰州建成 80 亩生产基地，实现专用切花品种与优质抗逆紫斑牡丹新品种的商品化生产，发展前景十分广阔。上海浦东牡丹公司应用优质高效促成栽培技术，盆花产量与质量逐年增加，新增产值 400 万元以上，其产品占领上海及周围苏、杭等地的市场，表现出持续增长势头。

6. 研发新型可再生无土栽培基质和营养液

传统的无土栽培中以草炭作为主成分，在充分利用当地的农林业废弃物的基础上，研制出有地域特色的新型栽培基质。

（1）大花蕙兰专用基质

大花蕙兰传统使用环保树皮做栽培基质，本成果通过添加不同的 EM 菌用量，选择不同的氮肥（尿素、硫酸铵、硝酸铵）来调节新鲜松树皮的 C/N，并用石灰调节松树皮的 pH 值，使自然发酵时间由传统 3 年以上缩短至 1 个月。

（2）石斛兰专用基质

选出武汉地区专用基质 1 种（2 份椰糠：1 份树皮：1 份珍珠岩），原料易得，价格便宜，节约基质成本 42%；海南组培苗炼苗基质 1 种（4 份椰丝：1 份水苔）移栽成活率 88%

以上。

(3)百合专用基质

研发出3种基质,其中,2种降低草炭用量,即5份草炭∶2份珍珠岩∶1份蛭石∶2份麦秆和4份草炭∶2份珍珠岩∶1份沙子∶3份玉米秆;1种完全替代草炭的使用,即两份珍珠岩∶两份蛭石∶3份椰糠∶3份沙子。使用麦秆、玉米秆、椰糠等替代物,与百合生产中传统栽培基质相比,3种基质配比中,草炭使用比例减少了20%、30%和100%。

优化了百合营养液配比。与基质T1(5份草炭∶2份珍珠岩∶1份蛭石∶2份麦秆)和T2(2份珍珠岩∶2份蛭石∶3份椰糠∶3份沙子)配套营养液,N、K、P的最优施肥配比和施肥量:

(4)月季专用基质

针对栽培土壤pH值,采用油枯发酵形成的生物菌群、切花生产残余的枝叶花器官及其他有机和无机肥料配合的新型半基质栽培方法。新型基质栽培在基质上投入略高于常规栽培,但整体生产平均降低10%。

建立了月季优化的施肥系统。以'冰清'、'卡罗拉'为试材,研究改良了手工施肥和传统的两罐式施肥系统。采用三罐式施肥系统,三个母液罐溶解不同的肥料,通过开关不同的母液罐和调节计量泵,结合灌水,控制切花月季在不同生产阶段的营养液中元素种类和含量。

为了满足切花月季的营养需要,促进切花月季分别在不同时期的生长发育,根据不同养分元素的特点而开发了适合月季生长发育的营养液配方,分别在营养生长期和开花期采用不同的施肥比例,苗期N∶P∶K的使用比例为3∶1∶1,营养生长期N∶P∶K=3∶1∶2,开花期N∶P∶K=3∶1∶3。其配方按重量份组成为:营养液A,硝酸钾50kg、七水硫酸镁50 kg、螯合锰0.5 kg、螯合锌0.5 kg、螯合铁1 kg、硼酸1 kg;营养液B,尿素80 kg;营养液C,硝酸铵80 kg。

(5)芍药专用基质

利用发酵处理后的农林有机废弃物(菇渣、玉米芯颗粒)部分替代泥炭,基质配方为:4泥炭∶2菇渣∶2珍珠岩∶2陶粒,使用该基质适当整体开花率达70%,泥炭使用比例减少了20%。

根据营养诊断,本研究在营养液的试制过程中注意了元素间的关系。试验采用正交设计法,力求找到氮-磷-钾元素之间的最佳搭配。

根据芍药盆栽生产最重要的五个指标:株高、茎粗、花径、花 数、成花率,各赋予0.2的权重值,进行加权平均后得出盆栽芍药的最佳营养配方,即N∶203.4mg/L、P∶69.6mg/L、K∶362.6mg/L。根据钙素特殊的营养生理作用,于展叶期至开花期喷施4%的$Ca(AC)_2$有利于提高茎秆强度,获得理想的切花品质。

7. 设施生产环境综合精准调控技术

(1)大花蕙兰生产环境综合精准调控技术体系的研究

最佳光照:1000~1300μmol/(m^{-2}·s^{-1});

最适合温度:18~28℃(叶温);

温度范围:0~40℃。

根据生育期特点分 3 个时期(幼苗期,中苗期,大苗期或生殖期)分别研究其最佳光照、温度、湿度等。特点是:根据气温变化和季节来进行栽培操作。避免全国各地环境不一而无法操作,提高了技术的适用范围。

(2)石斛兰生产环境综合精准调控技术体系的建立

以春石斛兰生长发育的光温生理生态过程为基础,通过 3 个定植期和 4 个定植密度,4 个春化处理,确定春石斛兰成品苗从定植到完成春化、花芽萌发、现蕾、开花各个生育阶段所需的综合光温指标,建立设施条件下春石斛生长发育、外观品质和光温调控模型。

通过模型系统模拟分析:夜温为 9～14℃,白天温度为 20～28℃时,石斛兰完成春化所需的实际天数和到达采收所需的天数最短、采收时单株花蕾节数和单株花蕾数最多,石斛兰产品可以最快上市且外观品质最优。

(3)月季生产环境综合精准调控技术

在昆明杨月季园艺有限责任公司和云南丽都花卉发展有限公司试验、应用切花月季专用基质,针对土壤、肥水条件,病虫害防治,自然光热充分利用等方面,通过对设施生产中栽培畦、土壤及滴灌方式的改进,光照、温度、湿度等重要设施环境条件控制,结合切花月季的生理习性,对大棚设施进行提高裙膜、高通风、晴天补水降温等环境调控措施,创造适合切花月季生长的栽培环境,保证切花月季生长环境温湿度的稳定性,提供切花月季营养,培养健康的植株。主要措施包括:①连栋大棚做栽培畦改进;②土壤改良;③滴灌;④光照、温湿条件的调整。

8. 高效、节能安全生产标准化配套技术体系的建立

将新型环保可再生无土栽培基质、配套的高效利用型营养液配方及其供给技术、设施生产环境因子精准调控技术以及生产过程的标准化管理技术进行组装集成及进一步优化和示范,最终研制出了大花蕙兰、石斛兰、百合、月季和芍药的高效、节能安全生产标准化配套技术体系。

(四)观赏植物采后生理与处理研究

观赏植物的采后科学研究包括鲜切花、球根、种苗等鲜活观赏植物产品的采后衰老机理、采后贮藏技术、采后运输技术、采后预处理技术和采后保鲜技术以及通过遗传工程技术调控采后衰老的多方位研究与技术开发。在当今花卉业的全球贸易越来越大的情况下,花卉的采后衰老机理及技术研究也在迅猛发展。我国由于花卉作为产业发展只有 10 多年的历史,而且一直属于内向型产业,对品质的要求较低,导致花卉采后的研究也相对滞后。以大宗花卉和中国特色花卉为研究对象,对在采收、贮藏、运输和瓶插过程中,影响盆花、切花品质的影响因素及相关的机理进行深入研究,在此基础上,建立起适合我国国情的采收、贮藏、运输管理技术体系,降低花卉物流营销过程中的损耗。

对郁金香、百合、唐菖蒲、月季、香石竹、菊花、牡丹、芍药等花卉的采后生理进行了研究,取得了可应用的成果,提出了切花的"冷链"流通技术体系与措施,降低了切花采后运输过程的损耗 10%左右。但实用技术和相关产品开发方面的工作较少,在盆花产后贮运方面的工作也较少。

除了“冷链”贮运，切花保鲜方法主要是化学保鲜。化学保鲜即在预处理以及瓶插液中使用化学保鲜成分，达到延缓切花衰老、降低呼吸速率，减少病菌繁殖和水分损失，从而延长切花观赏期。8-羟基喹啉为常见的广谱杀菌剂，对细菌、真菌致死效果良好，同时减少茎秆水分堵塞，在切花保鲜中应用较广；水杨酸是一种植物性内源激素，在植物水分胁迫中具有非常重要的作用，同时兼有杀菌效果；无机盐类能够增加花瓣细胞的膨压，保持离体花枝的水分平衡，维持花瓣、花茎的坚挺状态，钾盐为常用的一类；碳水化合物是瓶插保鲜液中非常重要的一种组分，由于切花离体后呼吸代谢增加，消耗大量的糖类，因此补充碳水化合物必不可少。

以不同浓度葡萄糖和蔗糖溶液为瓶插液，以‘洛阳红’牡丹切花为试材，对切花采后开花衰老进程中的开花指数、花径增大率、花枝鲜重变化率、瓶插寿命、花色以及内源乙烯释放量变化进行分析，研究发现不同浓度葡萄糖和蔗糖均延缓切花的开放，表现为经过不同浓度葡萄糖和蔗糖处理瓶插前期切花开花指数、花径增大率以及鲜重变化率均低于对照；瓶插后期花径增大率和鲜重变化率与对照相比下降缓慢。相对于蔗糖，葡萄糖延长切花瓶插寿命效果更佳，其中，浓度为 90 $g \cdot L^{-1}$ 葡萄糖处理的切花瓶插寿命最长，显著大于对照和不同浓度蔗糖处理的花枝。葡萄糖和蔗糖处理影响切花花色的变化，经不同浓度葡萄糖处理的切花花色参数 a^* 和 C^* 与对照差异显著（$P<0.05$）。对照于瓶插 4h 和 24h 时存在乙烯释放峰，经葡萄糖和蔗糖处理的切花仅存在 1 个乙烯释放峰。葡萄糖和蔗糖处理对牡丹切花‘洛阳红’乙烯释放的影响不同，葡萄糖降低乙烯释放的峰值，而经蔗糖处理的花枝乙烯释放峰被推迟了 24 小时。

（五）花卉产品进出口贸易呈“双升”趋势

2010 年 1～6 月，我国花卉进出口贸易持续呈“双升”趋势。其中，出口总额约 9987.88 万美元，比 2009 年同期增长 32.25%，进口总额约 4194.84 万美元，比 2009 年同期增长 18.44%。2010 年 1～6 月，我国花卉出口总量约 3.38 亿 kg，总额 9987.88 万美元。其中，出口额位居前五位的对象国家依次是日本、荷兰、韩国、缅甸和美国。上半年，我国花卉对日出口额约 3228.54 万美元，同比增长 3.71%，占出口总额的 32.32%，日本继续成为我国花卉市场的最大出口对象国，出口产品类别包括盆栽植物、鲜切花、鲜切枝叶、干切花、干切枝叶、种球、种苗等大类；出口额位居第二的是荷兰，上半年总出口额约 1560.10 万美元，同比增长 28.01%，占出口总额的 15.62%；位居第三的韩国，在上半年总出口额约 1204.62 万美元，同比增长 52.83%。出口额位居前 3 位的国家中，上半年我国对韩花卉出口增长最为明显。我国出口到韩国的花卉以盆栽植物为主，上半年对韩盆栽植物出口额约 889.16 万美元，占对韩出口总额的 73.81%。韩国对盆栽植物的需求正逐步复苏，尤其是 2010 年的 3 月和 4 月，韩国对盆栽植物的需求都稳居首位，单月出口额均超过 200 万美元。2010 年上半年，我国对缅甸的花卉出口额约 880.30 万美元，占总出口额的 8.81%，而在 2009 年同期，我国对缅甸的花卉出口额仅 21.75 万美元，增长 3946 倍，其中，99%的产品为盆栽植物，2010 年的 5 月和 6 月，缅甸对盆栽植物的需求都位居各国首位。2010 年上半年，我国花卉向科威特、缅甸、智利、伊朗等国家或百慕大地区出口增长最为明显，前 4 位均保持了上千倍的增长速度，表明我国在新兴市场的开拓成效日益显着。其中，盆栽植物、干切花、鲜切花是这些国家主要需求花卉。

2010年上半年，我国花卉进口总量约8783.54万kg，进口总额约4194.84万美元。按进口额排名，占据前五位的分别是荷兰、泰国、美国、日本以及我国台湾地区。其中，从荷兰进口花卉的总量达到7622.88万kg，进口额达1741.68万美元，占总进口额的41.52%，进口产品依然以种球为主，其进口额占到从荷兰进口总额的82.58%；从泰国进口花卉的数量约363.0万kg，进口额约895.79万美元，以兰花为主的鲜切花进口额占其总额的83.65%；从美国进口花卉的数量达165.94万kg，进口额约437.06万美元，产品主要集中在种苗上，占总额的87.37%。与2009年同期相比，从美国进口花卉的总额增幅最为明显，达到74.76%，从荷兰进口的总额增长54.20%。这表明，上半年我国的种苗、种球进口力度进一步加大。这一方面反映出我国花卉种源依赖进口的趋势没有改变，另一方面也表明种植者对花卉品质的重视程度得到提升，从对种苗、种球价格的盘算，逐步转向对高品质成品花的追求。

从总体看，2010年种球进口价格与2009年相比有所增长，种苗价格则进一步回落，这一点从同一国家进口量和进口额的悬殊增幅上得到印证。2010年上半年，从荷兰进口花卉的总量增幅为23.94%，不到进口额增幅的一半，其中占八成以上的种球价格上扬是主导原因。美国和我国台湾地区是我国种苗的主要来源地，从美国进口花卉量增幅达到192.01%，而进口额的增幅仅占其1/3；从我国台湾地区输入的花卉总量比去年同期略有增加，但花卉交易额锐减61.10%，这表明，进口种苗价格在今年上半年有明显回落，这也是我国种植者对进口苗需求扩大的重要原因。

(六)造园技术应用研究

为了提高园林设计和绿化建设的科学性，创建宜居的人居环境，建立了量化的观赏植物生态效益、康体效益和景观效益评价技术，评价筛选出200余种适用于宜居环境建设的观赏植物，70余个景观优美，有益人体健康、综合生态效益高的观赏植物配置组合75个，研发的技术符合生态学观点，而且减少日常的管理费用，对绿地进行合理规划及合理的绿化配置、空间布局，满足节地、节水、节能的要求，对今后城镇人居环境建设提供了指导。人居环境高功效绿化配置技术已形成较完善的技术体系，应用于国家计委大院、上海莘庄生态示范楼、深圳居住区、中央财经大学景观改造等152项绿化设计工程。

(七)“国家花卉工程技术研究中心”健康运行

国家级观赏园艺研发平台“国家花卉工程技术研究中心”研究开发的目标是：建成中国花卉工程技术创新和产业化的重要基地；建成花卉高科技成果转化的国家级孵化器；建成我国花卉技术国际交流的主要窗口和信息交流的重要平台。

通过3年的运行，该中心已具备以下能力：①具有较强的研究开发能力，能够承担花卉方面的重大基础研究和生产示范推广项目，解决我国花卉产业发展过程中的重大关键性、基础性和共性技术问题；②具备较强的吸收消化国内外先进花卉科技成果和技术的能力，能够将技术和成果进行组装配套、二次开发和集成创新，实现产业化生产；③具有较强的技术辐射推广能力，推广应用一批实用的技术和品种；④根据不同区域特点，建立花卉标准化生产技术体系和相关国家或行业标准。

根据建设目标，中心开展的主要工程技术研发内容包括：花卉优良品种选育与新花卉开发、现代化栽培技术、人居环境营建技术等。

中心的研究方向紧密结合花卉行业发展和人居环境建设的需要，研发的技术具有广阔的应用前景，主要表现在以下几方面：①针对我国花卉产业发展的瓶颈问题，进行技术和产品的研发，促进我国花卉产业水平整体升级；②密切结合人居环境建设的需求，为园林植物应用和园林规划设计提供新技术和新材料。

影响我国花卉产业发展的瓶颈问题主要表现在缺少具有我国自主知识产权的商品花卉品种和适应我国具体条件配套的标准化生产技术两方面。我国花卉商品生产中使用的花卉品种大部分来自国外，商品花卉生产技术不规范等问题严重制约了我国花卉产业的自主可持续发展。本中心通过充分利用我国特有的花卉种质资源开发中国的新花卉作物，通过多途径培育具有我国自主知识产权的商品花卉品种，减少国外育种商对我国花卉品种的影响；通过花卉生产技术的研发和推广，向我国花卉市场提供花卉新品种，切花、盆花、花灌木等新花卉产品，以及专用基质、肥料等辅助性产品。中心从品种和技术两方面推动我国花卉产业的进步。

随着社会经济的发展和人们生活水平的提高，人们对生活环境质量的要求越来越高，园林植物在城市绿化美化和人居环境建设中的作用越来越大。本中心的主要研究方向之一就是科学的进行园林规划设计，根据人居环境绿化的特点和需求，研究制定植物配置的科学原则和规范，利用植物创造健康、安全的人居环境，提高人们的生活质量。

中心主要孵化和推广中心自主研发的品种和技术。2007—2010 年，中心在花卉新品种选育、配套商品化生产技术集成和新品种、新技术推广应用方面取得显著的成果，整体水平达到国内领先和国际先进水平。先后有“花卉新品种选育及商品化栽培关键技术研究与示范”、“名优花卉矮化分子、生理、细胞学调控机制与微型化生产技术”两项成果获得国家科技进步奖二等奖及省部级科技奖励 5 项。在此期间，获得国家发明专利 30 项、植物新品种权 22 个、美国植物品种专利 1 项、国际植物品种登录 7 个、制定花卉标准 19 项(其中国家标准 7 项、行业标准 12 项)。

中心实验室由公共测试中心、花卉栽培工程技术实验室、花卉育种工程技术实验室、花卉生物技术实验室、花卉生理与应用实验室、花卉发育调控实验室、花卉资源与种质创新实验室、组培室、开放实验室等组成。具备开展花卉种质资源与花卉遗传育种、现代化花卉栽培技术、花卉生物技术与分子生物学、园林植物生态效益评价和园林植物对人体生理和心理影响评价等方面的研究条件。拥有光合仪、冠层仪、半自动轮转切片机、体式显微镜、人工气候箱、环境气体分析仪等仪器设备 110 台套，其中，单价 10 万元以上大型仪器设备 26 台套，50 万元以上的设备 8 套。

拥有花卉种质创新与新品种培育基地 13.3hm^2，连栋研发温室 14800m^2，日光温室 3000m^2，国际梅园展示温室 2000m^2，荫棚 2000m^2，冷库 200m^2，组培炼苗室 600m^2，库房、锅炉房等其他基础设施 1000m^2。梅品种国际登录精品园（国际梅园）总占地面积 5.2hm^2，是世界上第一个集中栽植国际梅花登录品种的品种圃，集中栽培已登录的华中、华东、西南、华南、台湾地区及国外培育的优良梅花品种 136 个，以及能在北京露地栽培的抗寒梅花优良品种50多个。

在河北固安、海南三亚等地建有花卉产业基地合计生产面积23hm^2，包括现代化温室面积4.6hm^2，现代化组培车间500m^2；另外，在北京延庆县建有兰花高山越夏基地3hm^2。

中心以推动我国花卉产业发展为目标，根据我国花卉产业布局、区域特点和产品特色，在全国建立了18个研发与推广中心，构成一个完整的技术研发与推广平台，研发、生产示范达到860hm^2，温室生产示范50hm^2，成为中心技术成果辐射推广的重要基地，起到带动周边花卉生产企业和农户技术进步的作用。

中心在实验室、实验基地和推广基地建设方面的成果，使中心具备了系统开展野生花卉资源保存与新花卉作物开发、花卉新品种培育、现代化花卉生产技术、球根花卉生产技术、花卉产后处理技术、花卉应用和人居环境建设等方面工程技术研发和推广示范的能力，形成系统的产、学、研相结合的工程技术研发和推广链条。提高了中心花卉研发水平，加快了工程技术成果的推广速度。2010年中心被评为北京市花卉育种研发与创新基地。

中心通过培育花卉新品种和技术推广，打破了国外商品花卉品种对我国商品花卉生产的品种垄断，对我国花卉产业的自主发展、中国名花国际化、世界名花国产化起到巨大的推动作用，社会效益巨大，如，前述的蝴蝶兰、大花蕙兰商品化生产技术实现国产化，培育的新品种成为我国花卉生产区的主导品种，培育的切花月季品种实现出口创汇，销售到日本、东南亚等国家。

通过梅花产业化升级技术的研发，在梅花基因组学研究的基础上，发掘梅花的优良种质资源，建立高效的梅花新品种定向培育技术体系，培育观赏性状优良、抗性强、产量高的花果兼用梅花新品种，研发山区梅花产业化生产技术体系，建立产业示范区，延长产业链，促进产业升级，带动梅花种植区其他相关产业的发展，促进林农增收，构建一种集梅花观赏、梅果生产、老龄梅树园林利用及生态旅游一体化的山区区域经济可持续发展模式。

在中心与北京市有关单位共同努力下，中国"传统插花艺术"被列入第二批国家级非物质文化遗产名录，为保护和弘扬我国传统花文化作出突出贡献。中心通过中国传统插花艺术著作的编写、传统插花艺术培训、举办插花比赛等活动，致力于中国传统插花艺术的研究、保护与传承，培养了一批年轻的中国传统插花技艺与理论研究的传承人。组织专题展活动"海南三亚第四届国际热带兰花博览会——传统插花表演"、"河南洛阳第二届'王城之春'牡丹专题插花展"、"菏泽市牡丹专题插花展"、"北京月季文化节专题插花展"、"北京市非物质文化遗产的展览展示"等活动，弘扬和宣传了插花艺术，对挖掘、保护、传承中国传统插花非物质文化遗产，弘扬中国传统花文化作出重要贡献，具有重要的社会效益。

中心建立了开放实验室，设立研究基金。中心与高等学校、科研机构及生产企业之间，通过合作研究、共同开发等形式，建立起产权清晰、目标一致，人员、实验室技术、资源、成果共享的开放式运行模式。面向花卉工程技术及产品市场，密切与企业的联系，向企业辐射花卉工程技术成果，同时为解决企业生产技术难题提供服务，使中心辐射推广平台的功能得以充分发挥。

2009—2010年，根据中心的发展规划和工程技术研发内容设置开放性研究课题9项，开放项目经费315万元，包括梅花基因组学研究1项及小额开放研究课题8项。

2011年度张启翔教授等完成“主要商品盆花新品种选育及产业化关键技术与应用”获国家科学技术进步奖二等奖。“主要商品盆花新品种选育及产业化关键技术与应用”项目依托多项国家级、省部级课题，经过20余年的系统研发，在挖掘我国商品花卉优异种质、构建高效育种及配套标准化生产技术体系方面取得重大突破，解决了我国受制于国外育种公司、缺乏自主知识产权品种和商品生产化技术两大瓶颈制约的问题。本项目的主要技术突破为：①挖掘优异种质，筛选关键亲本。建立我国大陆第一个蝴蝶兰资源圃及大花蕙兰，卡特兰资源圃；建立中国最大的菊花资源保存中心；成功驯化栽培杜鹃花属种质资源；②优化育种体系，培育新优品种。建立完善的热带兰远缘杂交育种技术体系；培育两个花芽分化不需低温的品种；③创新生产技术，促进产业升级。创立“三步法”蝴蝶兰实生苗生产技术；研发热带兰二次诱导分生苗生产技术；实现低能耗热带兰精准花期调控。该项目示范辐射效果明显，经济、社会效益显著，有力地促进了我国盆花产业结构调整与优化升级。

此外还获得发明专利15项，制定的国家和行业标准11项。取得的这些科技成果、发明专利，提高了我国花卉产品的国际竞争力，缩短了我国花卉产业与国际先进水平之间的差距，如：蝴蝶兰种苗出口韩国、日本，月季切花出口欧洲、东南亚地区；蝴蝶兰、大花蕙兰品种成为我国兰花主产区的主导品种，利用中心技术生产的盆花占我国蝴蝶盆花市场的40％，生产的大花蕙兰、卡特兰种苗分别占全国市场份额的30％和45％。

三、国内外研究进展比较

目前，我国观赏园艺学科所拥有的基础设施和人才储备、研究手段和研究方法基本达到了世界先进水平，具备了参与国际竞争、攻克前沿难题的能力，并且已经取得了一大批具有国际先进水平的研究成果，为我国的花卉产业与园林绿化事业发展作出了重要贡献。不过，由于起步较晚，我国在培育具有自主知识产权的花卉新品种研究领域的发展相对缓慢和薄弱。同时还存在研究成果转化率低、原创性成果少、资源利用率不高等问题，对于实际生产密切相关的基础问题和具体问题的研究重视程度不够。

（一）种质资源利用及新品种培育

国外特别注重花卉资源的收集和花卉新品种选育，以荷兰为例，荷兰以欧洲花园和花卉王国而闻名于世，特别重视农作物和观赏植物的品种培育，平均每年推出1000多个花卉新品种。

郁金香、百合等花卉是荷兰植物品种的代表，提供给拍卖市场的郁金香品种就达200多个。其他著名的花卉种类还有月季、菊花、香石竹等，年供应鲜切花达5000多种、盆栽植物2000多种、庭院植物2200多种。花卉球茎产业也非常引人注目，每年出口的种球有70亿粒。荷兰花卉产业包含了从新品种培育、花卉繁殖、栽培、采收、包装、贮藏、运输和销售等各个环节。而新品种培育是花卉产业链的高端环节，荷兰很多企业都十分专注于花卉新品种的培育工作。他们通常的做法是到世界各地搜集种质资源，大量进行杂交育种工作，从中选择各种性状优良的单株，然后对每个植株进行少量的繁殖形成一个品系，同时进行编号，栽培于品种资源圃中；随后根据该品系的表现、市场潜力等方面进行分析、选择和淘汰，对选出来的新品种进行命名、品种权的申请保护和推广。Lex月季育种公司每年进行的月季杂交组合数量非常多，已经选出3万个有一定潜力的单株进行重点培育，以便适应市场的变化不断推出新品种。其选育的'雪山'目前成为白色系鲜切花品种的主流品种，风靡全世界，在中国市场也极受欢迎。菲德斯公司从杂交育种到育成一个菊花新品种大概需要3年的时间。此外，注重国际合作开发全球市场，荷兰花卉公司非常迫切地想要了解各个花卉品种在世界各地的市场前景，以便及时地推出自己的新品种。同时，荷兰本国由于受土地面积、劳动力等方面的限制，已经将部分产业转移到发展中国家和地区，例如，安祖公司在中国大陆和台湾的切花红掌种植面积达120公顷，超过了荷兰本土100公顷的面积；Hilverdakooij公司的康乃馨扦插繁殖材料主要来自于荷兰以外的生产基地，运到荷兰进行扦插和繁殖，成苗后再销售到世界各地；Florist公司的非洲菊组培繁殖主要在印度孟买进行，生根小苗通过塑料盒保鲜包装后运回荷兰进行包装和销售。另外，注重分工协作专业化生产，成立各种组织和协会，是荷兰花卉产业发展历程中非常重要的经验，这样做不仅避免了同行业之间的恶性竞争，还为花卉业的可持续发展提供了条件。不同的公司根据自身优势和特点，发展不同的花卉，非洲菊、月季、康乃馨、菊花、红掌、百合等，都有专门的公司进行育种工作，一般情况下，尽量避免雷同。如果同一种花卉有多家育种公司，每家也都有各自的特色产品出现。对于像百合、月季这些主流的花卉，经营的公司相对较多，从业者则会联合起来，组成百合或月季育种和生产者协会，成员共同出资提供科研基金、举办各种活动，协会成员定期进行交流，花卉开放日就是协会成员交流的一个重要的平台。而对于花卉种植，则一般会制定标准化的栽培流程，采用先进的栽培方法和技术，进行专业化、机械化、工厂化的生产模式，大大提高了生产效率。

我国也在积极开展重要商品花卉的新品种选育，截至2009年年底，国家林业局共授权花卉新品种167个。截至2010年年底，农业部共授权花卉新品种76个。

（二）花卉新品种的产业化及商品化

中国花卉产业发展迅速，但与国外相比产业化程度及新品种的商品化速度比较低。近几年，虽然国内花卉企业的平均生产规模有所提升，大中型企业比重上升，生产逐步向专业化、标准化、集约化、规模化迈进，产品结构和产业结构趋于优化，市场体系不断完善，但是，相比花卉业发达国家，我国花卉业的产业化水平仍然很低。虽然，国家及一些地方政府明确提出了发展花卉业的战略计划，将花卉作为重要产业来抓，但是国际经验表明，没有哪个产业是完全依靠政府扶持而获得长期发展的，政府不是提高中国花卉产业化程度的主要力量，中国花卉企业才是中国花卉产业发展的主要要素。

以最先获得月季新品种知识产权的昆明杨月季园艺有限公司为例，2005年年底其开始对外销售的我国第一个大宗切花新品种'冰清'切花，受到了澳大利亚、日本及国内各大、中城市客商的青睐。但是，考虑到知识产权保护、市场反响等方面的因素，该公司一直未向广大花卉种植者公开推广新品种。近几年，随着云南省知识产权保护工作的快速推进，花农对新品种保护意识明显得到提高，国际市场不断认可云南自有知识产权新品种切花，对新自有新品种切花需求量日益增加，因此，杨月季公司一改常态，紧抓时机，于 2009 年 4 月正式大面积推广'冰清'、'金玉'等已获得国家林业局新品办授权的月季新品种。

杨月季公司采用拍卖市场、种植户和育种人三方联动规模化推广新品种，即与昆明国际花卉拍卖交易中心有限责任公司（简称 KIFA）和种植者共同签订"切花月季新品种品种使用费收取协议"。杨月季公司提供受保护品种给花农或企业种植，产出切花通过两种方式销售：其一，杨月季积极开发国内外市场，根据市场需要收购切花产品，价格由双方协商确定；其二，杨月季公司委托拍卖市场进行交易，KIFA 从交易额中扣除拍卖佣金、服务费和品种种苗使用费（专利费）后，拍卖中心再把花款和专利费分别结算给种植者和杨月季公司，同时向两方公开交易价格、交易量等信息，通过公平、公正和公开的拍卖交易平台，保证了三方的利益。"三方协议"还专门就品种权费收取、品种保护等方面作了非常明确的规定，专利费按切花销售总额的 10％扣除，直到扣满双方商定的费用为止。在品种保护方面，协议规定，种植户停止生产受保护品种时，需提前书面通知育种人即杨月季公司，受保护品种种苗经核实已全部销毁后，杨月季便通知拍卖市场中止销售受保护的产品。如果非法种植、扩繁育种商受保护的品种，种植者将会按照协议约定付出高昂的代价。

杨月季公司新品种推广模式，是在遵循国际惯例的前提下，采取更为灵活的方式进行推广。一方面，降低种植者资金压力。购买国外专利苗时，种苗使用费的支付一般是在协议签订后较短时间内付清，针对短期内支付全款不适用花农的实际，杨月季公司采取从产花之日起按比例多次扣除种苗使用费用的方式，减少种植者一次性支付全部种苗使用费的资金压力。另一方面，灵活的推广模式，降低种植者风险。购买国外专利苗，种苗因灾害等因素受损，供应商并不赔偿，种植者自己承担损失，而杨月季公司的模式是专利费支付比例与产品产量成正比，如果停止种植专利苗，费用也就自然不产生，从而就降低了种植者的风险。

为让科研成果实现快捷有效推广，在云南省科技厅等相关部门支持下，云南省农科院花卉研究所首创"共享模式"，将自主研发的花卉新品种免费授权给花卉企业、花农经济合作组织、花卉种植大户繁殖和使用，在授权期限内无需支付品种专利费。授权期限结束后，企业或花农经济合作社可根据花卉新品种的市场表现来决定是否接受有偿转让或继续种植。目前，通过"共享模式"，花卉研究所与多家花卉龙头企业建立了花卉研发中心，根据市场需求来研发新品种和新技术，缩短了新品种与种植者及消费市场间的距离，而不收品种专利费使种苗费用比国外降低了 20％～30％，因此"共享模式"受到了花企和花农的热烈欢迎。短短 1 年多的时间里，该所先后与昆明同馨花卉有限公司、昆明煜辉花卉园艺有限公司等省及北京、上海市的 10 余家花企签订了花卉新品种繁殖权许可合同，以"共享模式"推动花卉新品种市场化。

上述经验表明实现中国花卉产业化的途径是以花卉企业为中心，积极引进国外企业家、经营管理专家，树立企业与企业之间合作与竞争的观念，引进资本、技术，企业之间联合开发，联合营销，联合培训，将研发的花卉新品种积极推向市场。

(三)国内外设施园艺产业

设施园艺涵盖了建筑、材料、机械、自动控制、品种、栽培、管理等多门学科和多种系统,科技含量高,所以设施园艺的发达程度,往往是一个国家或地区农业现代化水平的重要标志之一。其与人民生活关系密切,已成为我国农业现代化的热点及重要内容,这为我国设施园艺工程学科的蓬勃发展提供了极好的机遇并产生巨大的推动作用。而设施园艺工程的发展与提高,也必将加速我国花卉产业化及现代化的进程。

以荷兰的设施园艺为典型代表,荷兰温室的成功之处在于其先进的设备与技术配套和完善的市场体系,使其形成产前、产中和产后为一体的产业化企业,其温室产业是高投入、高产出、高效益的典型代表,同时带动与温室相关的产业发展。

荷兰的工业基础雄厚,在高度发达的工业化影响下,荷兰温室农业也具有高度工业化的特征。温室园艺产品的生产完全可以实现按照工业生产方式进行生产和管理,不仅体现在种植过程中有其特定的生产节拍、生产周期,还体现在产品生产之后的包装、销售等方面。温室产业中广泛采用现代工业技术,包括机械技术、工程技术、电子技术、计算机管理技术、现代信息技术、生物技术等。

(四)市场信息服务

荷兰政府着重致力于园艺宏观产业环境的营造,使整个欧洲成为荷兰的农产品市场,最重要的是在有效保护农业知识产权的基础上,进一步加强对农业高新技术和信息网络技术方面的投入,帮助企业组织宣传,扩大国际交流合作。

荷兰温室产品经营是一种全新的理念,按市场需求决定企业生产经营方向,有效地遏制了相同产业或产品挤占市场"独木桥"的弊端。各园艺生产企业都有各自的经营特色,使市场行为更加规范有序,例如朗德维尔德种球经营公司,成立于21世纪初,生产经营仅对球径植物的种球进行处理,包括分捡、基质配置,包装成不同规格,实行全货架方式销售。

1986年成立了世界最大最先进的花卉拍卖行——阿斯米尔鲜花植物拍卖行。进入阿斯米尔鲜花花卉拍卖行的花卉和植物要按有关规定进行登记,并按标准进行产品质量检测,随后被送到冷藏库和存放库等待上市拍卖。拍卖成交的产品按客户要求进行包装,然后被送往拍卖行的发货中心,发货中心设有植物检疫战和海关,80%的产品以最快的速度通过史基浦机场空运到美国及远东各国。阿斯米尔花卉拍卖市场当天未被销出的鲜花会被销毁,用以保证鲜花质量,维护消费者的利益,同时对生产者提出警示。为保护会员个体经济利益,被销毁的鲜花按最低价格的80%~90%给予补偿。

荷兰经济具有强烈的国际导向,充分发挥地理位置的优势,利用阿姆斯特丹、鹿特丹港的海运优势,阿姆斯特丹附近的斯基辅机场及发达的道路系统和公共运输网络优势,促使其产品大进大出,甚至在高速公路上开辟货车专用道,这一系列措施使荷兰成为欧洲大陆农产品分销中心。

知识和科技是农业创新的手段,荷兰的农业知识体系(科研、教育和推广)为农业发展提供了巨大的支撑,这些研究与成果推广主要来自三个方面:①农业科学研究院,在基础研究、战略研究以及应用研究方面积累了多年的经验；②研究站和地区研究中心，迅速解决农业领域不同行业中的实际问题；③众多的农业科学院校，在基础研究和农业发展前瞻性研究方面具有很高水平。

农业领域推广工作组织结构分明，通过政府的推广部门和民间的各种技术咨询服务组织，把新技术推广到各个农户、科研、试验站。推广部门三者有利结合形成高效"农业知识网络"，通过这个网络，农业科研的最新知识和技术成果可迅速传播到每个农户，并很快在全国推广普及。

荷兰有各种代表园艺各部门利益的组织及博览会，例如，园艺商品理事会、荷兰花卉拍卖市场协会（VBN）、荷兰花卉产品批发商协会（VBG）、荷兰花卉批发理事会及国际园艺博览会。

四、发展趋势及展望

随着市场经济的发展和人民生活水平的提高，园林建设在人们的生活中日益重要，观赏园艺产业逐渐成为市场经济建设中的一支新生力量。当今观赏园艺产业处于飞速发展时期，其发展速度已大大超过了经济发展的速度，预计在今后相当长的时期内，观赏植物生产都将维持在一个较高的发展速度上。

第二次世界大战后，花卉业迅速在全球崛起，成为当今世界最具活力的产业之一。根据国际园艺生产者协会（AIPH）和国际花卉贸易联盟（Union Fleurs）发布的《2009年国际花卉植物统计报告》，2008年全球花卉生产总面积超过134万hm^2，总产值约380亿欧元。从产值来看，欧洲位居全球之首，花卉和盆栽植物总产值为113亿欧元；其次为亚洲和大洋洲地区，总产值为69亿欧元；北美洲和中南美洲分别位居第三和第四位，其中，北美洲总产值40亿欧元，中南美洲总产值14亿欧元。

长期以来，全球花卉需求旺盛，市场稳定增长。20世纪前半叶，世界花卉年消费额仅数十亿美元，1991年达1000亿美元以上，现已超过2000亿美元，形成了以荷兰为中心的欧洲市场，以美国为中心的美洲市场和以日本为中心的亚洲市场。目前，花卉产品已成为国际贸易的大宗商品，但是国际花卉贸易极不平衡。荷兰、哥伦比亚、肯尼亚等少数几个国家约占世界花卉贸易总额的80%，而我国在世界花卉贸易中所占比例很少，具有广阔的发展空间。

从发展的角度看，世界花卉消费潜力巨大。西方发达国家的人均年花卉消费额达100美元以上，有的甚至达到150美元以上，世界人均年消费额约20美元，而我国人均花卉消费水平仅有0.5美元。虽然大多数发展中国家消费水平不高，消费量不大，但是市场潜力很大。根据2007年联合国ITC（国际贸易中心）组织的统计，近年来，国际花卉的市场交易量年增长率为3%～7%。国际花卉的市场增长量预计将集中在亚洲地区，而亚洲的花卉消费主要集中在日本、新加坡和中国香港，并且这三地对高档鲜花的需求旺盛。另外，中国、印度和俄罗斯等人口大国的市场潜力很大。

从现实角度看，和平与发展是世界主题。当今人类社会发展已经进入工业化与后工业时代的交错带上，进入现代文明时代，追求保护环境、生态文明、低碳经济和可持续发展，建设和谐社会，已成为当今社会的主旋律。这为花卉产业发展提供了良好的外部环境和基本保证。

花卉产业发展依赖于经济总体增长。据研究分析，改革开放 30 年来我国花卉产业的增长与 GDP 的增长呈正相关。到 2020 年，我国将实现人均国内生产总值(GDP)比 2000 年翻两番。

经济发展需要不断发现和培育战略性的新兴产业，伴随着经济发展，第一产业不断减少，第二、三产业不断提升。花卉产业具有明显的多重性，其花卉生产环节属于第一产业，但其加工、流通、销售以及消费过程又属于第二、三产业范畴，其产业链条长、环节多、涉及面广，直接向社会提供生产、生态和生活服务。

花卉产品具有独特的精神文化属性，可以满足人们提高生活水平的需要。而城市化水平是衡量社会进步和经济发展的重要标志，也是花卉消费的社会基础。目前，世界城市化率为 60%，发达国家一般都在 80%以上。我国人口城市化率也由 1980 年的 19.4%提高至 2011 年的 47%，2020 年可望达到 60%左右。与此相适应，国内花卉需求将会不断增长。

我国正在致力建设森林城市和园林城市，提升生态文明水平，促进人与自然和谐发展，城市绿化美化已经成为城市的基础建设内容之一。此外，我国小城镇和新农村建设快速发展，城镇公共环境建设对花卉消费的需求进一步增强。

花卉业是高效农业之一，2008—2010 年全国花卉平均每亩收入达到 6000 元以上，其效益远远超过玉米、小麦等大田农作物。发展花卉产业可促进农村就业和农民增收、加快农业发展和城乡一体化，有利于建设和谐社会。

观赏园艺研究主要集中在观赏植物的起源与分类、种质资源评价与利用、遗传改良、生长发育与栽培生理、对环境变化的响应以及设施栽培、采后生物学等相关领域的科学研究。观赏植物种质资源研究是观赏园艺基础研究的重要领域，多年来我国科学家在群体、个体、细胞和分子水平上开展种质资源鉴定、评价和利用研究并取得了积极的进展。我国科学家组织或参与完成了国际梅花、桃花等基因组测序计划，将进一步促进我国观赏植物种质资源的研究，特别是对野生花卉种质资源的评价与利用。此外，我国是花卉文化发祥地之一，基础雄厚且历史悠久。从古到今，花卉与生活的关系密切，我国人民养花、赏花蔚然成风，对花卉注入了思想和情感，融入了深厚的文化内涵，而且还被赋予了人格寓意和精神力量，形成了花卉文化现象和以花卉为中心的花文化体系。深厚的花卉文化，成为推动我国花卉产业持续发展的原动力。

1. 观赏植物资源及遗传育种

我国花卉资源丰富，是很多世界名贵花卉的起源中心，也是世界知名的野生花卉资源宝库。我国拥有高等植物近 3 万种，居世界第 3 位，仅兰科植物就有 170 余属 1200 余种，其中特有种达 500 种左右。在保护的前提下，通过合理开发利用资源，可培育出具有特殊性状与竞争力的花卉新品种。此外，我国在 2000 多年的花卉栽培过程中培育出数千种花卉品种，为我国花卉产业持续发展奠定了坚实基础。观赏植物资源(栽培植物和野生花卉资源)的调查、收集、引种、育种、繁殖、栽培、开发、资源利用、基因库建立计算机图像管理与管理等是该学科研究的重要方面。

2. 观赏植物栽培与繁殖

观赏植物的种苗繁殖和栽培技术，及园林中植物的栽培管理技术，商品花卉现代栽培技术的研究，包括现代化商品花卉生产中涉及的花卉高产栽培技术、切花无土栽培技术、盆花无土栽培技术、花期调控技术、花卉贮藏保鲜和贮运保鲜技术、球根花卉的种球复壮、花卉设施、园艺及花卉肥料、花卉生物农药及花卉栽培基质研究。

3. 园林生态与观赏植物应用研究

主要包括以植物应用为主的规划设计、生态旅游研究，以及观赏植物在改善环境、保护环境中的生态质量与效益的量化研究和环境质量评价、三维绿量的测定、城市观赏植物的多样性、生态多样性与生态效益之间的关系等，城市规划及城市绿地系统规划对生态效益的影响，观赏植物在防沙固尘、阻隔噪音、保持水土、灭菌杀虫、康体保健、调节小气候环境研究等。

4. 观赏植物与观赏园艺研究方法的创新

以花卉生产的发展为导向，科研紧密联系实际；发挥中国的资源优势，解决中国的花卉生产问题；统筹布局，中长期结合；以应用研究为主，应用研究和基础研究并重，鼓励自主创新；使我国的花卉科研成为我国花卉产业发展的真正推动力。

(一)观赏园艺学科展望

我国观赏植物研究目前存在的主要问题：①移植和跟踪性研究较多，原创性和系统性不足；②结合观赏园艺产业发展需求而提出基本科学问题的项目较少；③一些项目存在着过分强调分子生物学技术，而忽略其适用性及各类技术综合运用的倾向。

鉴于观赏园艺学科研究对象特点与学科自身的发展规律，以及国家经济和生态环境建设对本学科的实际需要，预期观赏园艺学科的发展方向有以下 3 个特点：

1. 常规技术结合现代生物技术日益加强

在培育商品花卉新品种时要把传统生物技术与现代分子生物学技术的结合，尤其是分子定向育种越来越受到学科的重视，此外有关栽培生理、栽培环境、替代基质等研究都需要借助在现代生物技术得以发展。

2. 观赏园艺的研究领域不断扩展

观赏园艺不仅仅是围绕商品花卉如盆花、切花的商品化生产，观赏植物在改善人居环境领域的研究日益得到重视，而且已经成为观赏植物的一个重要研究领域。尤其是观赏植物的园林配植、生态效益评价、对人的心理和生理的影响等。

3. 向多学科交叉方向发展

例如，与医学交叉产生园艺疗法、与环境科学交叉产生环境园艺学。美国园艺疗法协会对园艺疗法所作定义如下：园艺疗法是对于有必要在其身体以及精神方面进行改善的人们，利用植物栽培与园艺操作活动从其社会、教育、心理以及身体诸方面进行调整更新的一种有效的方法。园艺疗法的治疗对象包括残疾人、高龄老人、精神病患者、智力低能者、乱用药物者、犯罪者以及社会的弱者等。

园艺活动在中国逐渐引起关注。如果以65岁作为进入老龄阶段的标准，那么2005年中国老人总数已经超过1亿人，2027年将超过2亿人，2037年将超过3亿人。健康老龄化的观念日益受到国际社会的关注。园艺活动作为一项提高人们生活质量的活动越来越受到重视。

根据国内外花卉研究的现状和我国的花卉生产应用现状，专家们认为以下各方面将是我国花卉科学研究的发展热点：

(1)培育具有自主知识产权的花卉新品种将成为我国花卉育种研究的主要内容。

(2)精准花卉生产技术的研发及相关机理研究将是下阶段花卉生产管理技术研究的重点和热点。

(3)中国新花卉作物的研究和可持续开发利用研究将成为我国花卉商品花卉开发的一条重要途径。

(4)以保护环境为核心的高效、优质、低能耗花卉生产技术研究是我国花卉研究和花卉生产的发展方向。

(5)花卉对人居环境和人体健康的研究是进一步推动花卉科学合理应用的原动力。

(二)我国观赏园艺的发展目标

未来五年(2011—2015)我国观赏园艺店发展目标：生产总面积稳定在100万hm^2左右；设施栽培面积年均增长率为10%，总产值5000亿元，其中一产2500亿元，实现总销售额1700亿元；努力增加二产、三产的产值，力争达到花卉总产值的50%；实现花卉总出口额8亿美元。新增就业岗位150万个，主产区花农人均收入达到当地农民人均收入的2倍。

培育产值超亿元花卉龙头企业50个，重点花卉交易市场与物流中心50个，区域产业集群10个。

建立花卉种质资源圃和品种基因库50个，开发具有自主知识产权和市场竞争力的花卉新品种150个；主要花卉自育品种的产品市场占有率达到10%。

建立健全全国主要花卉标准体系，制定花卉国家和行业标准50个。

建立以花卉企业或花卉合作经济组织为基础的各级花卉统计信息网络，建立花卉供求信息网络和价格指数体系，加强花卉信息指导和社会化服务。

建立30个花文化和科普基地；重点支持全国综合性和专业性花卉品牌展会10个。

(三)观赏园艺产业发展战略

1. 花卉品种创新体系

(1)花卉种质资源评价和利用

在清查我国花卉种质资源的基础上，开展具有开发利用价值和潜在利用价值的主要花卉品种、重要乡土花卉品种以及珍稀濒危花卉种质资源收集保存工作。建立国家花卉种质资源保存库和省(区、市)级花卉种质资源保存库。以原生地保存为重点，原生地保存与异地保存相结合，兼顾设施保存和超低温保存，建立健全全国花卉种质资源保存体系，防止花卉种质资源的进一步流失。根据花卉选育种的方向和利用目的，进行科学有效的鉴定、评价，公布全国花卉种质资源重点保护目录，建设国家花卉种质资源动态监测体系，定期更新及提供可供利用的花卉种质资源信息。

(2)花卉品种创新

根据市场需求，统筹布局、区域协作、优势互补，因地制宜地组织开展花卉新品种选育工作。通过选择育种、杂交育种、多种优势利用、辐射育种、航天育种和分子育种等途径，选育新品种。

(3)品种审定与推广

严格贯彻《种子法》的规定，制定和完善花卉品种审定制度和审定标准，加强国家级和省(区、市)级花卉品种审定机构建设，加强主要花卉品种的审定工作，加大宣传推广力度。

(4)品种权保护

完善花卉新品种保护法律法规，健全品种权管理规章制度，进一步改善品种创新环境。鼓励企业和个人积极申请品种权保护，依法打击品种侵权行为。

2. 建立花卉技术研发推广体系

(1)花卉生产及配套技术

重点研发花卉繁育、种子种苗生产及配套生产关键技术，包括容器化栽培技术、花卉良种产业化快繁和育种高新技术、精准节水灌溉技术、花卉专用资材生产技术、花卉专用生产设施技术、设施化商品花卉苗木栽培技术、采后处理与保鲜贮运技术等。

(2)花卉产品精深加工技术

重点突破酶工程、生物工程、现代发酵工程以及新型高效分离、分级、杀菌、防腐、保鲜、干燥等花卉产品精细加工技术，开发新型、高附加值花卉工业产品和医药中间体、功能性健康食品和配料等，开发超高压加工、脉冲电场杀菌、微波真空干燥、超微粉碎等新型加工设备，促进花卉加工业的技术进步和产业升级。

(3)专用设施、设备与资材

鼓励开展专用设施与配套技术研发创新。积极开展花卉生产设施设计和建造等方面的技术研发，持续推进花卉产业配套技术创新，重点支持花卉生产基质、花肥花药、采后保鲜处理、冷链物流设备等关键环节配套技术研创。

(4)技术示范推广

以花卉基地和花卉企业为载体和平台，以推广花卉主导品种和主推技术为目标，以实施主体培训为手段，提高花卉新品种转化率和花农对科技的吸纳能力，促进花卉知识、技术、信息、服务进村入户。

3. 建立现代花卉生产经营体系

(1)建设现代花卉示范园区

在全国规划发展一批现代花卉示范园区，利用现有各类涉农产业、科技、创业、示范等园区，建设花卉产业功能区，集花卉种子(种苗、种球)繁育基地、高档花卉生产基地、花园中心、科普培训中心和休闲观光场所等于一体，引导产业集群形成与发展。

(2)培育花卉龙头企业,构建花卉产业联盟

培育一批经济效益高、辐射带动能力强、发展势头和产品市场前景好的企业,在项目立项、资金贷款、租金税费、技术支持、人才引进等方面重点给予扶持,鼓励企业申请专利、注册商标、争创品牌、培育特色产品,吸引有资金实力的各类企业进入花卉生产或经营领域,带动规模化生产、标准化种植、集约化经营,促进产业转型升级。建立由30～40家科研院所和花卉龙头企业组成的全国花卉产业技术创新战略联盟,形成覆盖全国的花卉产品、技术开发和推广网络,全面促进我国花卉产业的整体升级。技术辐射推广花卉生产面积10万 hm^2,产值100亿元。

(3)完善花卉产业结构

调整种植结构。在积极发展传统特色花卉生产的同时,坚持适销对路、适地适花,不断更新品种,提高档次,增加产品附加值。在品种上,由主要依靠引进品种向以具有自主知识产权的品种为主转变。

发展花卉精深加工业。在加快发展食用、药用和工业用途花卉基地的同时,积极发展精深加工业,瞄准健康养生、美容养颜等新兴潜力市场,开发以花卉产品为原料的工艺、食品、化妆、医疗、保健品等,鼓励对花卉产品进行精深加工,培育新的产业增长点。

发展花卉相关产业。支持发展具有地方特色与优势的产业领域发展,鼓励提升多元化的花卉休闲产业,构建完善的花卉产业链。

鼓励外向型高端产业发展。支持企业开拓国际市场,建设标准化的花卉产品出口基地,完善花卉产品出口的配套服务,构筑花卉出口绿色通道。

(4)实施花卉品牌战略

加快建设区域和企业花卉品牌体系,支持品牌营销推广。鼓励地方政府和龙头企业争创驰(著)名商标、申请地理产品标志、绿色产品认证、有机产品认证等,加大企业品牌和产品品牌创建力度,支持现代花卉生产企业注册具有自主知识产权的品种和技术,加强花卉产品的包装、品牌设计与售后服务。

4. 建立现代花卉市场和流通体系

(1)建立国家级花卉产品交易中心

根据资源、区位、交通、市场、信息等特点,在北京、上海、广州、昆明等地打造10个具有国际水平的标准化、现代化的全国花卉产品物流交易中心,以科技创新和机制创新为依托,吸引国内外大型花卉生产企业长期入驻,试点推行大宗花卉产品、花卉精品的拍卖、远程交易等现代交易模式。

(2)建立省(区、市)级重点花卉市场

统筹整合各省(区、市)现有花卉市场资源,重点建设和规范发展集批发和零售于一体的花卉综合交易市场,满足本地及周边地区的花卉产品交易和花卉消费需求。

(3)完善花卉零售体系

以城市为中心,支持发展各种形式的花卉零售经营服务网点和网络销售,满足广大群众不同层次的花卉消费需求,重点在大型超市、酒店、社区、医院、学校等地区建设花卉零售店,在城乡结合区域或绿色隔离区域建设品牌园艺中心,促进我国花卉零售业态多样化发展。鼓励各种花卉零售经营业态创新,包括花卉专卖店、品牌连锁店、花卉租摆服务站、

园艺超市、园艺产品展销中心、花卉工艺坊等，打造具有中国特色的花卉营销服务体系。

(4)发展网络交易和电子拍卖等现代化交易模式

积极探索现代化交易方式，发展网上交易、鲜花拍卖等现代交易手段，促进花卉公平交易，确保产销双方权益。积极利用现代信息技术，对花卉的保鲜、包装、检疫、海关、运输、结算等服务环节实现一体化和一条龙服务，降低交易成本和风险，提高服务效率，带动全国及周边地区花卉产业的发展。

(5)建立现代化物流配送体系

全面推进花卉物流与服务体系的标准化管理与专业化、规范化发展，不断提高我国花卉产品流通体系的安全性、便捷性。一是鼓励发展各种专业化物流服务公司，包括花卉产品及花卉生产原料的运输与配送、仓储、交易、租赁与养护等；二是在鲜切花和高档盆花成花生产区附近建立冷链物流服务中心、进出口花卉产品检验检疫一站式服务中心，发展专业化冷链运输体系、包装与储运信息系统产品配送呼叫中心等。

5. 社会化服务体系

(1)建立现代花卉信息化体系

以中国花卉协会网站为基础，整合现有资源，建立一个覆盖各级花协、各类专业合作社、生产龙头企业、大中型花卉市场，运作规范的全国花卉信息收集、处理与发布网络，使之既能满足在线统计工作需要，又能为花农和企业提供产销信息服务及电子商务交易服务。

完善花卉统计指标体系。建立全国花卉供求数量与价格信息收集与发布网络，积极开展网上大宗交易、订单式生产及网上营销、即时交易、个性化服务、网上招商等。

建立中国花卉数字博物馆，弘扬花卉文化，普及花卉科技知识，引导大众花卉消费。构建花卉产业信息咨询服务平台，建立网络智库，为花农解决生产过程中常见的技术问题、管理难题。

健全花卉产品市场监测与预警工作，降低突发事件对整个产业产生的不利影响。

(2)建立花卉生产、产品、包装、运输标准化体系

建立并完善以质量为核心的花卉产品安全生产体系，推进花卉生产标准化工作，建立花卉生产标准化基地，并把标准化工作由生产领域向采后、储运、流通等领域延伸。

建立和完善以质量检测、监测、跟踪为主要内容的花卉产品质量控制体系，加快市场监管。

建立花卉经营市场准入制，加强产品质量监管力度，增强针对主要花卉零售和批发市场经营的监管，促进出口花卉产品质量标准与国际接轨。

(3)构建花卉认证体系

开展国际、国家、省(区、市)不同层级的产品质量认证工作以及无公害花卉产品、绿色花卉产品、有机花卉产品的认定与管理工作，积极推进符合标准的绿色花卉产品和有机花卉产品的生产，支持开展名优新特花卉产品品牌创建工作。根据我国的实际情况，借鉴国际上先进的花卉认证体系，构建适合我国国情的国家花卉认证体系。

(4)完善社会组织体系

建立健全各级花卉产业组织管理与服务体系。鼓励花卉重点产区政府设立花卉产业

管理机构，拟订花卉产业发展规划，制定并组织实施促进产业发展的各项政策措施，不断完善花卉产业管理与服务职能。

扶持发展各类花卉专业经济合作组织，协助花卉专业经济合作组织构建信息共享和生产技术服务网络体系，组织企业和农户开展订单式花卉生产，提高花卉产业的产品水平，增强市场竞争力，提升产品附加值，提升花卉产业整体水平，有效带动农户持续增收。

(5)建立花卉投融资体系

加大政府资金投入，扩大金融资本，引入民间资本、工商资本、外资资本等形式，建立多元化的融资机制，建立切实可行的资金支持体系。

(6)建立花卉种植保险体系

积极发展多形式、多渠道的花卉业保险，建立花卉保险服务网络，加快花卉业保险体系建设。

6. 花卉文化体系

系统挖掘整理传统花卉文化，丰富花卉文化内涵，把传统花卉文化融入到现代生态文化、和谐文化以及城市发展和新农村建设中，提升花卉产品的内在价值。

定期举办各种层次的花卉展览会、博览会和花卉节庆活动，开展各种插花花艺，送花、用花礼仪知识培训和花卉生活应用示范活动，促进花卉知识的普及和交流。

建设花文化创意基地和休闲花卉农场，开展花卉展示、观光、休闲、教学、比赛、培训等活动，引导群众提高花卉欣赏和消费水平。

参考文献

[1] 陈俊愉. 中国农业百科全书·观赏园艺[M]. 北京：中国农业出版社. 1996.
[2] 张启翔. 中国观赏园艺研究进展(2004)[M]. 北京：中国林业出版社. 2004.
[3] 张启翔. 中国观赏园艺研究进展(2005)[M]. 北京：中国林业出版社. 2005.
[4] 张启翔. 中国观赏园艺研究进展(2006)[M]. 北京：中国林业出版社. 2006.
[5] 张启翔. 中国观赏园艺研究进展(2007)[M]. 北京：中国林业出版社. 2007.
[6] 张启翔. 中国观赏园艺研究进展(2008)[M]. 北京：中国林业出版社. 2008.
[7] 张启翔. 中国观赏园艺研究进展(2009)[M]. 北京：中国林业出版社. 2009.
[8] 张启翔. 中国观赏园艺研究进展(2010)[M]. 北京：中国林业出版社. 2010.
[9] 张启翔. 中国观赏园艺研究进展(2011)[M]. 北京：中国林业出版社. 2011.
[10] 国家花卉工程技术研究中心. 国家花卉工程技术研究中心验收评估报告[R]. 2011.
[11] 中国花卉协会. 全国花卉产业发展规划(2011—2020)[S]. 2011.
[12] 国家花卉工程技术研究中心. 国家花卉工程技术研究中心“十二五”发展规划[S]. 2011.

撰稿人：张启翔　吕英民　葛　红　赵梁军　包满珠
高俊平　董　丽　潘会堂　李雯琪

附录：

附表1　2009年全国观赏植物种植、销售一览表

类型项目	种植面积（hm²）	销售量	销售额（万元）	出口额（万美元）
合　　计	834138.8	—	7197581	40617.7
一、切花切叶	44603.4	1834897(万支)	876976.6	22959.9
其中：鲜花	33375.4	1539367(万支)	773657.5	18679
鲜切叶	6037.4	174166.1(万支)	47642.8	3399.4
鲜切枝	5189.6	109384.7(万支)	55703.8	881.5
二、盆栽植物类	81710.6	548131.1(万盆)	1808213	7490.3
其中：盆栽植物	47630.7	330979.9(万盆)	1177599	4013.5
盆景	14387.5	31139.3(万盆)	345247.4	1837.4
花坛植物	19692.4	186012(万盆)	285366.3	1248.2
三、观赏苗木	452741.2	1003785(万株)	3431000	2428.7
四、食用与药用花卉	128224.9	71600038.3(千克)	424015.5	264.4
五、工业及其他用途花卉	63383.7	7833024(吨)	162420.8	2248.2
六、草坪	37379.4	96646.7(万平方米)	166792.3	8
七、种子用花卉	6169.8	817076.3(千克)	30416.4	597
八、种苗用花卉	10947.2	319199.5(万株)	148520	2584.2
九、种球用花卉	4131.8	74794.2(万粒)	77335.5	478
十、干燥花	32.3	331(万枝)	11072	1435

附表2　2010年全国观赏植物产销情况一览表

项目类型	种植面积（hm²）	销售量	销售额（万元）	出口额（万美元）
合　　计	917565.27	—	8619594.85	46307.60
一、鲜切花	50858.73	1901721.87(万支)	1058801.25	24632.20
其中：鲜切花	40289.04	1638252.79(万支)	952708.03	19390.90
鲜切叶	5609.35	144364.90(万支)	56724.08	3865.30
鲜切枝	4960.44	119104.18(万支)	49368.85	1376.00
二、盆栽植物类	82908.90	435702.25(万盆)	1996910.78	11152.60
其中：盆栽植物	49225.41	194066.76(万盆)	1301551.96	7507.60
盆景	14007.68	31374.40(万盆)	360444.60	1985.70
花坛植物	19195.09	210046.30(万盆)	332316.80	1476.60

续表

项目类型	种植面积（hm^2）	销售量	销售额（万元）	出口额（万美元）
三、观赏苗木	501914.62	1184519.67（万株）	4347589.78	3172.30
四、食用与药用花卉	163823.54	114074323.00（千克）	579111.69	369.60
五、工业及其他用途	65259.70	73671.08（吨）	183521.54	3175.20
六、草坪	30586.34	77805.52（万平方米）	166633.06	36.90
七、种子用花卉	5735.20	776218.90（千克）	34695.60	371.90
八、种苗用花卉	11660.43	182054.63（万株）	158685.65	1535.20
九、种球用花卉	4793.87	123770.30（万粒）	82094.60	101.90
十、干燥花	23.20	304.20（万枝）	9422.20	5041.00

说明：1. 食用与药用花卉计算干重；2. 工业及其他用途花卉计算鲜重。

ABSTRACTS IN ENGLISH

Comprehensive Report

Research Status and Development Trents on Horticultural Science

In recent years, a series of new progresses and important achievements have been made in horticultural science; whole genome sequencing of Chinese cabbage, cabbage, potato etc. , was completed and fine mapping of these crops was drawn and genome wide gene encoding was positioned in chromosome that provide convenience for cloning of the genes with the important economic characteristics, that played an important part in variety development; some academic papers were already published in "Nature" and Nature Genetics"; exploration, documentation and evaluation of peach, vegetatively propagated vegetables and rare ornamental plants have been initiated and related germplasm nurseries and databases have been established; more than 200 superior varieties have been developed; 7 second prize of National Scientech Achievement Awards were obtained; the cluster analysis of genetic diversity of major horticultural crops has been conducted; research on using new shoot cuttings of fruit trees and new macro - grafting technique have been carried out and these techniques have been used in propagation of good fruit tree cultivars; the propagation capacity of seed, seedlings and bulbs of floral crops has been strengthened to have got rid of import; the research on stress tolerance culture of fruit trees and post - harvest treatment and processing technology of important horticultural crops has been further enhanced; modern biotechnology has been used in germplasm evaluation, breeding and IPM and initial achievements have been made。The existing Problems of horticultural industry are: the total production can meet the needs of consumption however quality and per unit yield still need to be improved; small scale production can not comply with large scale commercial production and market; research subjects in horticultural science are dispersed, original scientech creation capability requires to be further strengthened. Particularly in the area of new variety development and extension. Some of foreign cultivars of ornamental plants and fruit trees are superior. Horticultural industry in China is facing fierce competition with a multi－national corporations. In the future, the objectives of horticultural science are "strengthening scientech creation and improving horticultural industry". In the area of horticultural research, fruit tree germplasm is relatively weak and conventional breeding has been used all the time with low level of orchard mechanization and standardization; ornamental science possesses very few originated achievements in its research with low usage of genetic resources; the genetic background of vegetable crops is becoming narrow and narrow, in comparison with advanced countries, the per unit yield is still low due to humble production facilities and continuous cropping obstacle . Product safety is . a hidden danger.

Future trend: further strengthening of collection, enhancement of elite germplasm; establishment of high efficient breeding technology system by way of combining biotechnology such as cell engineering, molecular marker－assisted breeding with conventional breeding; research on breeding material enhancement, gene mapping by molecular marker technique and marker－assisted breeding; improve the productivity using environment－controlled horticulture by regulating cultivation environment and its utilization efficiency; exploration of IPM; postharvest treatment and deep processing technology focusing on cold chain; and the construction of ecological gardening etc.

Written by Han Zhenhai, Sun Rifei, Zhang Qixiang, Zhu Lu

Reports on Special Topics

Research on Development of Fruit Science

During the period of The 11th Five - Year Plan, the central government initiated 7 modern agricultural industry technology systems of 8 fruit trees. 75 standardized fruit production bases were established. In recent years, set up 3 national peach germplasm nurseries and database system of plant germplasm resources in Xinjiang; started the whole genome sequencing of peach and the Cluster analysis of genetic diversity of grape, walnut etc., created the micro-grafting techniques using the combination of both grafting and tissue culture and used in propagation of superior variety of fruit trees. Great achievements in fruit tree nutrition and development, fruit storage and processing, orchard mechanization, information management etc., have been obtained. 2 second prize of National Scientech Achievement Awards were obtained. However research on fruit germplasm is relatively weak in China, genetic breeding as a conventional breeding method has been using, orchard mechanization and standardization level is still low. Development trends: to form a core collection of fruit tree germplasm and build a platform for fruit tree germplasm sharing; combine the conventional techniques with modern biological breeding techniques to create new germplasm and new varieties, do the research on high-efficient genetic transformation system to promote the research on gene function and its utilization; explore the principle of quality change after harvest of fruit and their physiological mechanism and use them in the practice of fresh-keeping of fruit; enhance the construction of modern fruit tree industry technology system.

Written by Han Zhenhai, Zhang Xinzhong, Li Tianhong, Wang Yi, Liu Fengzhi, Chen Kunsong, Gao Dongsheng, Guo Wenwu, Zhou Zhiqin, Wang Yaojin, Lin Shunquan, Pan Dongming, Liu Mengjun

Research on Development of Vegetable Science

In recent years, the central government has increased the investment in vegetable science, some of the research themes have been included in the projects of "973", "863", National Supporting Project and the Modern Agricultural Industry System. In 2011, the Ministry of Agriculture established 600 standardized production bases of horticultural crops. In the field of vegetable research, a database of vegetative propagation of vegetable germplasm resources was set up, which saved 30000 data of the basic agronomic characters. Whole genome sequencing of Chinese cabbage, cabbage, potato etc. was completed and fine mapping of these crops was drawn and genome wide gene encoding was positioned in chromosome that provided convenience for cloning of the genes with the important economic characteristics, some academic papers were already published in "Nature Genetics". Several energy-saving cultural facilities have been developed. Plant pathogen resources have been also established in some of the vegetable disease research institutes and built a platform for the research on vegetable pathogen resources data sharing. Good progress has been made in the field of postharvest technology, storage and processing of vegetable crops. From 2009－2011, 4 second prize of National Scientech Achievement Awards were obtained. So far the applied research on vegetable science conducted in China has commensurated with the research carried out in advanced countries, however the originated research achievements are very rare; the genetic basis for vegetable crop improvement is becoming narrow and the per unit yield is still low. Development trends: to establish the core collection of gemplasm, mining and enhancement of elite genes; use genome technology in genetic improvement of vegetable crops; strengthen the research on the key cultural techniques to form our own characteristics and advantages; explore the new disease damage characters and disease occurrence and development and their management technologies; study and utilize vegetable postharvest technology, storage and processing techniques in order to achieve the goal of energy-saving, water-saving, safety and high efficiency.

Written by Sun Rifei, Wang Haiping, Wang Xiaowu, Yu Xianchang, Li Baoju, Zhang Xuejie, Gao Jiande

Research on Development of Ornamental Plant Science

In recent years, ornamental plant science basically found out germplasm reserves, characters, distribution variety type, utilization, breeding value of traditional Chinese flowers such as plum flower, Peony and drawn a scientific classification system; research on orchid and osmanthus genetic diversity and their interaction using SRAP and ISSR etc. , strengthened the capability of breeding flower variety with our own intellectual property and the capacity building of flower seed, seedling and bulb, obtained 243 national plant new variety protection right; formed sound personnel training system within ornamental horticulture; set up"National Flower Standardization Technology Committee " and issued and implemented more than 10 industry standards. 1 second prize of National Scientech Achievement Awards was obtained. However the originated achievements are still rare with low utilization of germplasm resources and less attention paid to the related basic research etc. Development trends: combine conventional technology with modern biological technology, broaden the research area of ornamental horticulture, pay more attention to the fields of improvement of residential environment, biological efficiency evaluation, influence upon human psychology and physiology and develop towards multi-disciplinary, for instance, horticultural therapy and environmental horticulture.

Written by Zhang Qixiang, Lu Yingmin, Ge Hong, Zhao Liangjun, Bao Manzhu, Gao Junping, Dong Li, Pan Huitang, Li Wenqi